発酵と醸造
味噌と醤油

製造管理と分析

東 和男 編著

朝倉書店

高濃度食塩下に生育可能な味噌・醤油酵母

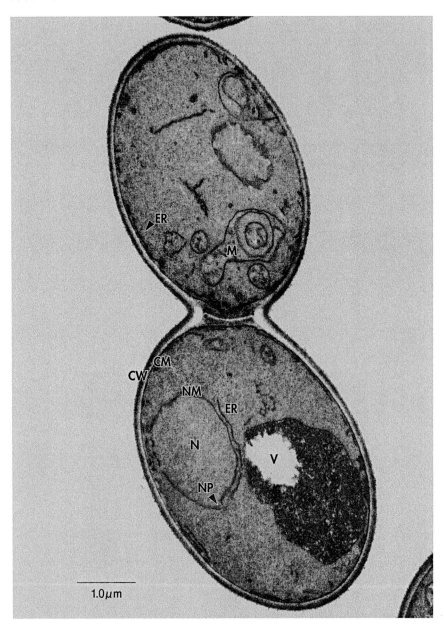

― 東　和男　撮影 ―

推 薦 の 辞

　ここに取り上げる醸造物は含塩の純植物性食品，味噌と醤油である。その前身は6世紀前半の中国，後魏の時代に編纂された世界最古のエンサイクロペディア『斉民要術』に詳述されており，日本では大宝令（701）の大膳職で醤，豉，未醤の記載があるので，この間中国大陸から直にあるいは朝鮮半島経由で移入されたものと考えられている。これらの発酵食品は時の流れとともに，地方の原料事情，気候風土，食形態，嗜好などに適合するように改変されて，それぞれに特有のバラエティーを創出していった。当初は専ら寺院や貴族の間で旨味豊かな食品として愛用されたが，次第に庶民の間にも普及していって，室町時代ともなれば，工業的生産が台頭し，商品が都会に集まるようになった。
　未醤と書いていたものが味噌に変わり，禅僧覚心の径山寺味噌から分離する溜りが液体調味料のきっかけとなり，ついには醤油という本格的な液体調味料を創出する。そして当時の文化の中心であった関西においては，播州や泉州で工業生産が始まり，一方，味噌は17世紀に入ってから工業生産が始まり，伊達政宗が御塩噌蔵で専門の職人を雇い仙台味噌の醸造を始めたのは有名である。
　このような工業化と多品種生産の傾向は江戸時代に入って益々盛んになり醸造家の数も増加した。進んで20世紀に入り工業化傾向は工場規模の拡大とともに右肩上がりの高まりを見せ，特に第二次大戦以後は醸造原理の科学的解明と自動化制御装置の開発などにより工業化は飛躍的に発展を遂げた。
　著者は東京農業大学醸造科学科に在籍し，研究と学生の指導にあたる傍ら，戦後50年余に亘る醸造技術と科学の進歩を取りまとめて醸造の原理とし，機械設備はそれぞれの専門家の執筆協力を得て解説とした。単に関係業界の技術者向けのみならず広く学会関係者にとっても貴重な参考書となることが期待される。

　　平成14年2月

　　　　　　　　　　　　　　　　　　　　　　　　海老根　英雄
　　　　　　　　　　　　　　　　　　　　　　　社団法人中央味噌研究所元所長

はしがき

　何百年となく，伝承されたつくり方で，味噌・醤油は製造され続けてきた。その昔から，開放条件下においても，腐敗することなく，安全に発酵熟成が進行し，何時でも，何処でも，味噌醤油づくりは可能であった。腐敗しやすい原料穀類を用いるにも係わらず，何故，味噌醤油は腐敗しないのか。醸造原理は不明ながらも，味噌醤油づくりは引き継がれて来た。

　科学の進歩に伴い，製造理論に合致する合理的な醸造法が確立されつつある。一定品質の製品づくりも可能となりつつある。科学の解明のメスは，味噌醤油業界に貢献するだけではない。味噌醤油の醸造原理が，アミノ酸・核酸発酵産業に大きく貢献している。次なる微生物産業の開発ヒントが醸造原理には多数含蓄されており，味噌醤油醸造の更なる研究が切望されている。

　平成14年現在，ユニクロのフリース，吉野家の牛丼，高品質低価格の時代である。一方，一般食品と異なり，醸造では微生物の発酵と熟成という長い時間を要して商品づくりがなされ，製品の差別化が可能である。醸造では，真似をされない商品づくりも可能であり，高品質ならば高価格であっても購入層は厚い。したがって，着実なる会社経営が可能な醸造業界である。

　何故，生まれるか。何故，死ぬか。根源的な問題が，醸造には含まれている。第1章で醸造の原理を，第2章で醸造機械装置を，第3章で醸造分析を簡潔明瞭に解説した。実業界では忘備録として，また醸造学・発酵学・食品学専攻の学生はテキストとして，さらには健康食・醸造物の独学を図る一般消費者層には眼で見て解る指南書として活用頂ければ幸いである。

　本書では，多数の協力執筆者の方々に製造現場の現状を噛み砕いて解りやすく紹介頂き，痒い所に手の届く，明瞭な解説書となったことを感謝したい。

　多数の図表をご提供頂いた今井誠一先生，海老根英雄先生，川野一之先生，久米　堯先生，松本伊左尾先生，望月務先生，伊藤明徳氏，河村守泰氏，岸野洋氏，森治彦氏に謝意を表したい。

　また，田畑の種子として，生きた穀類からの味噌醤油づくりの観念を植え付けて頂いた農林水産省農業試験場の氏原和人氏，河田尚之氏，田谷省三氏，土

井芳憲氏，牧野徳彦氏に感謝したい。電子顕微鏡写真の指導を賜った日本女子大学　教授　大隅正子先生に謝意を表したい。

　汗水たらして働かれる味噌醤油業界の方々がおられる御陰で，学問させて頂いている。また，工場視察の際に，業界の皆様方から現場の問題，研究テーマを授かり，感謝したい。

　巻末には味噌醤油業界，原材料・食品添加物メーカー，機械・設備・資材メーカー，分析・計測機器メーカー，環境・メンテナンスメーカー，全国60社の協賛広告を目次とともに掲載した。醸造の情報発信の書として，問い合わせ先の検索マニュアルとしても本書の活用を願う。

　出版に協力頂いた（株）光琳の金井健氏，制作を担当頂いた武市徹氏，佐藤浩氏，山口史靖氏に感謝する。

　　　平成14年3月

　　　　　　　　　　　　　　　　　　　　　東　　和　男

本書は株式会社光琳より平成14年に出版された
『発酵と醸造Ⅰ　味噌・醤油の生産ラインと分析の手引き』
を再出版したものです。

● 編著者

東　和男　（東京農業大学　醸造科学科　講師）

● 協力執筆者 (50音順)

[担当項目]

氏名	所属	章節	項目
伊藤　秀明	永田醸造機械㈱	2章2-1-3	洗穀
		2章2-1-4	浸漬
		2章2-1-5	大豆の蒸熟・煮熟，冷却，擂砕
		2章2-1-11	三点計量混合
		2章2-2-2	小麦の炒熬
		2章2-2-3	炒熬小麦の冷却
		2章2-2-4	割砕
		2章2-2-7	飽和塩水の調製・冷却
		2章2-2-12	濾過・火入れ
井上　弘	アース環境サービス㈱	1章2-1-8	味噌・醤油の異物混入防止（HACCP, ISO の観点から）
		1章2-1-9	異物混入防止と食品GMP・HACCP・ISO
		1章2-1-10	味噌・醤油の異物混入防止
上野　午良	味の素製油㈱	1章2-1-7	脱脂加工大豆の製造
大塚　一史	㈱日東工業所	2章2-1-9	麹室
勝本　隆	㈱山崎鉄工所	2章2-2-11	醤油の圧搾
狩山　昌弘	㈱フジワラテクノアート	2章2-1-6	蒸し・冷却（米・麦）
		2章2-1-7	製麹
		2章2-1-8	麹ストッカー
		2章2-2-5	大豆の蒸煮・冷却
		2章2-2-6	製麹
久米　堯	うすき生物科学研究所元所長	1章1-2-7（1〜8）	精麦の加工工程：原理〜今後の課題
後藤　誠	㈱エヌ・ワイ・ケイ	2章2-2-8	醤油タンク
佐伯　秀郎	ヤエガキ醸造機械㈱	2章2-1-10	小規模量の製麹（村興しの麹造り）

高嶋　信雄	日立プラント建設㈱	2章2-1-17	発酵熟成設備
		2章2-1-18	タンク
		2章2-1-19	調製設備
永井　敏	東洋テクノ㈱	2章2-1-12	培養装置
		2章2-2-10	FRPタンク
野村　忠志	押尾産業㈱	2章2-1-20	味噌の包装資材
藤井　雄史	藤井製桶所	2章2-1-13	桶
	㈱ウッドワーク	2章2-1-14	木槽
		2章2-1-15	発酵分野における木質の特性
		2章2-1-16	桶師の世界
		2章2-2-9	ホーロータンク
堀井　浩男	原田産業㈱	2章2-1-1	穀類の選別
		2章2-1-2	米・大麦の選別
		2章2-2-1	穀類の選別

目 次

推薦の辞
はしがき
執筆者一覧

第1章　醸造の原理 ………………………………………………… 1

1-1　味噌 ………………………………………………………… 1
1-1-1　味噌の沿革 ……………………………………………… 1
1-1-2　味噌の多様性 …………………………………………… 1
1-1-3　味噌の定義と分類 ……………………………………… 2
1-1-4　醸造技術 ………………………………………………… 3

1-2　原料 ………………………………………………………… 10
1-2-1　米 ………………………………………………………… 10
1-2-2　大麦 ……………………………………………………… 16
1-2-3　大豆 ……………………………………………………… 25
1-2-4　食塩 ……………………………………………………… 42
1-2-5　水 ………………………………………………………… 43
1-2-6　精米加工 ………………………………………………… 43
1-2-7　精麦の加工工程 ………………………………………… 50

1-3　米味噌 ……………………………………………………… 61
1-3-1　概説 ……………………………………………………… 61
1-3-2　大豆処理 ………………………………………………… 61

1-4　米甘味噌 …………………………………………………… 90
1-4-1　白甘味噌 ………………………………………………… 90
1-4-2　江戸甘味噌 ……………………………………………… 94

1-5　麦味噌 ……………………………………………………… 96
1-5-1　原料および原料処理 …………………………………… 97

- 1-5-2　調合味噌……………………………………………………103
- 1-6　豆味噌……………………………………………………………104
  - 1-6-1　大豆の処理………………………………………………105
  - 1-6-2　製麹………………………………………………………107
  - 1-6-3　仕込み……………………………………………………109
  - 1-6-4　熟成………………………………………………………111
  - 1-6-5　製品調整…………………………………………………112
  - 1-6-6　包装………………………………………………………112
  - 1-6-7　赤だし味噌………………………………………………113
- 1-7　その他の味噌……………………………………………………113
  - 1-7-1　低食塩味噌………………………………………………113
  - 1-7-2　甞味噌……………………………………………………113
- 1-8　微生物……………………………………………………………114
  - 1-8-1　微生物の生育環境………………………………………114
  - 1-8-2　発酵管理…………………………………………………121
- 1-9　酵素………………………………………………………………123
  - 1-9-1　麹菌の生産する酵素……………………………………123
  - 1-9-2　製麹条件と酵素生産……………………………………125
  - 1-9-3　熟成条件と酵素作用……………………………………127
  - 1-9-4　味噌醸造における酵素のバランスと必要量…………129
  - 1-9-5　味噌に残存する酵素とその活用………………………130
- 1-10　味噌熟成中の成分変化…………………………………………130
  - 1-10-1　米味噌……………………………………………………133
  - 1-10-2　豆味噌……………………………………………………142
- 2-1　醤油………………………………………………………………148
  - 2-1-1　原料………………………………………………………148
  - 2-1-2　製造法……………………………………………………149
  - 2-1-3　成分………………………………………………………162
  - 2-1-4　醤油の日本農林規格……………………………………166
  - 2-1-5　各種醤油…………………………………………………167
  - 2-1-6　保存安定性………………………………………………171

- 2-1-7　醤油原料としての脱脂加工大豆の製造……………………171
- 2-1-8　味噌・醤油の異物混入防止………………………………177
- 2-1-9　異物混入防止と食品 GMP・HACCP・ISO…………………182
- 2-1-10　味噌・醤油の異物混入防止………………………………185

第2章　醸造工業の機械設備……………………187

2-1　味噌……………………187
- 2-1-1　穀類（大豆）の選別……………………………………187
- 2-1-2　米・大麦の選別…………………………………………196
- 2-1-3　洗穀輸送……………………………………………………196
- 2-1-4　浸漬・水切り………………………………………………199
- 2-1-5　大豆の蒸熟・煮熟，冷却，擂砕………………………200
- 2-1-6　蒸し・冷却（米・麦）…………………………………206
- 2-1-7　製麹（米・麦・大豆）…………………………………214
- 2-1-8　麹ストッカー………………………………………………226
- 2-1-9　麹室…………………………………………………………228
- 2-1-10　小規模量の製麹（村興しの麹造り）…………………234
- 2-1-11　三点計量混合……………………………………………236
- 2-1-12　培養装置…………………………………………………238
- 2-1-13　桶…………………………………………………………242
- 2-1-14　木槽………………………………………………………246
- 2-1-15　発酵分野における木質の特性…………………………247
- 2-1-16　桶師の世界………………………………………………249
- 2-1-17　タンク……………………………………………………250
- 2-1-18　発酵熟成設備……………………………………………251
- 2-1-19　調製設備…………………………………………………252
- 2-1-20　味噌の包装資材…………………………………………255

引用文献………………………………………………………………258

2-2　醤油……………………259
- 2-2-1　醤油醸造における穀類の選別……………………………259
- 2-2-2　小麦の炒熬…………………………………………………261

2-2-3	炒熬小麦の冷却	265
2-2-4	割砕	266
2-2-5	大豆の蒸煮・冷却	268
2-2-6	製麹（脱脂加工大豆，丸大豆）	276
2-2-7	飽和塩水の調製・冷却	285
2-2-8	醤油タンク	288
2-2-9	ホーロータンク	298
2-2-10	FRPタンク	299
2-2-11	醤油の圧搾	300
2-2-12	濾過・火入れ	307
引用文献		310

第3章　醸造分析 … 313

3-1　仕込み実験 … 313
- 3-1-1　味噌 … 313
- 3-1-2　醤油 … 317

3-2　味噌の一般分析 … 323
- 3-2-1　味噌浸出液による分析（食塩，ホルモール窒素，水溶性窒素，直接還元糖の定量） … 323
- 3-2-2　浸出液を使っての分析 … 325
- 3-2-3　味噌そのものによる分析（水分，測色，pH，酸度Ⅰ・Ⅱ，アルコール，全窒素，全糖の定量） … 343

3-3　醤油の分析 … 351
- 3-3-1　色（色度と測色） … 351
- 3-3-2　無塩可溶性固形分 … 365
- 3-3-3　重ボーメ度 … 369
- 3-3-4　食塩 … 371
- 3-3-5　水素イオン指数（pH） … 371
- 3-3-6　滴定酸度（酸度Ⅰ・酸度Ⅱ） … 372
- 3-3-7　緩衝能 … 372
- 3-3-8　アルコール … 373

3-3-9	ホルモール窒素	374
3-3-10	全窒素	374
3-3-11	直接還元糖	374
3-3-12	全糖（ベルトラン法）	380
3-3-13	市販試薬の濃度	380

参考文献 …………………………………………………… 381

第1章　醸造の原理

1-1　味噌

1-1-1　味噌の沿革

　日本で味噌として使われる商品の原型は，中国の豉(し)であり，大和時代に朝鮮半島を経て，日本に伝来したと考えられている。豉は，中国の古文書によると無塩，もしくは含塩の発酵大豆食品と考えられる。味噌と豉は，食品としての製造技術，成分，形体，用途，保存性等が異なり，中国に味噌に類する語彙がなく，日本で独自に進化した食品である。

　語源としては，発酵塩蔵食品である醤から発し，『未だ醤にならないもの』未醤，そして平安時代に味醤，その後，味曽，さらに味噌となったと考えられる。

1-1-2　味噌の多様性

　日本は南北に細長い国で，各地の気温・降水量が異なり，さらに各地で栽培される農作物も異なる。収穫される穀類の差異のほか，地域の気候・風土・習慣に基づく食生活の差異等が，各地で生産消費される味噌に特徴をもたらす。日本の各地域による気質，醸造技術の差異が味噌の地域特性を産み，各種の味噌が生産消費され，伝統食品としての地位を確立してきた。

　味噌は，その千年以上の歴史の中で，食品衛生事故が皆無の食品である。醸造とは，微生物を用い，開放された自然の条件下での安全な食品造りを可能とした優れた日本の発酵技術である。

　伝統の味噌造りの技術が，現在のアミノ酸・核酸発酵の礎である。微生物・酵素が複雑に関与し，熟成という長い時間を要して進行する味噌造りを，そして日本古来の伝統的な醸造の原理を，滋養豊かな穀類を微生物の力で，消化吸収されやすい形状とした醸造技術を，世界の人々に理解頂きたい。

1-1-3 味噌の定義と分類

(1) みそ（昭和49年7月8日　農林省告示第607号）

大豆もしくは大豆および米,麦等の穀類を蒸煮したものに,米,麦等の穀類を蒸煮して麹菌を培養したものを加えたもの,または大豆を蒸煮して麹菌を培養したものもしくはこれに米,麦等の穀類を蒸煮したものを加えたものに食塩を混合し,これを発酵させ,および熟成させた半固体状のものをいう。

(2) 米みそ（同上）

大豆（脱脂加工大豆を除く。以下同じ。）を蒸煮したものに,米を蒸煮して麹菌を培養したもの（以下「米麹」という。）を加えたものに食塩を混合し,これを発酵させ,および熟成させた半固体状のものをいう。

(3) 麦みそ（同上）

大豆を蒸煮したものに,大麦またははだか麦を蒸煮して麹菌を培養したもの（以下「麦麹」という。）を加えたものに食塩を混合し,これを発酵させ,および熟成させた半固体状のものをいう。

(4) 豆みそ（同上）

大豆を蒸煮して麹菌を培養したもの（以下「豆麹」という。）に食塩を混合し,これを発酵させ,および熟成させた半固体状のものをいう。

(5) 調合みそ（同上）

米みそ,麦みそまたは豆みそを混合したもの,米麹に麦麹または豆麹を混合したものを使用したもの等米みそ,麦みそおよび豆みそ以外のみそをいう。

(6) 栄養強化味噌

以前は,栄養成分の補給できる旨（栄養強化）を標示する場合,厚生大臣の許可を受けて標示していた。平成13年度4月からは保健機能食品制度が創設され,許可は不要となり,一定基準量を含む規定の成分を標示することができる。なお,保健機能食品には,特定保健用食品と栄養機能食品があり,前者は製品ごとの承認,許可を得た上での標示となり,後者は規格基準に合致すれば許可なくして標示が可能となる。

栄養機能食品として認められる成分として,ビタミン類12種,ミネラル類2種がある。ビタミンとして,ビタミンA,ビタミンD,ビタミンE,ビタミンB_1,ビタミンB_2,ナイアシン,ビタミンB_6,葉酸,ビタミンB_{12},ビオチン,パントテン酸,ビタミンCが,ミネラルとしてカルシウム,鉄がある。

第1章　醸造の原理

表1-1　保健機能食品の概要

保健機能食品	制度の特徴	表示内容	成分
特定保健用食品	個別に承認,許可。	保健用途の標示可能	
栄養機能食品	規格基準（許可は不要）	栄養成分機能のみ標示可能	ビタミン12種,ミネラル2種

（7）減塩みそ──特別用途食品（昭和48年12月26日　衛発第781号）
特別用途食品とは，乳児用，幼児用，妊産婦用，病者用等の栄養改善法（第12条第1項）の許可対象となる食品であり，現在，医学的・栄養学的に効果があるとされるもの。

低ナトリウム食品は特別用途食品のひとつであり，みそでは標示に当たり低ナトリウムみそあるいは減塩みそとすることが望ましい。

低ナトリウム食品の許容される用途標示範囲は，ナトリウム摂取制限を必要とする疾患（高血圧，全身性浮腫疾患，腎臓疾患，心臓疾患など）に適する旨とされている。

低ナトリウム食品のナトリウム含量は，通常の同種の食品の含量（原則として日本食品標準成分表）の50%以下であり，ナトリウム以外の一般栄養成分の含量は，通常の同種の食品の含量とほぼ同程度でなければならない。通常のみその一般栄養成分は四訂日本食品標準成分表によれば表1-2のとおりとされている。

1-1-4　醸造技術

（1）原料

穀類原料として大豆，米，大麦，その他に豆味噌では香煎を使用する。食塩は，発酵熟成を営む耐塩性微生物の選択的な増殖を可能とするほか，麹菌の酵素による原料穀類の分解作用の調節を行い，一般食品におけるように単なる貯蔵性の向上目的ではない。

（2）米味噌および麦味噌の原料配合

i. 麹歩合と塩切歩合

発酵と醸造

表1-2 味噌の成分 (四訂 日本食品標準成分表)

可食部 100g当たり

食品名	エネルギー (Kcal)	エネルギー (kJ)	水分	蛋白質	脂質	炭水化物 糖質	炭水化物 繊維	灰分	無機質 カルシウム	無機質 リン	無機質 鉄	無機質 ナトリウム	無機質 カリウム	ビタミン A カロチン	ビタミン A 効力(IU)	ビタミン B₁	ビタミン B₂	ビタミン ナイアシン	ビタミン C	食塩相当量 (g)	廃棄率 (%)
米みそ																					
―甘みそ―	217	908	42.6	9.7	3.0	36.7	1.2	6.8	80	130	3.4	2,400	340	0	0	0.05	0.10	1.5	0	6.1	0
―淡色辛みそ―	192	803	45.4	12.5	6.0	19.4	2.5	14.2	100	170	4.0	4,900	380	0	0	0.03	0.10	1.5	0	12.4	0
―赤色辛みそ―	186	778	45.7	13.1	5.5	19.1	2.0	14.6	130	200	4.3	5,100	440	0	0	0.03	0.10	1.5	0	13.0	0
麦みそ	198	828	44.0	9.7	4.3	28.3	1.7	12.0	80	120	3.0	4,200	340	0	0	0.04	0.10	1.5	0	10.7	0
豆みそ	217	908	44.9	17.2	10.5	11.3	3.2	12.9	150	250	6.8	4,300	930	0	0	0.04	0.12	1.2	0	10.9	0
乾燥みそ	335	1,402	5.0	19.8	11.5	34.2	3.9	25.6	180	320	8.0	9,400	770	0	0	0.05	0.15	2.0	0	23.9	0
金山寺みそ	252	1,054	34.3	6.9	3.2	47.3	1.5	6.8	40	130	1.7	2,300	280	0	0	0.12	0.18	2.3	0	5.8	0
ひしおみそ	196	820	46.3	6.5	2.7	35.8	0.7	8.0	32	170	1.9	3,000	280	0	0	0.11	0.27	2.6	0	7.6	0

第1章 醸造の原理

　麹歩合は　米麦（R）＊10／大豆（S），塩切歩合は　食塩（N）＊10／R　で表す。Rは搗精白した澱粉質穀類を，Sは丸大豆を示し，いずれも洗穀前の原料穀類である。

　麹歩合と塩切歩合の関係を，図1-1米味噌原料配合曲線に示す。曲線の式は麹歩合＝50／（塩切歩合＋1）　である。曲線を中心として一定幅のバンド内の原料配合比で，仕込まれている。

　原料間の関係は，$S＝(R＋10N)／5$，$R＝5(S－2N)$，$N＝(5S－R)／10$　となり，三原料のうち二原料の元重量を決めれば，残りの原料の重量は自動的に決定される。

　同一の麹歩合では，塩切歩合が低いと甘口味噌に，高いと辛口味噌となる。

　曲線の左側領域（B）の味噌は異常発酵しやすく，右側領域（A）の味噌は食塩過多で酵素分解・発酵が遅れ，塩味が強く味の調和に欠ける。低食塩化味噌は，この曲線に乗らず，B領域の味噌である。図1-2に，麦味噌原料配合曲線を示す。

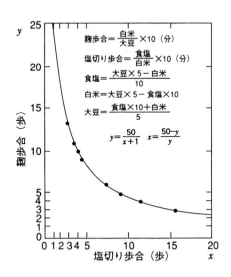 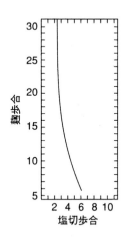

図1-1　米味噌の原料配合曲線（中野ら）　　図1-2　麦味噌の原料配合標準曲線（中野ら）

ii. 味噌の分類と麹歩合

表1-3に，味噌の分類および主要銘柄・主要産地を示す。

iii. 原料配合と製品収量の関係

麹歩合が異なる場合，大豆，米，食塩の標準配合を　表1-4に示す。大豆は煮熟処理により約2倍，米・麦は麹にして約1.1倍となり，味噌の製品量の概算を知ることができる。

（3）味噌の機能

i. 食品の価値

食品の価値は，機能性として表現される。

① 一次機能（栄養）：食品中の栄養素が生体に果たす機能
② 二次機能（感覚・嗜好）：食品成分が感覚に及ぼす機能
③ 三次機能（生体調節・生理活性機能）：食品成分による生体リズムの調整，免疫系の調整

食品には，安全である（0次機能），栄養がある（一次機能），美味しい（二

表1-3　味噌の分類および主要銘柄（今井・松本）

原料による分類	味や色による分類		麹歩合	食塩（％）	一般的な醸造期間	主要銘柄，主要産地
米味噌	甘味噌	白	15～30	5～7	5～20日	白味噌，西京味噌，府中味噌，讃岐味噌
		赤	12～20	5～7	5～20日	江戸甘味噌
	甘口味噌	淡色	8～15	7～11	5～20日	相白味噌（静岡），中甘味噌 中味噌（瀬戸内海沿岸），御膳味噌（徳島）
		赤色	10～15	10～12	3～6ヵ月	
	辛口味噌	淡色	5～10	12～13	2～6ヵ月	信州味噌
		赤色	5～10	12～13	3～12ヵ月	仙台味噌，佐渡味噌，越後味噌，加賀味噌，秋田味噌，津軽味噌
麦味噌	赤色系（甘口）		15～25	9～11	1～3ヵ月	九州7県，中国（山口・広島・岡山），四国（愛媛・香川の一部）
	赤系（辛口）		8～15	11～13	3～12ヵ月	埼玉，栃木，（茨城・新潟・長野）
豆味噌	辛口	赤		10～12	6～12ヵ月	八丁味噌，三州味噌，二分半味噌

次機能），身体への調節作用がある（三次機能），また加工上の適性が望まれる。

ii. 味噌の栄養価

麹歩合の高い味噌は，澱粉質穀類の使用量が多いので炭水化物含量が高く，豆味噌は若干量の香煎を除き大豆のみを原料とし，また麹歩合の低い味噌は大豆使用量が多いので蛋白質・脂質含量が高い。

味噌の栄養バランスをPFCエネルギー比（P：Protein, F：Fat, C：Carbohydrateのエネルギー）で算出し，表1-5に示す。

米麦の御飯と味噌汁の組合せの和食に，欧米人の注目が集まっている。具沢山の味噌汁が，注目されている。大豆と米麦では，蛋白質を構成するアミノ酸組成が異なっている。大豆は米麦と異なり，リジンが多く，含硫アミノ酸が少ない。米麦の主食と味噌汁の組合せが，相互に不足するアミノ酸を補い合っている。

大豆蛋白質は，通常の調理では消化吸収率が低いが，味噌は大豆の蒸煮，擂砕，麹菌酵素による分解作用，さらには乳酸菌・酵母による発酵作用により消

表1-4 米味噌の製造技術と特性（中野ら）

歩合基準		原料配合			製品特性			原料配合重点
麹歩合 R／S×10 （分）	塩切歩合 N／R×10 （分）	大豆 S (kg)	白米 R (kg)	食塩 Na (kg)	色調	香気	塩味	
30	0.7	100	300	20	白	淡白（短熟）	甘	塩切歩合幅広し 麹歩合重点
25	1.0	100	250	25				
20	1.5	100	200	30				
17	1.9	100	170	33			甘口	
15	2.3	100	150	35	黄（淡色）			
14	2.5	100	140	36				
13	2.8	100	130	37				
12	3.2	100	120	38				
11	3.5	100	110	39				
10	4.0	100	100	40				
9	4.5	100	90	41	赤			麹歩合重点 塩切歩合幅広し
8	5.3	100	80	42		濃厚（長熟）	辛（から）	
7	6.1	100	70	43				
6	7.3	100	60	44				
5	9.0	100	50	45	褐			

表1-5　味噌のPFCエネルギー比

	P	F	C
甘味噌	33.7	25.1	154.3
淡色辛口米味噌	43.4	50.2	89.1
赤色辛口米味噌	45.5	46.0	85.9
麦味噌	33.7	36.0	122.1
豆味噌	59.7	87.9	59.0

　　P：蛋白質のエネルギー　　1g当たり3.47
　　F：脂質のエネルギー　　　1g当たり8.37
　　C：炭水化物のエネルギー　1g当たり4.07
　　（算出根拠は四訂日本食品標準成分表によった）

化吸収率は85％に高まる。
　iii. 味噌の調理特性
　① 味噌の味
　味噌の味は，甘・辛・酸・苦・旨の五つの刺激の総合である。甘味は主として糖類と一部のアミノ酸，辛味は主として塩化ナトリウム，酸味は有機酸類，苦味はある種のアミノ酸と一部のペプタイド，旨味はグルタミン酸等のアミノ酸，および低分子のペプタイドが考えられる。
　上記以外にも渋味（脂質の分解物），えぐ味（大豆煮汁中に含まれる），ゴク味（酵母の自己消化により生成）等がある。
　美味しい味噌としては，各種の呈味成分がバランスを保ち，含まれる必要がある。
　② 不溶性物質
　味噌汁は澄まし液の部分と不溶性物質からなり，不溶性物質は大豆の蛋白質・脂肪・大豆種皮の粗繊維，米麦の不溶性炭水化物等である。
　不溶性物質，特に蛋白質には香気成分の吸着能がある。吸着能は，大豆主体の豆味噌，次に麦味噌が高く，米味噌は前二者に比して低い。
　味噌の不溶性物質は，味噌の粘性にも密接な関係がある。
　③ コロイド状物質
　味噌汁の不溶性物質を除去した液には，コロイド状物質が含まれる。コロイド状物質は味噌汁のコクに関与するほか，味の持続，香気成分の保持等の作用

も有する。
　④ pH 緩衝能
　緩衝能とは，本来の pH を保持する能力を示す。水に酸・アルカリを添加すると pH が変化するが，味噌汁では変化が少ない。緩衝能には，味噌の有機酸類，アミノ酸類，ペプタイド，蛋白質等が関与する。味噌汁に，具材を入れても pH 変動は最小限に留まり，また酢味噌等の嘗味噌においても酸味が味噌により和らぐ。
　iv.　味噌の三次機能
　① コレステロール制御
　大豆中に含まれるサポニンは血清コレステロールの上昇を抑制する効果がある。
　② 抗腫瘍性
　味噌汁の摂取量と胃癌による死亡率の関係を調べた結果，味噌汁の摂取頻度が高くなるに比例し，胃癌による死亡率が明確に減少している。胃癌のほか，前部位の癌，高血圧，肝硬変等の死亡率を低下することが観察されている。
　動物実験では，味噌の不溶性残渣，特に不溶性多糖類に抗腫瘍性が認められている。
　③ 抗変異原性
　味噌に含まれる脂溶性物質中に抗変異原性が認められ，有効成分の本体はリノール酸エチル等の不飽和脂肪酸エステルであることが証明されている。
　④ 放射性物質の除去
　動物実験では，放射性物質が速やかに排出され，筋組織への蓄積は少ないことが認められている。
　昭和 61 年のチェルノブイリ原子力発電所の事故後，ヨーロッパ地区から味噌の需要が高まった。
　⑤ 胃潰瘍防止効果
　味噌汁摂取量と内視鏡検査所見との相関では，毎日またはときどき味噌汁を摂取する習慣のある人は，全く摂取しない人に比べて有意に胃疾患が少ないことが認められている。
　⑥ 抗酸化作用
　生体の老化の一因として過酸化物質の蓄積が挙げられる。味噌は過酸化脂質の生成抑制，すなわち抗酸化性を示す。味噌に含まれる抗酸化物質としては，

アミノ・カルボニール反応による非酵素的褐変反応生成物，トコフェロール，イソフラボン，サポニン等がある。

1-2 原料

米，麦，大豆の品質が味噌の商品価値に大きく影響する。熟成期間の短い味噌ほど，原料の影響が顕著である。

1-2-1 米

米は炭水化物の供給源となっている。

(1) 味噌醸造における米の役割

① 米味噌醸造における米の役割は，麹菌の固体培養（製麹）において栄養源となり，固形分は10%損耗されるが，製麹された麹には酵素が蓄えられる。

② 発酵過程で，米麹は自己消化し，米の澱粉は還元糖となり，蛋白質はペプタイドを経てアミノ酸となり，脂肪は脂肪酸とグリセリンとなる。これらの生成物は，微生物の栄養源となり，また味噌の香味にも関与する。

③ 自己消化後の麹の残渣は，味噌の組成に関与する。また，味噌汁の不溶性物質として味噌の香気成分を吸着し，味噌汁特有の香気を発生する。

(2) 種類と特性

米はジャポニカ米とインディカ米，水稲と陸稲，粳性と糯性等に分類される。収穫された籾は，約80%の玄米と約20%の籾殻からなり，玄米の92%が胚乳，8%が糠で構成されている。玄米を搗精し，精白歩留り90〜92%を白米，95〜96%を5分搗（半搗）米，その中間が7分搗米と呼ぶ。味噌用には一般に粳米が用いられる。

(3) 形体

図1-3に，玄米粒の縦断図を示す。

表層は外側の果皮と内部の種皮よりなる。胚乳は玄米の大部分を占め，胚乳細胞は澱粉粒に満たされ，胚乳の外側に糊粉層がある。

(4) 化学的性状

表1-6に，米の成分を示す。

① 水分

14〜15%である。高水分の白米は，貯蔵性が低い。

第1章　醸造の原理

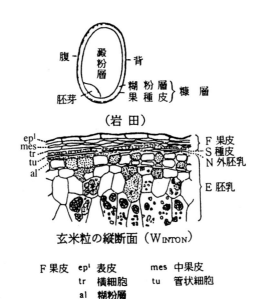

図1-3　玄米

② 蛋白質

玄米は7〜8％，白米は6〜7％の蛋白質を含む。蛋白質は玄米の外層分に多い。蛋白質の大部分はグルテリン（オリザニン）である。

米の構成アミノ酸は，表1-7に示す如く，基準蛋白質（理想型蛋白質）に比べ，リジン，トリプトファン，スレオニン，メチオニンが若干低い。

③ 脂質

玄米が2％，白米が1％と低いが，糠層・胚芽には約20％含まれる。構成脂肪酸はリノール酸が約50％と高い。

古米における匂いの劣化，pH低下等は，脂肪の自動酸化が主因である。

④ 炭水化物

玄米には72％，精白米には77％の糖類が含まれ，精白度が高まれば糖質の含量は増加する。糖類の主体は澱粉であり，デキストリン，還元糖，ペントザン

表1-6 米の成分(四訂 日本食品標準成分表)

食品名	エネルギー		水分	蛋白質	脂質	炭水化物		灰分	無機質 可食部100g当たり				ビタミン					食塩相当量	廃棄率	備考
						糖質	繊維		カルシウム	リン	鉄	ナトリウム	A		B₁	B₂	ナイアシン	C		
													レチノール	カロチン効力						
	kcal	kJ	g	g	g	g	g	g	mg	mg	mg	mg	(μg)	(IU)	mg	mg	mg	mg	g	%	
玄米 Brown rice	351	1,469	15.5	7.4	3.0	71.8	1.0	1.3	10	300	1.1	2	0	0	0.54	0.06	4.5	0	0	0	軟質米の水分は平均16.0%、硬質米の水分は平均14.5%
半つき米 Half-milled rice: yield 95~96%	353	1,477	15.5	7.1	2.0	73.9	0.6	0.9	8	220	0.8	2	250	0	0.39	0.05	3.5	0	0	0	歩留り95~96%
七分つき米 Under-milled rice: yield 93~94%	356	1,490	15.5	6.9	1.7	74.7	0.4	0.8	7	190	0.7	2	170	0	0.32	0.04	2.4	0	0	0	歩留り93~94%
精白米 Well-milled rice: yield 90~92%	356	1,490	15.5	6.8	1.3	75.5	0.3	0.6	6	140	0.5	2	140	0	0.12	0.03	1.4	0	0	0	歩留り90~92%
はい芽精米 Well-milled rice with embryo: yield 91~93%	354	1,481	15.5	7.0	2.0	74.4	0.4	0.7	7	160	0.5	1	140	0	0.30	0.05	2.2	0	0	0	歩留り91~93%

表1-7　味噌用原料のアミノ酸組成

（g／全窒素：16g）

アミノ酸	大豆	米	大麦
アルギニン	7.8	5.4	3.8
ヒスチジン	1.6	2.2	2.0
リジン	6.8	4.2	3.3
チロシン	1.7	2.5	2.2
トリプトファン	1.2	1.3	1.4
フェニールアラニン	6.1	3.9	4.4
シスチン	1.0	1.2	1.5
メチオニン	1.0	2.5	1.6
セリン	5.7	3.9	4.5
スレオニン	4.6	4.0	3.2
ロイシン	7.5	7.6	6.8
イソロイシン	4.5	4.5	3.7
バリン	5.1	6.5	5.4
グルタミン酸	17.2	16.0	22.0
アスパラギン酸	12.0	8.0	5.6
グリシン	4.3	4.4	3.8
アラニン	4.2	6.6	4.3
プロリン	7.9	6.2	14.3
全窒素（g）	16	16	16

を各1％含む。

ジャポニカ米はインディカ米に比べ蛋白質が少なく，澱粉質中のアミロースは17～21％で，残りはアミロペクチンである。インディカ米はアミロースが26～31％と高い。

なお，糯米の澱粉質はすべてアミロペクチンであり，粘りを有す。ジャポニカ米はインディカ米に比べ，アミログラムの糊化温度が低く，最高粘度が高い。

⑤　無機成分

灰分として玄米で1.3％，7分搗米で0.8％である。無機成分としてはリン，カリウム，マグネシウムが多く，カルシウムは少なく，麹菌のほか発酵微生物の栄養素となる。

⑥　ビタミン

玄米中のビタミンB_1，B_2は搗精により除去され，白米にはほとんど含まれない。

（5）　味噌用としての原料適性（普通精米）

① 被害粒，破砕粒，粉状質粒，未熟粒が少ない。
　吸水速度・吸水率が異なり，蒸米の水分が不均一となる。
② 種穀類，異物（昆虫・小石等）が少ない。
③ 米の場合は変質が少なく，pH5.5以上であること。
　貯蔵中に脂質が酸化され，pHが低下し，古米臭が付く。
④ 精米は糠切れがよい。また，効率的な洗穀が可能である。
⑤ 蒸米の保水性が高く，上品な香味を有する。また，製麹に適し，高い酵素力価が得られる。

（6）破砕精米

他用途利用米，加工食品の原材料として払い下げられた政府保有米を，精白，破砕した米である。

破砕精米は小粒で，浸漬後の移送時に細粒になりやすく，水切れが悪いため，蒸米が上粘りしやすく，製麹には技術を要するが，普通精米に劣らぬ麹も可能である。麹の粒形を残す，浮き麹味噌には適さない。

図1-4　ムギの種類（転作全書ムギ：農文協）

表1-8 世界の主要栽培国におけるムギ類の生産状況

(やさい・畑作辞典, 1975から作成)

国名	コムギ 収穫面積 千ha	コムギ 収量 t/ha	コムギ 生産量 千t	オオムギ 収穫面積 千ha	オオムギ 収量 t/ha	オオムギ 生産量 千t	ライムギ 収穫面積 千ha	ライムギ 収量 t/ha	ライムギ 生産量 千t	エンバク 収穫面積 千ha	エンバク 収量 t/ha	エンバク 生産量 千t
世界	213,494	1.63	347,603	84,915	1.79	152,238	17,026	1.65	28,170	31,282	1.64	51,293
中国	28,701	1.20	34,502	13,051	1.42	18,502				2,600	.96	2,500
インド	19,163	1.38	26,477									
トルコ	8,700	1.39	12,085									
ソ連	58,500	1.47	85,800	27,300	1.35	36,800	8,100	1.19	9,600	11,400	1.23	14,000
アメリカ合衆国	19,142	2.20	42,043	3,929	2.35	9,221				5,509	1.83	10,088
フランス				2,674	3.90	10,426						
カナダ				5,063	2.23	11,287				2,470	1.87	4,630
ドイツ（東）							665	2.86	1,900			
ドイツ（西）							842	3.46	2,914			
ポーランド							3,560	2.29	8,149			
アルゼンチン							747	.92	690	1,360	2.40	3,260
5カ国計	134,206			52,017			13,514			23,339		
同比(％)	63			61			79			75		

1-2-2 大麦

(1) 麦の種類

日本人と麦の関わりは古く，米が主食となるまで麦は重要な主食であった。日本の近年の麦の自給率の低下は，限られた国土面積での日本人の永続的な生活の喪失をも意味する。

麦という言葉は小麦，大麦，ライ麦，燕麦のイネ科の冬作物の総称であるが，麦味噌に利用されるのは，一般的に大麦である（図1-4）。

表1-8に，世界の麦類の生産状況を示す。

麦は乾燥，冷涼な気候に適し，4〜5℃以下の低温を経験しなければ正常な出穂をしない性質がある。したがって，日本では麦を秋に播き，その麦を5月末に収穫し，直後の入梅時に稲の田植えを行い，秋に稲を刈取り，この一年サイクルで農地の有効利用が，かつてはなされてきた。しかし，収穫期と入梅が重なることによる雨害，乾燥に対し好適である麦の特性，農業人口の減少，田植えの早期実施等で，国内の二毛作による麦栽培も敬遠されつつある。

麦の発芽から冬期の生育を示す（図1-5〜1-10）。

〔初期成育ー発芽から冬期の生育〕（転作全書ダイズ：農文協）

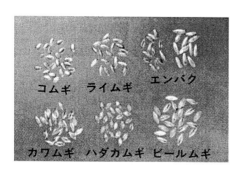

コムギ，ライムギ，ハダカムギは皮（穎）がはずれている。

図1-5　麦の種子

第1章　醸造の原理

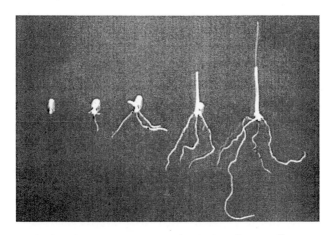

種子根が先に伸び，それから芽（幼芽鞘）が伸びる。種子根はふつう5〜7本。
図1-6　種子根の発根

1葉期のもの。コムギよりずんぐりしている。
図1-7　オオムギの発芽

はじめは養分を種子内の胚乳に依存しているが、このころから根毛が発生し、自立する。

図1-8　離乳期のオオムギ

〔障　害〕

土が凍結し、霜柱が立つことにより根が押し上げられて地上部に露出し、風にさらされて枯死するので、麦踏み作業が必要となる。

図1-9　麦の凍上害

第1章　醸造の原理

ごく低温にあうと葉がいたみ枯死する。それほど寒くなくても，播種期が遅かったり，肥料が不足したりすると冬期に枯れてしまう。

図1-10　麦の寒害

　大麦はイネ科植物で，米の籾殻に相当する頴(えい)を有する。大麦は頴と果皮が密着して離れ難い皮大麦と，頴が果皮と離れやすい裸大麦があり，さらに二条種と六条種に分かれる。糯性・粳性にも分かれる。
　大麦の断面を図1-11～1-13に示す。皮大麦で胚乳が70～73%，胚芽が

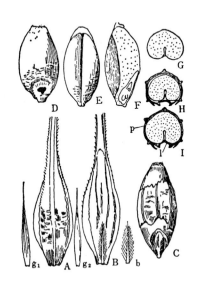

A：頴果の腹面（外頴側）　B：頴果の背面（内頴側），g_1, g_2：第1，第2護頴，b：底刺，C：皮麦の頴を除いたもの，頴が果皮に癒着している　D：裸麦の頴果腹面　E：同背面　F：同縦断面　G：裸麦の横断面　H：半裸麦横断面　I：皮麦横断面　p：外頴　l：内頴．に類似する．（星川清親：養賢堂）

図1-11　オオムギの頴果

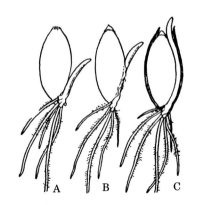

A：コムギ　B：裸麦　C：皮麦
（星川清親：養賢堂）
図1-12　麦類の鞘葉の出現のしかた

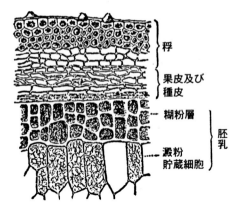

図1-13　オオムギ（皮麦）の頴果の
内部構造（Moeller 1905）

3％，麸が11％，皮が10～14％であり，裸大麦では胚乳が79％，胚芽が3％，麸が18％である。

　米の胚乳組織は，小型の澱粉粒が緻密に結合したガラス状の固い構造となっている。しかし，麦は数倍も大きい球状の澱粉粒と小球の澱粉粒が厚い細胞壁に包まれ，その細胞間隔はペクチン質やヘミセルロース等の接着物質で充たされている（図1-14）。

　表1-9に大麦の品種を示す。

　大麦の穂を上から見て，穂梗を中心点とすれば，二条種とは子実が左右に一条ずつの併せて二条配置され，六条種とは同心円状に子実が六条配置されている。一般的に，二条種（図1-15左）が大粒であるのに対し，六条種（図1-15右）は小粒となる。しかし二条種に比較し，六条種は子実の間隔が密であるため，出穂・開花期の降水後の穂の乾燥に時間を要し，赤黴等の雨害を受けやすい。したがって，六条種に比べ降水後の穂の乾燥が早く，雨害を受け難い二条種は入梅が早く，雨量の多い九州で逆に六条種は関東で栽培される一因でもある。

　一般に大麦と言う場合，六条種の皮大麦をさすことが多い。二条種の皮大麦は，ビール麦，あるいはビール大麦と称することが多い。

第1章 醸造の原理

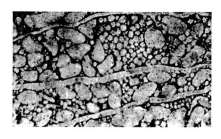

図1-14 オオムギの澱粉粒（星川清親：養賢堂）

表1-9 大麦の品種

大麦	粳・糯性	条性	俗称	品種例	産地
皮大麦	粳性	二条	大麦	ニシノチカラ，スターリング	九州，オーストラリア
		六条	大麦	カシマムギ	関東
	糯性	二条	大麦		
		六条	大麦		
裸大麦	粳性	二条	裸麦		
		六条	裸麦	イチバンボシ	香川・愛媛・九州
	糯性	二条	裸麦	Waxybarley	アメリカ合衆国
		六条	裸麦		

　一般に裸麦と言う場合，六条種の裸大麦をさすことが多い。二条種の裸大麦は稀である。
　皮大麦の原産地は，六条種は中国の奥地，二条種は中央アジアとされている。栽培分布は，六条種がヨーロッパでは二条種が多く栽培され，南北アメリカ，オーストラリアでは両種が栽培される。
　世界的に見ると，六条皮大麦は食用，および飼料用として，二条皮大麦はビール，ウィスキーの麦芽原料として栽培され，裸大麦の栽培面積は少ない。
　麦の製麹，あるいは粒食には洗穀等に多量の水を要するため，多雨のアジア圏に麹文化が広がり，一方で少雨のヨーロッパでは機械化・大規模工場での麦芽の製造，および麦芽汁製造が行われ，穀芽の文化が広まった。アジア圏の穀物に黴を増殖させる麹の酵素文化と，ヨーロッパの穀物の発芽に基づく穀芽の

皮大麦（二条）　　　　　　　裸大麦（六条）
図1-15　大麦の種子

酵素文化の差異は，気候風土そして住人の思考性が深く関わっている。

皮大麦は裸大麦に比べて耐寒性が強く，日本では六条種の場合，皮大麦は主として東北・北陸・関東に分布し，裸大麦は主として四国・九州に分布している。表1-10に国内の麦類の生産状況を示す。

国内の大麦は豊作・凶作の変動が激しく，内麦，特に裸大麦の安定供給は困難である。オーストラリア，アメリカ合衆国等からの大麦の輸入に依存している。

大麦の品種，産地，収穫年度により，粒の大きさ，吸水速度に差異があり，味噌の色調・物性・風味に特徴をもたらす。一般に，麹原料として外麦は大規模栽培，大量輸入により，一定品質の大麦であるが，内麦は同一県内産であっても畑，収穫期の差異を生じやすい。したがって，精麦の購入ロットの差異により，精麦の吸水処理には十分な配慮を要する。

第1章　醸造の原理

　　二条大麦　　　　　　　　六条大麦
図 1 - 16　大麦の穂

(2) 化学的性状

大麦の一般成分を表 1 - 11 に示す。

i. 水分

一般的には，11 〜 14 % である。

ii. 蛋白質

精麦は 8 〜 11 % の蛋白質を含み，米に比べやや高い。蛋白質としては，グルテリン，グロブリン等である。大麦の構成アミノ酸は表 1 - 7 に示すように，グルタミン酸とプロリンが高い。また，大麦の全窒素 1 % 当たりの構成アミノ酸は，米に比べグルタミン酸とプロリンが高く，その他のアミノ酸は米と同程度かやや少ない。

iii. 脂質

精麦は 1 〜 2 % の脂質を含み，その構成脂肪酸はリノール酸が多い。

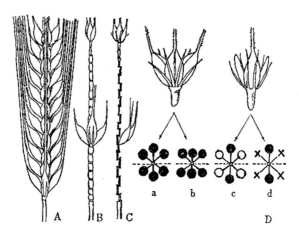

A：6条種の穂の外貌　B：穂軸とその1節に小穂がついている状態　C：同側面　D：小穂のつきかたの説明　●：稔性小穂．　○：雄蕊不稔または不完全稔性の小穂，　×：完全退化不稔の小穂
a：hexastichum，b：tetrastichum，c：intermedium，d：distichum　および deficiens（星川清親：養賢堂）

図1-17　オオムギの穂と小穂の構造

iv. 炭水化物

精麦は75%の炭水化物を含む。炭水化物の主体は澱粉であるが，ヘミセルロースもペントザンとして8～10%を含む。

v. 無機成分

無機成分としての灰分は，玄麦で約2%，精麦で約1%である。リン，カルシウム，ナトリウム，鉄等が含まれる。

vi. ビタミン

ナイアシンが多く，ビタミンB_1，B_2も含まれる。

（3）味噌用としての原料適性

① 精麦が容易である。

表1-10　平成12年産4麦の収穫量

	作付面積 (ha)	10a当たり 収量 (kg)	収穫量 (t)	作況 指数
4麦計	236,600 (107)	—	902,500 (114)	—
小　麦	183,000 (108)	376 (109)	688,200 (118)	100
二条大麦	36,700 (100)	419 (102)	153,900 (102)	113
六条大麦	11,400 (111)	336 (99)	38,300 (110)	100
はだか麦	5,400 (106)	409 (104)	22,100 (111)	117

資料：農林水産省「平成12年産4麦の収穫量」
注：（　）内は，対前年産比である。

研削しやすい軟らかさを有するが，砕麦し難い硬さを有する。すなわち相反する性質を有して精麦適性品種となる。したがって，品種の改良育種に終焉はない。
② 果皮，種皮の含有率が低い。
　ポリフェノール含量が低く，褐変が抑制される。食感にも影響する。
③ 皮大麦の精麦は淡黄色，裸大麦の精麦は淡褐色で，両者とも光沢を有する。
④ その他は，米の項と同一である。

1-2-3　大豆

マメ科植物は，その子葉が，食用に供される。米麦等の穀類は，胚乳部が食用に供され，主成分は澱粉である（表1-12）。豆類の食用部は，植物学的には穀類の胚乳に相当する。したがって，穀類の胚乳とは異なり，豆類の成分は澱粉に偏ってはいない。発芽力の旺盛な，生命力溢れる豆類である大豆が，滋養豊かな味噌醸造をもたらすとも言える。
　図1-18にダイズの生育と収量を支える主な同化作用と関連要因を示す。大

発酵と醸造

表1-11 大麦類の成分 (四訂 日本食品標準成分表)

可食部 100 g 当たり

食品名	エネルギー kcal	エネルギー kJ	水分 g	蛋白質 g	脂質 g	炭水化物 糖質 g	炭水化物 繊維 g	灰分 g	無機質 カルシウム mg	無機質 鉄 mg	無機質 ナトリウム mg	無機質 カリウム mg	ビタミンA カロチン効力 (IU)	ビタミンA レチノール (μg)	ビタミン B_1 mg	ビタミン B_2 mg	ビタミン ナイアシン mg	ビタミン C mg	食塩相当量 g	廃棄率 %	備考
玄皮麦 Hulled variety	339	1,418	14.0	10.0	2.8	66.9	3.9	2.4	40	4.5	3	480	0	0	0.50	0.09	6.0	0		☆	ふ(稃)付き
玄裸麦 Naked variety	341	1,427	14.0	10.6	2.8	69.4	1.4	1.8	40	3.0	1	440	0	0	0.60	0.09	7.5	0		☆	
精麦 Milled grain 七分つき押し麦 Under-milled pressed barley	342	1,431	14.0	8.8	2.1	73.5	0.5	0.9	24	1.5	2	200	0	0	0.21	0.07	2.5	0		0	歩留り：玄皮麦60〜65%、玄裸麦65〜70%
強化押し麦 Enriched pressed barley	340	1,423	14.0	7.4	1.3	76.3	0.3	0.7	23	1.5	2	170	0	0	1.5**	0.05**	1.1	0		0	歩留り：玄皮麦45〜55%、玄裸麦55〜65% *特殊栄養食品標識許可基準 **未強化食品は0.09mg、特殊栄養食品表示化許可基準1.2〜1.8mg
強化切断麦 Enriched cut barley	340	1,423	14.0	8.2	1.6	75.2	0.2	0.8	20	1.7	2	170	0	0	1.5**	0.06**	2.0	0		0	白麦を含む 歩留り：玄皮麦40〜50%、玄裸麦50〜60% *特殊栄養食品標識許可基準1.2〜1.8mg **未販売品は未強化。特殊栄養食品標識許可基準1.2〜1.8mg

表1-12 各種作物の子実成分（無水物％）

作物名	粗蛋白	粗脂肪	可溶性無窒素物	粗繊維	灰分
ダイズ	42.59	20.46	28.10	4.65	4.20
アズキ	21.36	1.22	65.18	12.24	
ラッカセイ	29.74	48.09	16.92	2.56	2.69
ナタネ	21.57	48.34	16.59	9.07	4.42
コメ	10.14	2.54	84.66	1.15	1.50
コムギ	14.45	1.97	78.61	2.89	2.08
トウモロコシ	10.6	5.1	80.0	2.7	1.7

　豆は他の作物と同様に，葉の光合成（光エネルギーによる二酸化炭素［CO_2］と水［H_2O］からの糖と酸素［O_2］の生成）による乾物生産と，根からの養水分吸収に依存している。大豆の特徴として，根に根粒を形成して空中窒素を固定でき自前で窒素を獲得できるという優れた能力を持っている。光合成で獲得した炭水化物は，葉から根粒や根ならびに新葉や莢実へと移動し，代謝や生長のためのエネルギー源ならびに各種有機物の炭素骨格として重要な役割を果たす。

　光呼吸ならびに子実や栄養器官の生長や養分吸収窒素固定などの代謝を維持するための呼吸により，光合成で獲得した炭素の3分の1から2分の1程度がCO_2として再放出される。土壌有機物や粘土鉱物ないし肥料や生物遺体，糞尿などに由来する養分は，微生物分解を受けて無機化し，土壌溶液に溶解した状態で根から吸収され，葉からの蒸散と根圧によって茎葉部へ運ばれる。

　大豆は，乾物集積量の約500倍の水を要求する。これは，希薄な土壌溶液から多量の養分を吸収するためにも大切である。根粒や根はその活性の保持のために呼吸をしており，根圏に酸素を十分に供給する必要がある。湛水状態で土壌が嫌気的になると根粒の活性が抑えられたり，根の伸長が阻害される。

　旺盛な茎葉部や根と根粒の生長（栄養生長）により，光合成，養水分吸収，窒素固定などの機能が十分に発揮されるようにするとともに，収穫部位である子実の発育（生殖生長）に見合った養分の転流と集積を行わせることにより大豆の多収が期待できる。

発酵と醸造

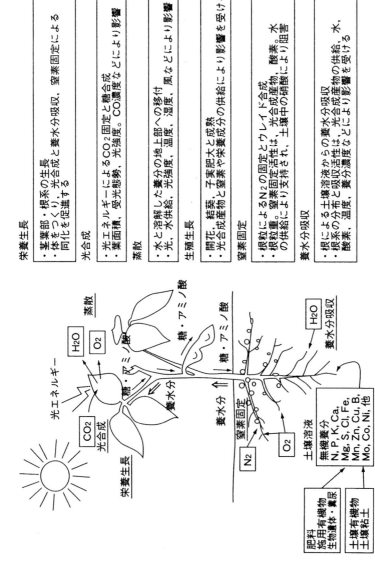

図1-18 大豆の同化作用と生育・収量に関連する要因 (転作全書ダイズ：養賢堂)

光合成と窒素固定,養水分吸収は相互依存的である。十分な光合成産物の地下部への供給が根粒や根の発達,窒素固定,養水分吸収を支える。また,地下部からの窒素をはじめとする養水分の供給が茎葉部の発達と光合成機能を補償する。植物は一般的に地上部と地下部の働きが相互に依存するため両者の発育は並行して進む。ダイズにおいても地下部の発育を阻害すると地上部の生育は劣り,また地上部の生育が制限されると地下部成長が抑制される。

(1) **味噌醸造における大豆の役割**

① 大豆は豊富な蛋白質を味噌に供給し,その蛋白質は味噌中で麹菌の各種プロテアーゼでペプチドやアミノ酸に酵素分解され,呈味性に重要な役割を果たす。

② 大豆中の脂質は,味噌中で麹菌リパーゼの作用を受け,グリセリンと脂肪酸に分解され,味噌の香気生成に関与している。

$$\begin{array}{c} CH_2 \cdot O-OC \cdot R_1 \\ | \\ CH \cdot O-OC \cdot R_2 \\ | \\ CH_2 \cdot O-OC \cdot R_3 \end{array} \longrightarrow \begin{array}{c} CH_2OH \\ | \\ CHOH \\ | \\ CH_2OH \end{array} + \begin{array}{c} R_1-COOH \\ R_2-COOH \\ R_3-COOH \end{array}$$

脂肪(Triglyceride)　　　　　Glycerine　　　脂肪酸

③不溶性のコロイド粒子(大豆の蛋白質等)は味噌の香気成分を吸着し,味噌汁の特有な香気を発生する。

(2) **種類**

大豆の原産地は,中国東北部と考えられている。品種数は多く,形体,栽培面の特性で分類される。

大豆の生育に関し,種子の発芽,開花,成熟,収穫,乾燥までを図1-19〜図1-34に示す。

ダイズの生育

〈種子と発芽〉

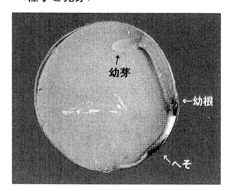

図1-19 種子の構造

図1-20 ダイズの発芽過程
地温15℃で播種後1週間で発芽する（星川清親：養賢堂）

〈初期生育〉

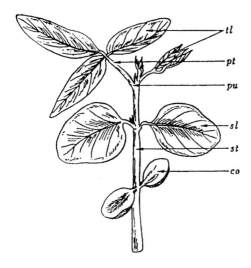

図1-21 子葉と葉
co 子葉, *st* 子葉節, *sl* 初葉, *pu* 葉枕, *pt* 葉柄, *tl* 第1および第2複葉-

図1-22 初生葉の展開始め
子葉展開後にでる初生葉は対生するがその後の本葉は互生する。

図1-23 第1本葉(複葉)展開
この時期までの器官はすでに種子の時代に分化している。

〈開花まで〉

図1-24

左：**本葉5葉期** すでに分枝が形成されている。この時期から7葉期までが第2回培土の適期である。なお，主茎の出葉と分枝の出葉との間には規則性がみられる。第5本葉が伸長するころ，第1本葉の葉腋から分枝の葉があらわれ，以後n葉と（n−4）葉節の分枝が同時に発生する。

右：**開花開始期** 開花期間は品種によるちがいが大きいが，約1か月と長い。

第1章 醸造の原理

〈開花〉

図1-25
長い開花期には,花のつく節をふやし,花数をふやしながら,葉もふやしていく。

図1-26
栄養生長と生殖生長が同時に進む開花期に,水・日光・養分が不足すると落花が多くなる。

〈莢・子実の生育〉

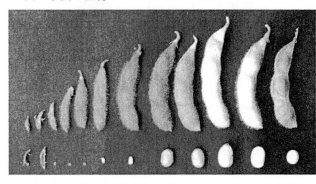

図1-27 開花後5日間隔で並べたもの
開花後2～3週間までは莢が伸長し,その後粒が急速に肥大する。登熟の後期に莢が黄変し,水を失って粒は丸くなり,成熟に達する。

〈根　粒〉

図1-28　開花期の根と根粒
根から糖分をもらう一方根に窒素を送る根粒は，開花期前から急増する窒素要求量の多くをまかなう。

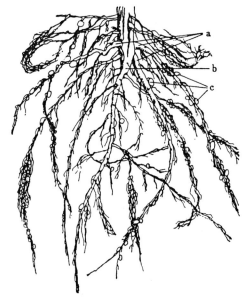

図1-29　根系
a　側根，b　主根，c　根粒
窒素を供給している根粒は赤褐色だが，古くなると紫色になり，やがて崩壊する。

〈粒肥大期〉

図1-30
蛋白質を主成分とする子実の肥大期には充分な窒素供給が必要であり，根粒のほか地力窒素の多少が収量に大きく響く。

〈成熟期〉

図1-31
黄葉期　葉は最大繁茂期をすぎると徐々に下位葉から黄変，脱落し，さらに成熟期が，近づくある時期に大部分の葉が黄変する。
落葉期　黄変期の数日後に落葉する。地力が低い条件では黄葉期，落葉期とも早まる。
成熟期　株全体が脱水乾燥し，子実の水分も低下する。

〈収穫〉

手刈り（落葉期）

コンバイン収穫（成熟期後）

図 1 - 32

〈品質②－乾燥と品質〉

〈乾燥と品質〉

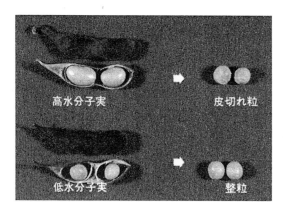

図 1 - 33
高水分の子実を乾燥機にかけると皮切れ粒やしわ粒になりやすい。

図1-34
水分の多い粒を高温で乾燥すると粒は死ぬ。これを水に漬けると内容物が溶け出て水が白く濁る（右）。生きた粒は水を吸収しても外へは溶け出さない（左）。

大豆の種子は，種皮と胚からなり，種皮には臍がある。種皮は全粒の重量の8％を占める。種皮の色は，黄，褐，黒，緑，二色型等がある。

臍の色は，白，茶，黒等があり，白味噌の原料として白目の大豆が適する。

胚は子葉，幼根，幼芽，胚軸からなる。種子の構造を，図1-35～図1-37に示す。

子実は百粒重により，極大粒，大粒，中粒，小粒，極小粒に分かれる。一般に早生品種は小粒，晩生品種は大粒の傾向にある。

(3) 化学的性状

i. 水分

大豆の水分は10～15％であるが，気候，土壌，栽培，乾燥・貯蔵条件等によって異なる。

ii. 蛋白質

大豆は35～40％の蛋白質を含む。蛋白質の大部分は，子葉細胞のプロテインボディ（アリューロン）中に含まれる。

大豆の蛋白質は，グリシニンが主体である。グリシニンは，沈降係数2S，7S，11S，15Sに分かれ，特に11Sは凝固性，保水性で特異な作用を示し，大豆加工の上で重要である。

大豆の構成アミノ酸を表1-13に示す。呈味性のグルタミン酸・アスパラギン酸を多く含む。大豆の蛋白質は，理想型蛋白質に比べ，含硫アミノ酸，スレオニン，バリンが少ない。

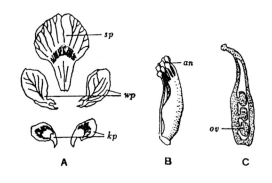

図1-35 花（転作全書ダイズ：農文協）
A：sp 旗弁，wp 翼弁，kp 竜骨弁
B：雄ずい（1本だけ離れている），an 葯
C：子房，ov 胚珠

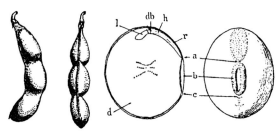

図1-36 ダイズの莢と種子
a：珠孔（発芽孔となる）
b：臍　c：縫線（raphe）　r：幼根　h：胚軸　l：初生葉
d：子葉　db：子葉のつけね
（星川清親：養賢堂）

iii. 脂質

　大豆は約20%の脂質を含む。油脂原料として品種，栽培条件により含量に差異があり，一般に国内産は少なく，米国産は多い。脂質はプロテインボディ間の間隙を埋める形で存在している細かい顆粒，すなわちリピドボディに蓄積されている。構成脂肪酸は飽和脂肪酸であるパルミチン酸2～7%，ステアリン酸4～7%，アラキドン酸0.4～1%，一方で不飽和脂肪酸が全体の85%を占め，オレイン酸32～35%，リノール酸52～57%，リノレイン酸2～10%である。大豆油脂は酸化されやすい欠点を有すると同時に，栄養学的には必須脂肪酸を豊富に含むことを意味する。

　脂質は麹菌酵素のリパーゼの作用で，脂肪酸とグリセリンに分解される。脂肪酸は，酵母の発酵生産物であるエチルアルコールと結合し，脂肪酸エチルエステルとなり，味噌の主要な香気成分となる。

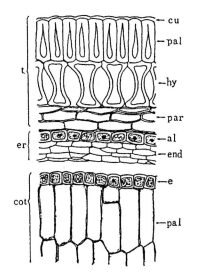

図1-37 ダイズ種子の内部構造
t：種皮　er：胚乳残存組織　cot：子葉　cu：クチクラ層　pal：柵状層　hy：下皮の砂時計型細胞　par：海綿状組織　al：糊粉層　end：胚乳細胞　e：子葉表皮（星川清親：養賢堂）

iv. 炭水化物

大豆は25～30％の炭水化物を含むが，品種，栽培条件により含量に差異があり，一般に国内産は多く，米国産は少ない。

炭水化物の内訳はオリゴ糖が約10％・多糖類が10～15％，セルロースが約4％，単糖類は微量である。また，米麦とは異なり澱粉は1％以下である。

大豆の胚（子葉部）の多糖類はアラビノガラクタン（アラビノースとガラクトースの比が1：2）50％，ペクチン（ラムノースを含むガラクチュロン酸の主鎖にキシロースなどの側鎖を持つ多糖類）30％，セルロース20％からなり，糖組成は1／3がガラクトースで，グルコース，アラビノース，ガラクチュロン酸も多い。

大豆種皮の多糖類はセルロース40％，ガラクトマンナン10％，酸性多糖類10％，ヘミセルロース10％からなり，このうちガラクトマンナンは水および熱水で抽出されるので，丸大豆の煮汁中に移行しやすい。

大豆のオリゴ糖はシュクロース（2糖類），ラフィノース（3糖類），スタキオース（4糖類）の3つの非還元性糖が約10％を占める。

単糖類ではグルコース,フラクトース,アラビノースの存在が認められている。
v. 有機酸
大豆中の有機酸はクエン酸が量的に最も多く,次いでピログルタミン酸,リンゴ酸,酢酸などの順である。

乳酸菌 *Tetragenococcus halophilus* はクエン酸,リンゴ酸を資化し,酢酸と乳酸を生成する。

vi. 無機成分

大豆中には灰分として4～6％の無機成分が含まれる。

無機成分のうち特に変動の多いのはカルシウムで,その含量は品種や栽培条件によって異なる。カルシウム含量は蒸煮大豆の硬さに影響し,これの多い大豆ほど蒸煮した大豆は硬い傾向にある。

表1-13 味噌用原料のアミノ酸組成

(g／全窒素:16g)

アミノ酸	大豆	米	大麦
アルギニン	7.8	5.4	3.8
ヒスチジン	1.6	2.2	2.0
リジン	6.8	4.2	3.3
チロシン	1.7	2.5	2.2
トリプトファン	1.2	1.3	1.4
フェニールアラニン	6.1	3.9	4.4
シスチン	1.0	1.2	1.5
メチオニン	1.0	2.5	1.6
セリン	5.7	3.9	4.5
スレオニン	4.6	4.0	3.2
ロイシン	7.5	7.6	6.8
イソロイシン	4.5	4.5	3.7
バリン	5.1	6.5	5.4
グルタミン酸	17.2	16.0	22.0
アスパラギン酸	12.0	8.0	5.6
グリシン	4.3	4.4	3.8
アラニン	4.2	6.6	4.3
プロリン	7.9	6.2	14.3
全窒素(g)	16	16	16

vii. その他

大豆中のリン化合物の主なものは，フィチン酸にカルシウム・マグネシウム・カリウムなどが結合したフィチンである。また，脂肪酸のグリセライドにリンなどが結合したレシチン，ケファリンなどのリン脂質も含まれる。レシチンは乳化剤として利用される。

大豆（特に胚軸）にはグリコステロイド，イソフラボノイド，サポニンなどの配糖体が含まれる。これらの成分は大豆の苦味，えぐ味などの不快成分であるとともに，一方では抗脂血，抗酸化，抗コレステロール作用などの機能性を示す。

ビタミンとしてはE（トコフェロール），B_1（サイアミン）が比較的多く含まれ，前者は抗酸化性を有する。また，ナイアシン，ビオチン，イノシトール（主発酵酵母 *Zygosaccharomyces rouxii* の耐塩性　賦活作用）などの微生物の生育因子も含まれる。

トリプシンインヒビターはグロブリン様の蛋白質で，トリプシン活性を阻害する。膵臓肥大を起こす作用があるが，湿熱加熱により容易に破壊される。

ヘマグルチニンはアルブミン様の糖蛋白質であり，赤血球の凝固作用があるが，湿熱加熱により破壊される。

（4）味噌原料としての適性

i. 一般的評価

① 大豆に設定された規格の条件を満たしており，夾雑物，被害粒，石豆，割豆，未熟粒が少ない。
② 新穀であると吸水が容易となる。
③ 異品種の大豆が混在しないので均一な吸水がなされる。

ii. 品種特性の評価

① 大粒種である。
　一般的に大粒種は，少なくとも種皮の割合が小粒種より少ない。
② 種皮は薄く，黄白色で光沢がある。
③ 臍の色が淡い。
④ 吸水率が高く，蒸煮処理を行いやすい。このような大豆は一般に炭水化物含量が多く，カルシウム含量が少ない。
⑤ 蒸煮大豆の色が明るく鮮やかな味噌に仕上がる。
⑥ 蒸煮大豆に食塩を添加しても硬くしまらない。
⑦ 保水性が高く，味噌の離水が起き難い。

1-2-4 食塩

国内塩の規格を表1-14に示す。

表1-14 国内塩の規格

塩　種	品　質　規　格
食　卓　塩 （100g入り） （500g入り）	NaCl 99％以上 塩基性炭酸マグネシウム　0.4％以上 粒度　500～297ミクロン　85％以上
特　級　精　製　塩 （25kg入り）	NaCl 99.8％以上 粒度　500～177ミクロン　85％以上
精　製　塩 （1kg入り）	NaCl 99.5％以上 粒度　500～177ミクロン　85％以上
精　製　塩 （25kg入り）	NaCl 99.5％以上 粒度　500～177ミクロン　85％以上
食　　　塩 （620g入り） （3.3kg入り） （10kg入り）	NaCl 99％以上 粒度　500～149ミクロン　80％以上
並　　　塩 （30kg入り）	NaCl 95％以上
粉　砕　塩＊ （40kg入り）	1等　別に定める原塩1等を粉砕したもの，粒径1,190ミクロン以上のものが15％以下，500ミクロン以下のものが40％以上 2等　その他の原塩1等または原塩2等を粉砕したもの，粒径は1等塩と同じ
原　　　塩 （40kg入り）	1等　NaClが95％以上，色相が標本塩と同等以上で重金属100万分の15以下のもの 2等　NaClが90～95％で色相が標本塩と同等以上のものまたは95％以上で色相が標本塩に劣るもの，何れも重金属100万分の15以下であること

＊漁獲物塩蔵用に限り適宜の粒径をとることができる。

これらのうち，味噌用としては主として並塩が用いられている。

味噌用原料としては，銅と鉄の含量の少ないものが適し，これらの存在で味噌が着色する可能性がある。

1-2-5 水

味噌には40～50％の水が含まれるが，その大部分は原料処理工程で使用する水が味噌に移行する。

醸造用水としては次の条件を具備する必要がある。
① 飲用適であり，軟水が望ましい。
② 無色透明で異味・異臭がない。
③ pHは中性または微アルカリ性である。
④ 鉄は0.02ppm以下である。
　水タンクや配水管も鉄製にしない。鉄が多い場合は除鉄を行う。
⑤ マンガンは0.02ppm以下。
　マンガンは日光による着色を促進するので，多い場合は除去する。
⑥ 有機物は5ppm以下。
　有機物を5ppm以上含む水は不潔であり，食品加工に適さない。
⑦ 亜硝酸態窒素，アンモニア態窒素は検出されない。
　亜硝酸およびアンモニアは動植物体の分解生成物であり，これらが多い水は汚染されている。
⑧ 生酸性菌群および大腸菌群ともに不検出で，細菌酸度は2m*l*以下。
　ボイラ用水は必ず軟水を用いる必要がある。

1-2-6 精米加工

（1） 精米加工の意義

米は，おいしく，消化吸収しやすく，そして調理しやすくするために加工される。

日本では玄米流通が基本になっているので玄米から加工して精米にするが，外国では籾からの一貫搗精（精白）で精米にすることが多い。玄米の糠層，胚芽の占める割合は玄米全体の約9％（糠層5～6％，胚芽2～3％）であるから，完全に糠層，胚芽を取り除いた精米は精米歩留まりで約91％になる。

この精米を十分搗き精米，完全精米などと呼ぶ。したがって，糠層・胚芽の

半分（約4.5％）を除いた精米を5分搗き精米，糠層，胚芽の7割（全粒の約6％）を除いた精米を7分搗き精米と呼ぶ。また，栄養的見地から特殊な搗精方法で精米胚芽保有率を80％（一般精米は胚芽残存率約20％以下）以上有している精米を胚芽精米といっている。精米加工では，これらの糠層，胚芽を除去する。

糠層・胚芽剥離程度のことを搗精度または精白度という。十分に剥離した状態では玄米の果種皮と糊粉層（澱粉細胞の外層にあり，同じ胚乳細胞の形態であるが澱粉はほとんど含まない）までが除かれている。糠層の厚さは品種，成熟度，気象などの条件によって異なるが，通常米粒の側面で30～38 μm，腹側は側面よりやや薄く，背側は腹側の4～5倍の厚さがある。

搗精度は，精米の標準品などと見比べて搗精度が不足している，あるいは進み過ぎているなどと表現している。肉眼鑑定を容易にするため，精米を染色（new MG 染色法など）して調べる。これらの方法は数字で表しにくい。前述の7分搗き精米などの表現のほか，便宜的に91％精米，90％精米などのように精米歩留まりで表すことがあり，また精米用の白度計により精米の白度38％，40％等と表し，数値で示すことができる。

搗精度の低い5分搗き，7分搗き精米は栄養の面からは優れているが，食味の点では劣る。また逆に，88％精米以下の過搗精の場合は，蒸米が硬く，あるいは軟らかくなり過ぎ，また食味も淡白になり過ぎる傾向がある。

表1-15は精米の搗精度と消化吸収の関係を示した例である。玄米と白米を比較すると，特に蛋白質，脂肪，灰分において白米の消化吸収率が高くなって

表1-15　精白米の各成分の消化吸収率（％）（柳瀬　肇）

	蛋白質	炭水化物	脂　肪	灰　分	総熱量
白米	85.3	99.7	86.8	90.9	97.0
7分搗き米	83.0	99.6	80.5	87.3	95.9
5分搗き米	82.0	99.3	74.4	84.5	94.5
玄米	74.9	98.6	58.3	78.0	89.6

いる。また米の吸水性では，玄米は極端に低く，搗精度が進むに従って吸水速度が上昇する。蒸しに要する熱エネルギーも玄米に近いほど大きい。精米工場は従来，卸，小売の付属施設として加工，配送の機能を果たしてきているが，新しい時代に合った商品化技術と物流技術を使った合理化工場への脱皮が求められている。

（2） 精米の加工工程

大型精米工場の加工工程の一例を図1-38に示した。上段が荷受け，前精選・前調質工程，中段が精米・後調質・ブレンド工程，下段が精米の後精選・出荷工程からなっている。

（3） 原料精選工程

原料に混入してくる石や夾雑物などの異物を選別除去することを目的とする工程である。この工程に設備されている装置としては粗選機と石抜機が一般的である。

（4） 精米工程

精米加工の第一の目的である玄米の糠層と胚芽の除去を行う工程で，精米工場の心臓部である。

現在，日本においては玄米の糠層と胚芽を除去する方法として，摩擦作用と研削作用を利用している。摩擦作用を利用した精米機は摩擦式精米機，研削作用を利用した精米機は研削式精米機と呼ぶ。

i. 摩擦式精米機

米粒に一定以上の圧力をかけ，その時に発生する米粒間の摩擦作用と付随的に発生する擦離作用で糠層を除去する。

具体的には，金網とロールで構成される隙間に米粒を送り込み，出口に一定の圧力をかける。米粒の送り込みはネジ（送り）ロールで圧力をかけて強制的に送り込むので，出口の抵抗と釣り合うまで米粒は送り込まれ，圧力は次第に高くなって一定の圧力に達する。この状態でロールを回転させると米粒はロールと同じ方向へ回転を始める。

金網の断面は多角形（六角形や八角形，一二角形など）になっており，多角形の角の部分ではロールと金網の距離が最も長いため米粒は粗の状態で，辺の中央の部分ではその逆で密の状態となる。つまり米粒に対して，圧力の強弱が交互に繰り返しかかる。

この強弱の差が大きいほど米粒にかかる摩擦作用（擦離作用）は大きく，糠

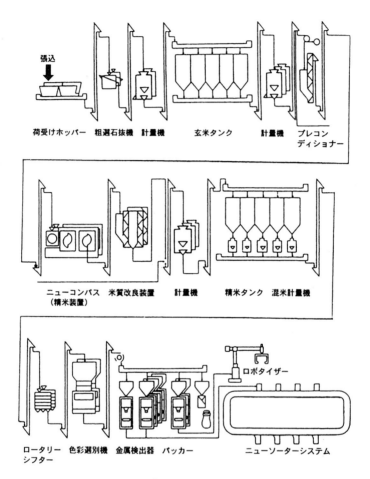

図1-38　大型精米工場の加工工程（農産物検査とくほん）

層を除去する力は大きい。

　摩擦式精米機は米粒に均等に圧力が加わるためムラ搗きが少なく，また摩擦作用により表面が滑らかで美しい精米を得る反面，胚乳部の脆い米粒は砕粒となりやすく，また玄米のように表面の摩擦係数が低い（滑りやすい）米粒には摩擦力がかかり難い。

ii. 研削式精米機

米粒の表面を砥石で削って糠層を除去する方法の精米機である。摩擦式精米機は米粒同士の間に働く力を利用していたが，研削式は米粒とロールの間に働く力を利用する。研削式のロールは細かな切削片（砥粒）の集合体で高速回転しており，このロールに米粒が衝突した時の衝撃力と，それに付随して起こる研削作用により糠層や胚芽が除去される。したがって米粒がロールに接触する回転数が多いほど，また米粒がロールに接触するスピードが速いほど，さらに砥粒が大きいほど，搗精は速い。しかし，必要以上にスピードが速く，砥粒が大きいと，米粒に与える衝撃も大きくなり，砕粒が発生しやすくなる。

研削式精米機のロールの砥粒は，米粒に比べると非常に硬い物質が使われているので，米粒を内部まで削ることができるし，米粒に対する圧力も低い。

酒造用米は通常歩留まり60〜70%程度，大吟醸クラスでは歩留まり50%程度，あるいはそれ以下まで搗精されることもあり，この場合は研削式精米機を使用するが，これは前述の理由からである。米質の脆い米粒や中・長粒種など，圧力をかけると砕粒になりやすい米粒も研削式精米機を使用する。

iii. 精米機の組合せ

現在国内において使われている精米機は，大別すると前述の摩擦式精米機か研削式精米機に分類されるが，別の分類方法として「単座式」「循環式」「連座式」に分けることもある。

「単座式」とは，1台の精米機を1回通過させることにより玄米から精米に仕上げる方式で，比較的小規模の精米機はこのタイプが多くなっている。「循環式」とは，1台の精米機を複数回通過して仕上げる方式であり，この場合，循環用のタンクが必要となる。「連座式」とは，複数台の精米機を連続的に通過して仕上げる方式で，処理能力の大きな精米機はこのタイプが多い。

大型精米機の多くは連座式で，2〜4台の精米機を連続的に通過するが，この場合，摩擦式精米機と研削式精米機のそれぞれの長所を利用することが可能である。搗精の初期段階，つまり玄米の搗精では最外層（表皮）がロウ質で覆われ，摩擦がかかり難いため研削式精米機を使用し，その後（果皮，種皮）はムラ搗きの少ない摩擦式精米機を使用する。

果皮，種皮の内側にある糊粉層はすでに胚乳の一部であり，かなり硬い層であり，研削式精米機が適しているが，最終的な精米の表面は，傷がなく滑らかで光沢が求められるため通常は摩擦式精米機を使用する。

（4） 精米精選工程

精米工程で発生する砕粒，糠玉等と，原料精選で除去できなかった着色粒等を選別除去する。

i. 砕粒選別機

ロータリーシフターと呼ばれる多段の織網を円運動させ選別する。同機は4種類の網目を内蔵し，5種類の選別を行う。その金網の種類（目幅）と主な選別物を表1-16に示す。

ii. 色彩（ガラス）選別機

精米の中に混入している着色粒や着色異物を除去することが目的の装置である。選別板（樋）に米粒を流し，光を照射し，その反射光をフォトセンサーで受光し，バックグラウンド（通常は白い板）との比較で着色粒等を検知し，空気銃（エジェクター）から圧縮空気を吹き付けて除去する。

最近はフォトセンサーに代わり，CCDカメラを搭載した機種が増え，さらにガラス等，色彩での判別が難しい異物の除去に，異物（近赤外）センサーを組み込む機種もある。

近赤外線の波長領域の中で，米粒と異なる成分を検知する方式で，米粒と比重が近似した石など，石抜機で除去できない異物も選別される（図1-39）。

iii. 金属検出器

以前は磁石を昇降機のホッパー部等に設置し，金属を除去したが，同法では磁性金属しか選別できない。

非磁性金属をも検知除去するため開発された。原理は電気的に磁界を作り出

表1-16 ロータリーシフターの金網種類と主な選別物
（農産物検査とくほん）

金網種類	線径	開口	主な選別物
5メッシュ	0.80mm	4.28mm	上：糠玉等
10	0.50	2.04	上：正常粒
12	0.45	1.67	上：砕粒
24	0.33	0.73	上：小砕粒 下：小糠

第1章 醸造の原理

し，そこに米粒を流し，金属が通過すれば磁界が乱れる性質を利用して検知する。

金属検出機は工程中のシュートパイプの一部に設置するタイプと，袋詰された製品が流れるベルトコンベアに設置するゲート状のタイプがある。

（5） 計量包装工程

精米を目的の量目に計量し，所定の包装容器に詰める。

この工程には計量包装装置（パッカー）があり，目的の量目に計量する計量機と所定の包装容器に詰めて封緘（シール）する包装機が組み合わされた装置である。

現在使用されているパッカーは，計量・包装とも自動で行われており，計量の部分は秤秤からロードセル式の秤に変わり，正確な計量が可能である。

（6） 精米の無洗化

無洗米は，精米機メーカーが精米の無洗化装置を開発し商品化に移したもの

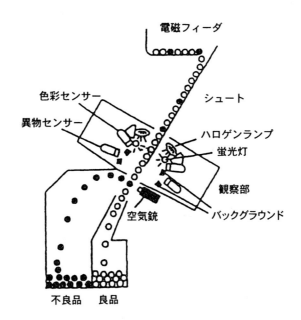

図1-39 色彩（ガラス）選別機の構造

である。従来の乾式研摩，軽い湿式研摩などの技術の壁を破り，精米水洗→乾燥の新しい技術，ノウハウを開発し精米規格に合わせて商品化したもので，洗米廃水の処理による環境良化も同時に唱えている。

加工方法は一般精米を数秒～10秒程度一次，二次に分けて瞬間的に水洗，研摩する。次に遠心脱水し温風乾燥する。精米はさらに色彩選別機，ロータリーシフター，金属検出機などを経て出荷される。なお精米製品は5％程度のコストアップになる。

1-2-7 精麦の加工工程

(1) 精麦の原理

古来，わが国では大麦，稗，粟，黍などのいわゆる雑穀類は，米とともに主要な食糧として栽培され，特に内陸部の農村ではこれが主食となっていた。米粒は構造が単純で比較的こわれやすいので，精白しない玄米のまま食されてきた。近世になって米粒同士を擦り合わせることで糠部をとり除いた精白米が食されるようになり現在に至っている。

これに対し，大麦などの雑穀類は，食用とするためには硬い皮を取り除かねばならず，一晩浸漬した後，茹でるなどして皮の部分が破れやすくなるようにして食べていたが，のちに米の精白操作に準じた方法を用いて果皮などを除去した精白麦が利用されるようになった。

この時代の精白は，木臼，石臼などに入れた玄穀を杵先の上下運動によって搗きまぜ，穀粒を摩擦精白する杵搗き法で行われた。杵の上下運動による精白は，個々の農家では通常手搗きで行われた。しかし大麦の精白は，果皮が硬いばかりでなく構造が複雑なため，精白処理は困難で多くの時間と労力を要した。そのため足踏み搗き*¹（唐臼：図1-40），水車搗きなど仕掛けによる精米も始まり，やがて業として精白を専門に行う人々も現れるようになり，それぞれの地域ごとにいわゆる精米所が設けられるようになった。

発動機や電力が普及して，それが杵搗きの動力に利用されるようになると処理能力は一段と大きくなり，飯用麦，味噌などの醸造用麦が生産されてきた。

---

*1 【唐臼】臼を地面に埋め，梯子を応用して足で杵の柄を踏みながら，杵を上下し，米，麦などの穀類をつ搗く道具（図1-30参照）。

第1章　醸造の原理

図1-40　唐臼

(2) 搗精機の変遷

臼式は搗精機には杵搗き式と、らせん式（図1-41）があり、前者は曲柄式、扁芯式、バネ式などのメカニックによって回転を急速な上下のピストン運動に変え、臼の中の麦穀を搗き混ぜる方式であり、後者は臼の中央底部に鋳鉄製または陶磁器製のらせん器を装着し、これを回転して中の麦穀を外周部から内心部に循環させて搗く方式である。麦の精白の場合は外皮が強固なため、加水したり摩擦助剤として「石粉」を加えるなどして精白の能率を上げるようにしていた。

専業の精麦所や味噌の醸造元では、臼を5～10台連結し、200kgから500kg程度の処理が行われていた。

臼式の搗精は、1950年代の中頃まで続けられたが、設置面積が大きいことと能力アップにも限界があって、円筒摩擦式、立型研削式などの精米機を応用した搗精法に変わっていった。

円筒摩擦式（図1-42）は横型の円筒内に鋳鉄製ロールを設置した搗精部、除糠（じょこう）装置、バケットコンベアー装置の組合せで構成され、穀粒はロールの回転

によって円筒の前方に送られ，ロールの先端の搗精部で排出口胴の重錘などによる圧迫を受けて摩擦精白され，再び元に戻るという工程を繰り返して搗精が行われる方式である。

また立型研削式精麦機は，立軸回転の金剛砥(こんごうと)ロールとその外周を囲む鋳鉄製円筒とを主要部とする搗精部があるほかは，円筒摩擦式とほぼ同様の構造となっている。この場合麦粒はロールと円筒との隙間で研削され，外皮を取り去って搗精する。摩擦式のように穀粒同士の摩擦によるのではなく，砥石で積極的に外皮を削り取る方式であるから，その搗精力は強大で「石粉」などの摩擦助剤は不要となった。

現在の精麦機は，基本的にはこの方式のものが最も広く使用されているが，

図1-41　臼らせん式搗精機断面

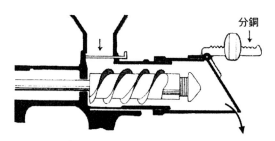

図1-42　円筒摩擦式搗精機のロール部

回転軸を斜めにした傾斜型や，横型のものなど機械メーカーによっていろいろと開発されている。
（3） 現在の搗精工場
　精白麦は，戦後の米不足を補う食糧としての需要から脱却して，健康食としての利用に変貌し，一方味噌を初めとする醸造用原料としても，麦焼酎の消費増大などの影響で品質，量ともに高度となってきている。したがって麦の搗精技術も年を経るに従って進化している状況にある。麦の搗精工程は，受け入れ原料の選別，搗精，加工に大別される。
（4） 原料の選別
　原料大麦には国内産と外国産とあるが，いずれも小石や小枝，雑草の種子など産地特有の夾雑物が含まれていて，搗精後に異物除去が困難となるとか搗精工程の能率を阻害するなどの悪影響が出ることがあるので，選別方式の組合せなどについては，いろいろと工夫がなされている。
（5） 搗精
　この工程では，麦粒を研削し，研磨する作業が行われる。初めに高速回転する円筒状の砥石に原料麦を送り込み，麦粒の外郭（図1-43）を削り取る研削搗精機（図1-44）を使用する。麦粒は両端がややとがり，背面には縦溝があ

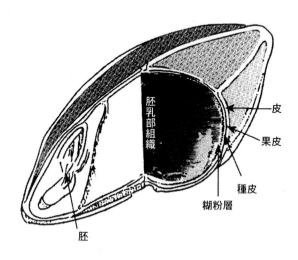

図1-43　大麦種子の構造

発酵と醸造

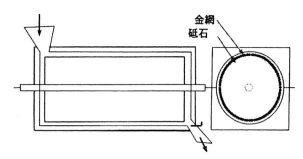

図1-44　長工程横型搗精機断面

り，粒のかたち，大きさは品種によってもかなり異なっている。また，穎（えい）を被った皮大麦，穎がない裸大麦の2種があり，外皮の状況もさまざまなものがあり，研削作業は一様に進まない。そのため，研削搗精機を多数台シリーズに連結し，砥石の目の粗さや回転数を調節することで目的の形状に仕上げるように工夫されている。

研削式の搗精では，麦粒の表面を削り取る方式であるから，臼式，回転円筒式のような粒同士の摩擦による搗精と異なり，麦粒の表面が滑らかでない。したがって，このままでは醸造原料として加工するときに不具合を生じるので，エンゲルと称する機械を使用して麦粒同士を擦り合わせ，細かく磨いて表面を滑らかにする。この時に少量の水分を添加するので次の工程で乾燥して水分を調整する。

(6)　**精白麦の加工**

搗精された精白麦は，利用目的に応じた加工が施される。味噌醸造用あるいは飯用の場合は，直接食するものであるから，異物混入を始め食品衛生上の安全性には特に留意しなければならないので，何重にもなった網の目を使用したシフターや色彩選別機，比重選別機その他あらゆる選別機を駆使してその効果を上げるようにしている。

主として味噌醸造用であるが，味噌工場の製麹作業における浸漬工程の時間を制御する目的から，一定の厚みに圧扁加工を施すものがある。この加工によって浸漬時間が短縮され（図1-45，1-46），作業工程の連続化が可能となる。

第1章 醸造の原理

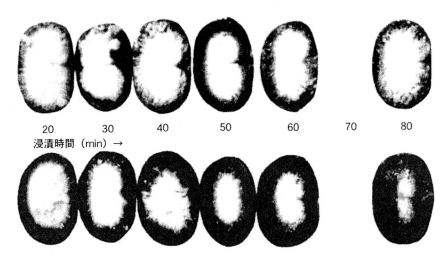

図1-45 浸漬大麦の断面（上段は20℃，下段は40℃）
白色の芯部は未吸水の状態を示す。

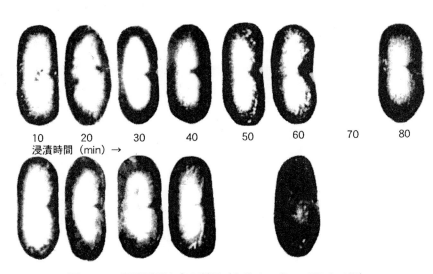

図1-46 浸漬扁圧大麦の断面（上段は20℃，下段は40℃）
白色の芯部は未吸水の状態を示す。

発酵と醸造

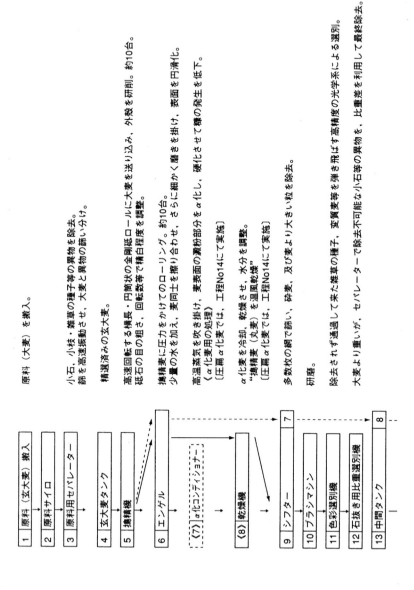

1 原料（玄大麦）搬入
原料（大麦）を搬入。

2 原料サイロ

3 原料用セパレーター
小石、小枝・雑草の種子等の異物を除去。篩を高速振動させ、大麦と異物の篩い分け。

4 玄大麦タンク
精選済みの玄大麦。

5 搗精機
高速回転する横長・円筒状の金剛砥ロールに大麦を送り込み、外殻を研削。約10台。砥石の目の粗さ、回転数等で精白度を調整。

6 エンゲル
搗精麦に圧力をかけてのローリング。約10台。少量の水を加え、麦同士を擦り合わせ、さらに細かく磨きを掛け、表面を円滑化。

〈7〉α化コンディショナー
高温蒸気を吹き掛け、麦表面の澱粉部分をα化し、硬化させて糠の発生を低下。
〈α化用の処理〉
［圧扁α化麦では、工程No14にて実施］

〈8〉乾燥機
α化麦を冷却 乾燥させ、水分を調整。"搗精麦（丸麦）"を温風乾燥。
［圧扁α化麦では、工程No14にて実施］

9 シフター
多数枚の網で篩い、砕麦、及び麦より大きい粒を除去。

10 ブラシマシン
研磨。

11 色彩選別機
除去されず通過して来た雑草の種子、変質麦等を弾き飛ばす高精度の光学系による選別。

12 石抜き用比重選別機
大麦より重いが、セパレーターで除去不可能な小石等の異物を、比重差を利用して最終除去。

13 中間タンク

第1章 醸造の原理

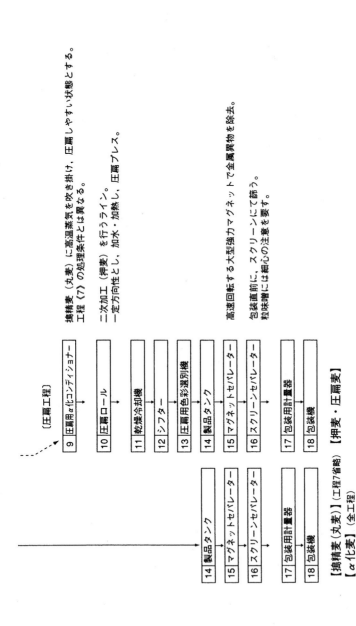

図1-47 精麦工程

発酵と醸造

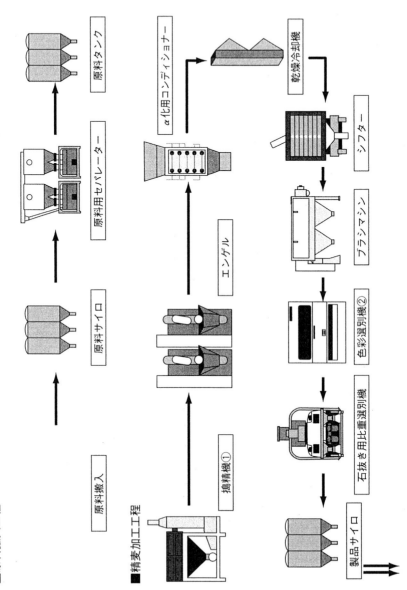

第1章 醸造の原理

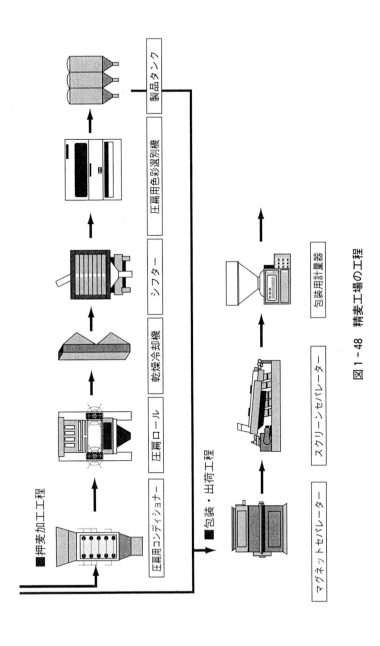

図1-48 精麦工場の工程

この圧扁加工時には高温蒸気を吹きかけ，麦粒を圧扁しやすい状態にするが，このことによって麦粒表面の澱粉質がα化されるため，味噌工場において原料精麦を洗浄する際に排出される排水の有機物負荷量を大幅に減少するメリットのあることがわかった。このことがヒントとなって，焼酎原料用精麦にα化麦が使用され始めた経緯がある。
　α化麦は，搗精最終処理を経過した後α化コンディショナーによって処理してつくられる。このほかに焙焼米と同じ方法で熱風処理した焙焼麦もある。

（7）用途別の搗精要点
　味噌醸造原料の精白麦は，搗精歩留まりは皮麦の場合60％，裸麦の場合75％程度が目標とされるが，ユーザーによってはその前後を指定することがある。搗精歩留まりが高い精麦は麦粒の表面付近に多く存在する無機成分などの影響で製麹する場合に麹菌の繁殖が旺盛なため，蛋白分解関連の酵素活性が強く，味噌の着色が早くなる傾向がある。したがって淡色系の麦味噌の原料とする場合は，やや搗精を強くしたものが使用される。大麦の胚芽の部分には脂質が多く含まれ，これが焼酎もろみの発酵過程で高級アルコール等を生成する原因となり，製品の香気を損ねるので，焼酎原料の搗精に当たっては注意が必要である。

（8）今後の課題
　醸造用大麦の玄穀は，国内産，外国産を問わず品種や地域特性がさまざまなうえ，収穫年次による豊凶の影響で粒の形状，組織の硬軟など千差万別といってよいほど品質の差は避けられない。一方，醸造用精白麦に対するニーズは品質，および衛生的安全性に関してますます厳しく，その搗精技術は一層の向上が求められる。

（9）精麦工程のフローチャート
　米と異なり，大麦の品種は幅広く，多種が存在する。栽培，搗精，製麹，熟成のすべてに適する大麦品種への改良が望まれる。搗精においては，砕け難く，剥きやすい，相反する性質，すなわち割れ難く，シナヤカな性質を有する大麦品種が望まれる。
　大麦の精麦工程に関し，図1-47にフローチャートを，図1-48に機械装置の模式図，および写真を示した。

1-3 米味噌

1-3-1 概説

米味噌は原料として米,大豆と食塩を使用した味噌の総称である。米味噌は食塩6％前後の甘味噌,食塩10％前後の甘口味噌および食塩12～14％の辛口味噌に大別される。米味噌は全国各地で生産されており,味噌の生産量の約80％を占めている。そのうちの大部分は辛口味噌である。

1-3-2 大豆処理

麹歩合10歩であっても,米は麹化し1.1倍重量となるのに対し,大豆は蒸熱すれば2～2.1倍重量となる。原料としては同一重量であるけれども,原料処理後の重量が,大豆は米の2倍となり,味噌に占める割合が非常に高い原料である。また,大豆は,味噌の組成・物性,保水性に深く関与し,製麹と同様,もしくは製麹以上に大豆の原料処理が,味噌の良否を決定する。

(1) 精選

味噌は仕込んだものがそのまま製品となるので,原料の精選には注意を要する。特に漉しを行わない粒味噌では,要注意である。精選の目的は夾雑物の除去と大豆の粒径を分別することにある。

精選は篩,風選,ころがし（ロール選別）などを組み合わせたものや,比重の違いを利用したり,振動衝撃を応用した選別機を用いる。また,夾雑物除去後の重量を,原料配合上の重量の基準とすべきである（次の研磨,脱皮をする場合も同様）。

(2) 研磨

大豆表面の泥土や埃は水洗だけでは完全に除去できないので,研磨機で処理することが望ましい。研磨により処理大豆のY値は1～2％向上(明度の上昇)し,ひいては味噌の色調が向上する。

(3) 脱皮

大豆の脱皮により以下の改良がなされる。

① 処理大豆のY値が上がり,製品味噌の色調の向上
② 大豆の吸水の向上
③ 味噌の組成が滑らかになる

等の効果がある。

完全脱皮した大豆（脱皮除去率15〜20%）の処理大豆のY値は，対照の非脱皮大豆のそれに比べ，5〜10%高くなる。また脱皮大豆は吸水が速く，水温15〜20℃の場合，3〜4時間で元重量の2.1〜2.2倍になる。

一方，大豆の脱皮により，

㋐欠減を生ずる

㋑浸漬中に成分の溶出があり，浸漬水や処理排水の汚濁が高い

㋒変質しやすく貯蔵性が低い

等の不具合もある。表1-17のように完全脱皮した大豆を使用した味噌は，非脱皮大豆のそれに比べ原料大豆の単位元重量当たりの出貫が約75%に減少する。

脱皮大豆は変質しやすいので，脱皮後に日数をおかず使用するのが望ましい。冷蔵庫（5℃前後）で保存しても1週間以内の使用が望ましい。脱皮大豆使用による良否は浸漬および蒸煮方法によりかなり異なり，蒸煮大豆のY値は蒸熟より煮熟処理で高くなる。しかし，煮熟処理は浸漬・煮熟中の成分溶出が多いため，一晩浸漬後の加圧煮熟や無圧煮熟は完全脱皮大豆の加熱処理法として適当な方法とは言い難い。また，脱皮除去率が低い場合，浸漬および蒸煮中に種皮が遊離し，加圧缶の排気口を目づまりさせ，脱圧を困難にすることがある。

以上より，脱皮大豆の利用は味噌の品質向上にとってかなり有効な手段ではあるが，味噌の出貫の減少および排水の負荷の増大を伴う。すべての味噌に利

表1-17 脱皮大豆使用による味噌の出貫（今井ら）

	原料大豆重量 (t)	脱皮後重量 (t)	蒸煮後重量 (t)	味噌の出貫[4] (t)
非脱皮大豆	1.0	———	2.0〜2.1[2]	3.3〜3.5
完全脱皮大豆	1.0	0.80〜0.85[1]	1.5〜1.6[3]	2.5〜2.6

1）脱皮除去率15〜20%
2）元重量の2.0〜2.1倍
3）元重量の1.85〜1.90倍
4）麹歩合8歩前後の味噌として計算（蒸煮後大豆の1.65倍の味噌）。
　なお，脱皮大豆使用味噌の麹歩合は米／脱皮大豆×10とした。

用すべきではなく，付加価値の高い味噌を主体に利用を考えるべきであろう。
（4）洗浄
　大豆の洗浄の目的は表面に付着した塵埃や夾雑物の除去であるが，現在の洗穀機では大豆の汚れを完全に除去できない。
　洗浄効果の向上には，
　㋐洗穀回数の増加
　㋑洗穀機の邪魔板の装着
　㋒浸漬30～60分後に1～2回水を替える（換水）
　㋓浸漬タンク等に張り込んだのち容器の下部より通水または空気を吹き込む
　㋔蒸煮処理の前に水を替える
等を行う。大豆の洗浄を徹底するだけでも，処理大豆のY値は2～4％向上する。
（5）浸漬
　浸漬の目的は大豆の適度な吸水を行い，蒸煮による熱変性等を均一にさせることである。浸漬時間の長短は蒸煮大豆，ひいては製品味噌の色や組成に影響する。
　浸漬時間と大豆の吸収率の関係は図1-49のようになる。大豆の吸水は2～3時間までに急速に増加する。非脱皮大豆は通常9～10時間で見かけ上吸水は終わるが，大豆の粒内水分が均一になるには10数時間の浸漬が必要である。
　大豆の吸水速度，吸水率は品種，産地，新旧などにより微妙に異なる。例えば，飽和状態まで吸水した旧穀大豆の重量は原料大豆の2.2～2.3倍であり，新穀大豆のそれは2.3～2.4倍である。大豆の吸水速度，吸水率は浸漬水温により影響を受け，水温が高いほど浸漬初期の吸水速度，吸水率は向上する。米・麦味噌では大豆を飽和状態まで吸水させるのが一般的である。
　大豆を煮熟したり，脱皮大豆を使用する場合は，浸漬を3～4時間（浸漬を行わない方法もある）以内にとどめることもある。この方法を行うときは，蒸気吹き込み後から沸騰までの時間を最低1時間とることが望ましい。
　大豆の容量は，浸漬することにより2.5～3倍になるので，浸漬水量は大豆の3～4倍必要である。浸漬容器も同様に大豆の3～4倍の容量が必要であるが，大豆の吸水は大豆粒に加わる圧力によって膨潤の程度が異なるので，同じ容量ならば高さが低いもの（浅いもの）を使用すべきである。
　浸漬水温が高い夏期には，土壌細菌が増殖して異臭を発することがある。なお，浸漬中に換水を行うと処理大豆のY値は高くなるが溶出成分も多くなる。

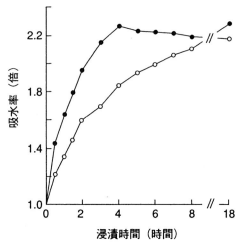

図1-49 大豆浸漬中の吸水率 (松本ら)
●脱皮大豆
○非脱皮大豆
水温：18〜22℃

(6) 水切り

大豆を蒸熟する場合には水切りを行う。水切りが不十分であると，蒸気の吹き抜け時間が長く，しかも排液（通称，アメもしくはご液）の量が多くかつ切れが悪い。

短時間浸漬の場合は水切り時間を十分にとり，内部への吸水を高め，大豆粒内の水分の均一化を図る必要がある。煮熟処理では水切りしないが，蒸気吹き込み前の換水が望ましい。

(7) 蒸煮

大豆を蒸煮する目的は，
㋐蛋白質の熱変性による酵素作用の容易化
㋑多糖類の水溶化による組織の軟化
㋒殺菌
㋓生理的有害物質（トリプシンインヒビター，ヘマグルチニンなど）の湿熱加熱による失活
㋔生大豆臭（青臭さの主成分はヘキサナールやヘキサノールなど）の除去

表1-18 味噌醸造における大豆の蒸煮方法 (今井ら)

蒸・煮	蒸煮圧力	蒸煮缶 (釜)	蒸煮時間 (中国産大豆の場合)
蒸熟	無圧	甑, 定置缶など	4～5時間蒸熟
蒸熟	加圧	加圧缶 (定置, 回転)	缶内圧力0.5～1.0kg/cm^{2}で50～15分蒸熟
蒸熟	高圧	加圧缶 (定置, 連続)	缶内圧力1.2～2.0kg/cm^{2}で7～2分蒸熟
煮熟	無圧	和釜, 二重釜など	3～6時間煮熟
煮熟	加圧	加圧缶 (定置, 回転)	缶内圧力0.5～1.0kg/cm^{2}で50～15分煮熟
煮熟	高圧	加圧缶 (定置, 連続)	缶内圧力1.2～2.0kg/cm^{2}で7～2分煮熟
半煮半蒸 (折衷法)		加圧缶 (定置, 回転)	種々の方法あり

表1-19 大豆の蒸煮方法 (松本ら)

A 直接加圧蒸
　浸漬3時間→吹抜まで30秒→吹抜30秒→0.8kg/cm^{2}達圧まで15秒→保持25秒→脱圧7秒
B 浸漬加圧蒸
　浸漬18時間→吹抜まで30秒→吹抜30秒→0.8kg/cm^{2}達圧まで15秒→保持20秒→脱圧7秒
C 直接高圧蒸
　浸漬3時間→吹抜まで30秒→吹抜30秒→1.5kg/cm^{2}達圧まで20秒→保持5秒→脱圧7秒
D 浸漬高圧蒸
　浸漬18時間→吹抜まで30秒→吹抜30秒→1.5kg/cm^{2}達圧まで20秒→保持3秒→脱圧7秒
E 半煮半蒸
　浸漬3時間→沸騰まで6分→湯切り2分30秒→0.8kg/cm^{2}達圧まで15秒→保持15秒→脱圧7秒
F 直接無圧煮
　浸漬3時間→沸騰まで6分→保持3時間30分
G 浸漬無圧煮
　浸漬18時間→沸騰まで6分→保持3時間30分
H 直接加圧煮
　浸漬3時間→沸騰まで6分→0.8kg/cm^{2}達圧まで1分30秒→保持15分→脱圧1分30秒
I 浸漬加圧煮
　浸漬18時間→沸騰まで6分→0.8kg/cm^{2}達圧まで1分30秒→保持13分→脱圧1分30秒

等である。
　蒸煮大豆は味噌の品質に直接影響を及ぼすので，旨味を持たせつつ，きれいな色調で，適度な硬度に仕上げる必要がある。
　味噌醸造で行われている大豆の蒸煮方法（蒸熟・煮熟）をまとめると表1-18になる。それらの実施例は表1-19，1-20の如くなる。

i. 蒸す方法（蒸熟）

ア．無圧蒸

甑（こしき）や定置缶などを使用して無圧で蒸熟する方法である。後述する江戸甘味噌の大豆処理として行われているが，通常の辛口味噌では処理大豆の色が濃化しやすいので，ほとんど採用されていない。

イ．加圧蒸

定置式，回転式の加圧缶を用い，缶内圧力を 0.5〜1.0kg／cm^2 に保持し蒸熟する方法である。

表1-20 蒸煮大豆の性状（松本ら）

		蒸煮後の倍率（倍）	水分（%）	硬度（g）	推定溶出量（%）	色 Y(%)	x	y
A*	I	2.0	60.0	513	7.7	36.9	0.894	0.393
	II	1.8	52.1	1285	1.4	26.4	0.414	0.398
B	I	2.0	62.3	492	12.3	38.4	0.383	0.388
	II	2.0	58.2	560	4.2	32.7	0.388	0.395
C	I	2.0	59.8	503	7.3	43.3	0.382	0.391
	II	1.8	52.1	1347	1.4	34.3	0.401	0.400
D	I	2.0	61.8	498	11.3	45.0	0.370	0.370
	II	2.0	57.9	526	3.5	38.5	0.382	0.397
E	I	2.0	63.4	502	14.5	45.4	0.382	0.391
	II	2.0	59.6	511	6.9	38.1	0.396	0.395
F	I	2.2	69.6	507	20.8	49.4	0.360	0.373
	II	2.3	68.7	524	15.7	42.0	0.386	0.389
G	I	2.1	70.1	488	24.9	49.1	0.357	0.371
	II	2.4	70.6	492	17.2	42.1	0.376	0.387
H	I	2.2	68.1	490	17.5	49.9	0.360	0.377
	II	2.2	63.9	519	8.3	43.5	0.369	0.381
I	I	2.1	68.9	487	22.4	50.4	0.364	0.378
	II	2.3	66.8	496	11.3	45.4	0.370	0.378

＊記号は表1-19参照
　I：脱皮大豆　　II：非脱皮大豆

第1章 醸造の原理

　蒸熟する際の蒸気は，上部のパイプより蒸気を吹き込み，下部のパイプより蒸気を流す。これを行わないと，大豆の排液（アメあるいはご液）が処理大豆にからまる。また，蒸気の吹き抜けを十分に行わず蒸熟すると，蒸しむらを生じやすい。

　同一の加圧缶を用いる場合，
　㋐大豆の量が少ない
　㋑ボイラーの能力が大きい
　㋒蒸気吹き込みパイプが太い
　㋓脱圧パイプが太い

ほど処理大豆のY値は高くなる。換言すれば目的圧力まで可及的速やかに到達させるとともに，圧力保持後は短時間に脱圧することが望ましい。

　目的圧力に達し，圧力保持を行っている際は加圧缶の下部の排気バルブを少し開き，蒸気とともに排液を流し続ける。

　後述するが，加圧煮は処理大豆のY値が高く，水分も多いが，欠点としてBODなどの負荷の高い排水が出る。その点，加圧蒸は排水量が少ないが，処理大豆のY値が低く，水分は少ない。そこで，加圧蒸による大豆を加圧煮のそれに近づけるため，水（熱水）を加圧蒸熟中にポンプで送り，缶内の散水ノズルで散布する方法が考案されている。散水（湯）により，処理中に大豆の水分が増えるとともに，アメ（ご液）が洗い流され，処理大豆のY値，水分ともに2～4％向上する。

　ウ．高圧蒸

　高圧蒸は図1-50の理論，すなわち温度が高い（圧力が高い）ほど，短時間で大豆が処理できることを応用した方法である。この理論をもとに開発されたのが連続大豆蒸煮装置である。

　従来の加圧缶を使用して高圧蒸を行うときは，
　㋐ボイラの能力を大きくする
　㋑缶体を断熱材などで保温する
　㋒蒸気吹き込みパイプを太くする
　㋓排気口を太くする

等を行い吹き抜け後，所定圧まで時間と脱圧時間を短かくする必要がある。

　高圧蒸の処理大豆は加圧蒸のそれに比べ，色は淡く黄色が強く，甘味があるが，ザラつきやすい。味噌になるとザラつくとともに，パサつきを生じやすい。

これらの欠点は，半煮半蒸のような予備煮熟，あるいは蒸熟中の散水もしくは散湯等でかなり解消できる。

ii. 煮る方法（煮熟）

ア．無圧煮

和釜や二重釜を使用して無圧で煮熟する方法である。浸漬後に煮熟する浸漬煮熟と，浸漬を行わない直接煮熟がある。前者は一晩浸漬する方法と2～4時間の浸漬にとどめる場合がある。脱皮大豆の場合，一晩浸漬すると煮熟大豆は白ボケしやすく，かついわゆるオカラ臭が付与されやすい。後者および短時間浸漬の場合は，沸騰まで最低1時間かけることが望ましい。

沸騰直後のいわゆる煮こぼしは，軽度の脱皮効果がある。沸騰後の大豆の対流が激しいと，白ボケや大豆の旨味が欠減しやすい。煮熟の際の水量は，大豆の元重量の約4倍である。沸騰直後に湯替えを行うと処理大豆のY値は向上する。

煮熟中，蒸発により湯は減少するので，大豆が常に湯の中にあるように適宜，水もしくは湯を入れる。沸騰後に落し蓋をし，煮るよりも炊くに近い状態で処理する方法もある。

イ．加圧煮

定置式や回転式の加圧缶を用い，缶内圧力を0.5～1.0kg／cm²に保持して

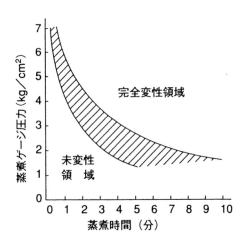

図1-50 蒸煮圧力（温度）および蒸煮時間の大豆蛋白質の変性に及ぼす影響（横塚ら）

煮熟する方法である。

浸漬方法や換水により，次の4つの方法がある。

㋐直接加圧煮：大豆を浸漬せず，直接加圧煮熟する。浸漬時間と浸漬容器がはぶける。煮熟大豆に芯が残りやすいが，沸騰までに50～60分間時間をかけると解消される。

㋑浸漬加圧煮：大豆を浸漬し，水を張り替えた後，加圧煮熟する。

㋒一度煮沸加圧煮：㋑に準じて水を沸騰させた後，その湯を切り，新たな水で加圧煮熟する。

㋓二度煮沸加圧煮：沸騰後の水替えの回数を2回にする。

これらの処理例は図1-51である。処理大豆のY値，水分および固型物の損耗は，浸漬加圧煮が直接加圧煮より高く，また換水の回数が多いほど高い。さらに，大豆に対する水量が多いと，処理大豆のY値，水分は高い。

加圧煮する際の蒸気は，下部のパイプより蒸気を入れ，上部のパイプより逃がす。水量は大豆元重量の2.5～3.0倍で，大豆表面が水から出ていないことを確かめる。加圧缶のサナ板の位置により，大豆と水の量のバランスが変わりや

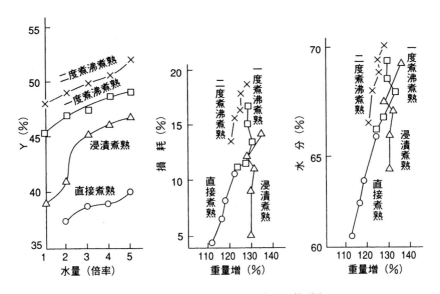

図1-51　煮熟法による大豆処理（根岸）

すいので，サナ板はできる限り下部に付ける必要がある。
　沸騰するまで加圧缶の蓋やマンホールを開放にし，いわゆる煮こぼしを行うと，脱皮の効果があるとともに種皮による排気口の目詰りも防止できるが，缶体外面はかなり汚れやすい。
　目的圧力に達し圧力保持を行っている際は，加圧缶の上部の排気バルブを少し開き，蒸気を少しずつ流し続ける。
　目的圧力で保持が終わったならば，蒸気吹き込みをやめ，加圧缶下部バルブを徐々に開き湯をブローする。この間は絶対に上部の排気バルブを開かない。下部から湯が全部出て，缶内圧力のないのを確めたのち，上部のバルブを開く。
　ウ．高圧煮
　缶内圧力を 1.2～2.0kg／cm^2 に保持して煮熟する方法であるが，
　㋐目的圧力および脱圧に要する時間が高圧蒸より長くかかる
　㋑連続処理する場合に湯の供給と排湯の利用方法
　㋒安全性
等に問題がある。そのため，将来的には別として現時点ではごく一部でしか行われていない。
　iii．半煮半蒸
　主として加圧蒸に使用する NK 缶のような加圧缶では，加圧蒸大豆の欠点をなくし加圧煮に近い処理大豆を得るために，この方法を行う。
　製造する味噌の種類，あるいは加圧缶の都合により種々の処理が行われている。例えば
　㋐沸騰直前まで水煮し，湯抜きを行い加圧蒸
　㋑沸騰後 30～90 分間保持し，湯抜きを行い加圧蒸
等である。極端な場合は，加（無）圧煮を行い，処理大豆の表面水分をできるだけ除去するため，脱圧後に軽く加圧蒸を行うこともある。
　（8）　蒸煮大豆の性状
　蒸煮大豆の硬さは
　㋐大豆の品種，産地
　㋑大豆の新旧
　㋒蒸煮条件（圧力，温度，時間）
　㋓蒸煮方法（蒸熟，煮熟の際の水量と換水の回数）
等により影響を受ける。

第1章　醸造の原理

　蒸煮大豆の硬度は，40℃前後まで冷却した蒸煮大豆30～50粒をキッチン秤に載せ，指で圧扁し，潰れた時の加重を読みとり，平均グラム数で表す。蒸煮大豆の適度な硬度は味噌のタイプにより異なるが，粒味噌は500g前後，漉味噌は600g前後と言われている。硬度800g以上の処理大豆を使用した味噌はザラツキを生じ，同300g以下のそれはネバルとともに発酵不足になりやすい。
　同一蒸煮方法で処理（例えば，0.8kg／cm^{2}で加圧蒸）した場合，蒸熱時間が短い，すなわち硬い処理大豆は，蒸熱時間が長い（大豆は軟かい）ものに比べ当然ながらY値が高い。

(9)　蒸煮大豆の色

蒸煮大豆の色は
㋐大豆の品種，産地
㋑大豆の新旧
㋒脱皮の有無
㋓蒸煮条件
㋔蒸煮方法
等により支配される。
　中国産の非脱皮大豆を硬度500gになるまで処理すると，蒸煮大豆のY値はおよそ次のようになる。

蒸煮方法　　　　　　無圧蒸≦加圧蒸＜半煮半蒸
蒸煮大豆のY（%）　　30～33　33～35　35～39
　　　　　　　　　　≦高圧蒸≦無圧煮≦加圧煮
　　　　　　　　　　38～41　39～41　40～45

　煮熱の場合，大豆に対する水量，浸漬時間，換水の回数などによって処理大豆の色は異なる。加圧蒸，高圧蒸では蒸熱中の撒水（湯）によってY値は向上する。
　同一の処理方法であっても，脱皮大豆は非脱皮大豆より蒸煮大豆のY値が5～10%高く仕上がる。
　図1-52，1-53，1-54に示す如く，蒸煮大豆の色は製品味噌の色にほぼ直接影響を及ぼす。すなわち，同一の麹を使用し，味噌の熟成温度・期間を同じにした場合，蒸煮大豆のY値と製品味噌のY値の間に高い相関があり，Y値の高い蒸煮大豆を用いると色の淡い味噌ができる。一方，味噌の熟成を同一Y値

で打ち切ると，Y値の高い蒸煮大豆を使用した味噌ほどx値が高く，赤みの冴えが出る。

(10) 蒸煮大豆の旨味

蒸煮大豆の旨味は大豆の品質と蒸煮方法による影響が大きい。同じ大豆で同一の硬度に仕上げた場合，蒸煮大豆の官能的な旨味は，以下の如くとなる。

　　無圧煮≦半煮半蒸＝加圧煮＜無圧蒸＝加圧蒸＝高圧蒸

高圧蒸は成分的にも還元糖が多く，旨味というよりも甘味がある。蒸煮の場合，大豆に対する水量，浸漬時間，換水の回数等により，処理大豆の旨味は異なる。脱皮大豆を使用した場合，この傾向が顕著である。一般に蒸煮大豆の旨味と水分は関連が大きく，蒸煮大豆の水分が少ないものが，多いものよりも旨

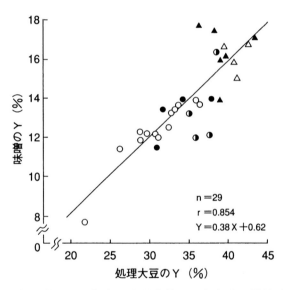

図1-52 処理大豆のY（％）と製品味噌のY（％）との関係（松本ら）
●高圧蒸　熟成条件：32～34℃，61日間
○加圧蒸
○半煮半蒸
▲無圧煮
△加圧煮

第1章 醸造の原理

味を有する。

蒸煮大豆の旨味と製品味噌の旨味の間には，前述の色のような相関が得られにくい。製品味噌の旨味は麹菌酵素による分解生成物や微生物の発酵生産物などが複雑に関与しているので，蒸煮大豆の旨味はストレートに製品味噌の旨味に結びつきにくい。

(11) 蒸煮大豆の水分

蒸煮大豆の水分は
㋐大豆の品種，産地
㋑大豆の新旧
㋒脱皮の有無
㋓蒸煮条件

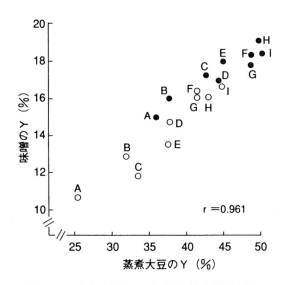

図1-53 蒸煮大豆のY（%）と熟成期間を同一にした味噌のY（%）の関係（松本ら）
　　　記号は表1-18参照
　　　●脱皮大豆　〇非脱皮大豆

㋔蒸煮方法
等により異なる。

中国産の非脱皮大豆を硬度500g前後まで処理すると，蒸煮大豆の水分は以下の如くとなる。

蒸煮方法　　　　　　高圧蒸≦加圧蒸≦無圧蒸
蒸煮大豆の水分（％）　56～57　57～59　57～60
　　　　　　　　　　≦半煮半蒸≦加圧煮≦無圧煮
　　　　　　　　　　 60～63　60～65　63～67

水分65％以上の大豆はオカラ臭，色のボケ，クスミ，旨味の低減などを生じやすい。水分の57％以下の蒸煮大豆は色のクスミと組成のザラつきが出やすい。
高圧蒸，加圧蒸では蒸熟中に水または熱水を散布すると，蒸熟大豆の水分は2～4％高くなる。大豆に対する水量が多い，浸漬時間が長い，換水の回数が多いほど煮熟大豆の水分は多くなる。蒸煮脱皮大豆の水分は非脱皮大豆のそれ

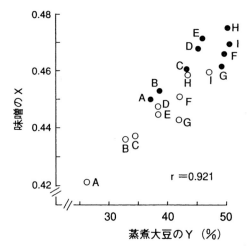

図1-54　蒸煮大豆のY（％）とY値を同一（15％）にした味噌のxの関係
　　　　（松本ら）
　　記号は表1-20参照
　　●脱皮大豆　〇非脱皮大豆

よりも4～8％多い。

蒸煮大豆の水分は仕込み計算を行う際に必要な数値であり，種水量に大きく係わる。

(12) 蒸煮大豆の香り

適切に蒸煮処理の行われた大豆は栗果実様の匂い（栗香(くりか)）がある。加圧蒸，高圧蒸で蒸熟大豆の硬度が硬い場合（処理が浅い），生豆臭や若蒸臭を伴う。また，蒸熟が過度であったり排液の抜き方が不足すれば，アメ臭やムレ臭がでる。煮熟処理で浅目に仕上げると生豆臭が残り，水分過多になるとオカラ臭を生じやすい。

(13) 冷却

蒸煮大豆はそのまま放置すると着色が進むので，短時に目的温度まで冷却する必要がある。蒸煮大豆は

　㋐減圧冷却
　㋑コンベア式冷却
　㋒冷風冷却

等で冷却する。

㋐の減圧冷却は，加圧缶にジェットコンデンサー等の減圧機を付け，減圧下で冷却する方法であるが，目的温度まで下げるのに長時間を要す，使用水量が多い，冷却後の蒸煮大豆が硬くしまり，水分が減少する等の短所があり，㋑または㋒と併用する場合もある。

㋑のコンベア式冷却は，連続的に網ベルトの上に蒸煮大豆を載せて，強制的に通風あるいは吸引し冷却する方法である。この方法で目的はほぼ達せられるが，夏季は冷却効率が悪い。そこで，㋑のコンベア式冷却機に冷凍機を直続し，冷風による冷却を行う㋒の方法がある。

冷却した蒸煮大豆について，以下の測定を行う。

　i．硬さの測定

前記にしたように，冷却した蒸煮大豆をキッチン秤にのせ，指で押し潰して加重（グラム数）を読む。測定は30～50粒の蒸煮大豆について行う。硬度は平均しているのが望ましい。潰れる時に要する力のグラム数（硬度）は味噌のタイプにより異なるが，40℃前後で測定して米味噌は500g前後，漉味噌は600g前後である。

　ii．重量・水分の測定

蒸煮大豆の重量と水分は，仕込量の算出，食塩や種水の量などの計算に必要である。
iii. 測色
蒸煮大豆の色は製品味噌の色に直接的影響を及ぼすので，蒸煮大豆の色を測定する。
iv. 擂砕（らいさい）
蒸煮大豆の擂砕の程度は，仕込み後の味噌の熟成に影響する。擂砕の程度が細かいほど原料の各種成分の分解生成は速い。しかし細かすぎると発酵は遅れる。漉味噌では3～6mm目の漉し網を通すか，圧扁機にかけてつぶす程度の場合もある。粒味噌では5～10mm目，麹粒味噌（浮き麹味噌）では1～3mm目の漉し網を通すことが多い。

(14) 米処理
i. 精白
精米歩合（酒造用語では見掛け精米歩合）は次式で表す。

$$精米歩合 = \frac{精米（kg）}{玄米（kg）} \times 100$$

国産米を用いた場合，精米歩合と麹の品質および味噌の品質との関係は以下の如くである。精米歩合95％以上では破精まわり，破精込みとも悪く，プロテアーゼ力価はやや強いが，アミラーゼ力価は弱い。また，製麹初期の発熱が早く，高温になりやすいため，製麹温度を管理し難い。精米歩合93％以下になると，破精まわり，破精込みともよく，均一な麹が得られる。このことより，赤味噌の場合には，精米歩合は（89）～90～93％と考えられる。

ii. 洗浄
洗浄の目的は，精米に付着した糠，塵埃，混入している異物などを除去することである。十分に洗浄することが好ましいが，洗浄中に精米が砕け洗浄水の汚濁負荷を増大させる原因になる場合があり，研米機（研磨機）を使用する場合もある。

iii. 浸漬
浸漬の目的は，米粒の中心部まで均一に吸水させることにある。米質や精米歩合，水温によって吸水速度は異なる。破砕精米は吸水速度が速い。硬質でかつ完全粒の精米でも浸漬30～60分で吸水は見掛け上ほぼ飽和となるが，全体を均一な吸水状態にするためにはある程度の時間を与えなければならない。特

第1章 醸造の原理

別な米を除き3時間以上浸漬すべきであり,通常は一晩浸漬を行う。
　麹菌の生育に不可欠なカリウムやリンなどの無機成分は溶出しやすいので,過渡の換水や掛け流しを行わない。

　iv. 水切り
　水切りは表面の付着水を除き,蒸米の上粘りを防ぐために行う。
　浸漬時間の短い場合は,米粒中の吸水分布を均一にするためやや長めに行う。浸漬(蒸きょう)工程で原料米に吸収された水分の歩合を吸水歩合または吸水率と称し,次式で算出し,水切り後の吸水率は25～28％が理想である。

吸水歩合(率)
$$= \frac{(浸漬後(蒸きょう後)の重量(kg) - 原料米の重量(kg))}{原料米の重量(kg)} \times 100$$

　v. 蒸きょう
　米を蒸きょうする目的は,米の生澱粉(β(ベータ)-澱粉)をα(アルファ)化するとともに,組織間の結合をゆるめて麹菌の繁殖および酵素生産を容易にし,殺菌することにある。
　蒸きょうの際の蒸気はできるだけ飽和に近いものを用い,乾いた蒸気は不適当である。蒸きょう時間は吹き抜け後,蒸気の通りの不均一を考慮に入れて30～50分行う。
　浸漬米の吸水が不均一であると蒸米にムラが生じやすい。連続蒸米機を使用の場合は,米の吸水状態に応じて蒸気圧と蒸し時間を定めないと,その傾向が大きくなる。

　vi. 冷却
　蒸米は製麹の適温まで冷却する。冷却温度は,季節,製麹方法,床の状態,引込み量を考慮し決める。冬季,冷えやすい床,引込み量の少ない場合は35～36℃,夏季は32～33℃とする。

　vii. 蒸米の判定
　よい蒸米とは
　㋐完全に蒸きょうされ芯がない
　㋑上粘りしない
　㋒香味がよい
　㋓外硬内軟でサバけがよく弾力がある
とされている。

よい蒸米を数値的に示すと，蒸きょう後の吸水歩合（率）が35〜38％，同水分が37〜38％（冷却後種付時の水分が36.5〜37％）を理想とする。なお，蒸米のpHは6.0〜6.4が標準である。

(15) 米麹の製麹
i. 製麹の目的

製麹の目的は

㋐麹原料菌菌体を増殖させる

㋑酵素（プロテアーゼ，アミラーゼ等）を生産・蓄積させる

㋒麹原料の細胞組織に麹菌菌糸を進入させ，酵素作用を受けやすい状態にする

㋓原料臭を除去する

ことにある。

ii. 種麹

ア．麹種の選択

種麹とは精米歩合97〜95％の蒸米に木灰を混和後，麹菌胞子を接種して5，6日間製麹し，着生した胞子を十分に成熟させたのち乾燥したものである。種麹には上記の方法で乾燥したままの粒状種麹と，篩分けして分離した胞子に乾熱殺菌した米粉を混合した粉末種麹がある。種麹1g当たりの胞子数は，前者が8×10^8，後者が2×10^9程度である。

味噌用の種麹は*Aspergillus oryzae*であり，通常は甘・甘口味噌はアミラーゼ力価，辛口味噌はプロテアーゼ力価の強い菌株を選択する。

イ．種麹の使用量

種麹の使用量は，麹原料に対し粒状種麹は1／1,000，粉末種麹は1／10,000の使用が基準とされる。

iii. 製麹管理

ア．製麹の原理

麹菌の胞子は30〜36℃，相対湿度95％以上の環境下で3〜5時間に発芽する。その後，蒸米中の澱粉などを栄養源とし，空気中の酸素を利用して呼吸し，菌糸を伸長する。その際に，大量の熱と炭酸ガスを発生する。発生する熱と炭酸ガスを排除しなければ，高温と酸素不足により麹菌は増殖できなくなるので，麹蓋製麹法，床製麹法では手入れを，機械製麹法では送風と手入れを行うわけである。

第1章　醸造の原理

イ．麹蓋製麹法

a）麹室と麹蓋

麹蓋製麹法は断熱，防水，防湿を施した麹室の中で，麹蓋を使用して行う製麹法である。

b）種付，引込み

種麹はできるだけ均一に分散させながら蒸米に接種する。通常は，種麹を α または β 澱粉や炭酸カルシウムなどで増量（倍散）して使用する。

引込みは蒸米を適当な温度に冷却して麹室に引込む操作である。種付け後に引込む場合と，引込み後に種付け（床もみ）を行う場合があるが，一般には種切機を使用し前者で行う。

床に引込んだ時の物料の品温は30℃を目標とする。また，麹室は室温を28～30℃，乾湿球示差1℃（相対湿度92％）にする必要がある。

c）切返し

麹菌胞子は接種後3～5時間くらいで発芽し，同8から10時間頃より発熱を始める。

切返しは，麹原料が引込み温度より高くなった時に行い，種付け10～12時間目である。切返しは蒸米を崩してカステラ状の固まりをほぐし，品温と水分の均一化を図るために行う。

d．盛（もり）

床にある蒸米を揉みほぐしながら麹蓋に入れる作業を盛，または盛込みと言い，引込み後18～20時間前後がこの時期になる。盛込み時の破精回りは，3～4分程度になっていることが望ましい。

盛込み後の麹蓋は図1-55のような方法で積み上げ，最上段には共蓋（ともぶた）をして，棚の上に置く。

e）手入れ・積替え

品温の過上昇を防ぐとともに，均一な麹をつくるために，通常は盛込んだ後，品温と状貌で判断し，手入れを2回行う（1番・2番手入れ）。

麹室の内部は場所により温・湿度に差が生じ（下段は温度が低く，上段は高い），ひいては麹の品温・状貌に影響するので，2～3回積替えを行う。一番手入れ以後は除々に乾湿球差をつけ乾湿球示差2℃（相対湿度85％）程度にする。

ウ．床麹法

床麹法は，引込みから出麹まで1つの床（大床）で行う場合と，引込みから

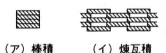

(ア) 棒積　　(イ) 煉瓦積

(ウ) すぎなり積　(エ) すぎばい積

図1-55 麹蓋（板蓋）の積み方（今井ら）

盛までは麹蓋法の床を使い，盛以後出麹までを別の床（大床）で行う場合がある。麹室のスペースに余裕があれば，麹蓋法よりも床麹法の方が省力化ができる。

エ．機械製麹法

機械製麹法（表1-21参照）とは，適当な温湿度に調節した空気を蒸米中に送り込み，麹菌の増殖に伴う発生熱を蒸米水分の蒸発潜熱によって外に取り出し，品温・湿度を適当に制御することにより麹をつくる。

iv．出麹の品質

よい米麹の一般的要件は以下の如くである。

㋐　味噌のタイプに応じた酵素力価がある
㋑　麹菌以外の雑菌に侵されていない
㋒　破精落ちがなく，破精込み深く，着色少なく，明るい（図1-56，1-57）
㋓　麹としての芳香があり，異臭がない
㋔　麹を握ったときフックラとした感触

色の淡い相白味噌や淡色味噌は，やや若麹がよい。出麹水分は通常24～28%であり，30%以上は多湿麹，22～23%以下は乾燥麹である。出麹のpHは5.5～5.8である。

v．米麹の酵素の必要量とバランス

麹を酵素供与体として見た場合，麹歩合が高く塩分の低い甘・甘口味噌は，多量の酵素が供給され，しかも酵素が辛口味噌より食塩阻害を受けにくいので，短期間での醸造が可能になる。また，この種の味噌は米が多く大豆が少ないので，プロテアーゼよりもアミラーゼ力価の高い米麹を使用する。

一方，辛口味噌は甘・甘口味噌に比べ麹歩合が低く，塩分が高い。すなわち，

表1-21 製麴方式と装置 (今井ら)

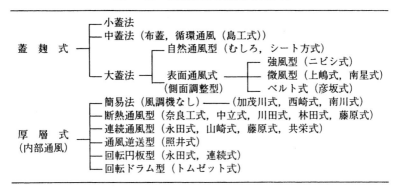

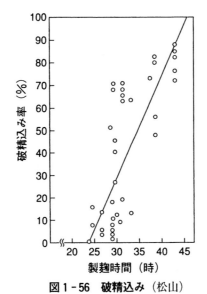

図1-56 破精込み (松山)

酵素の供給が少なくかつ食塩による阻害を受けやすいため、熟成に長期間を要す。また、特殊な製麴をしない限り、米麴のアミラーゼは辛口味噌の熟成にとって十分量あり、プロテアーゼ活性の強弱がこの種の味噌の熟成を左右する。米麴中の酵素活性と赤色辛口味噌の成分の関係は、酸性プロテアーゼ (pH3.0;

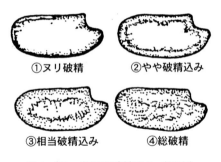

図1-57 米麹の破精込み（松山）

AcP）および微酸性プロテアーゼ（pH5.7；SAP）が蛋白分解率，蛋白溶解率，測色Y値と高い相関を示す。

　vi. 出麹の保管

通常の米麹の製麹方法では，種付け・引込み後40～45時間で出麹とする。出麹後，ただちに仕込みを行うのが望ましいが，保管する場合は塩切麹（しおきりこうじ）とする。麹粒味噌には塩切麹は適さず，"カラシ"を行う。

(16) 大豆散麹（ばらこうじ）

　i. 大豆散麹の利用目的

大豆散麹を赤味噌へ添加すると旨味が高まり，色調（赤みの冴え）が向上する。前者は主として大豆散麹の中性・微酸性プロテアーゼ，後者はヘミセルラーゼを主体とした植物組織分解酵素群によると考えられる。

　ii. 大豆処理と製麹

散麹（大豆の粒そのままの麹）として，あるいは潰した後に小玉として製麹する2法がある。さらに吸水においても，限定吸水と完全吸水の2法がある。蒸熟処理を行い，製麹時の発熱に注意を要する。

(17) 仕込み

　i. 仕込みの要点

蒸煮大豆，麹，食塩および適量の種水（たねみず）と，さらに発酵に必要な有用微生物または種味噌などを加え，これらを均一に混合し，熟成容器に納める作業が仕込みである。工程の一例は図1-58に示す。仕込みの要点は，均一な混合と仕込み温度の調整である。酵素作用，微生物の生育や化学反応に対し温度は大きく

第1章　醸造の原理

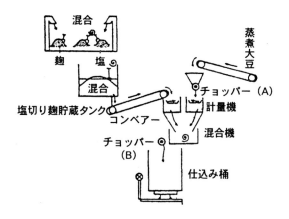

図1-58　仕込み工程図（今井ら）
いわゆる越後タイプの仕込みではチョッパー（B）は使用しない。
浮麹味噌は麹と食塩の混合は行わない。

影響を及ぼし，仕込み時の品温の高低は味噌の熟成を大きく支配する。味噌の種類，熟成期間等にもよるが，辛口味噌を温醸する場合は28〜32℃で仕込まれる。

ii. 仕込み計算
　ア．仕込み計算に必要な数値
　a）麹歩合
　通常の辛口味噌の麹歩合はおおむね7〜10歩である。
　b）対水食塩濃度

$$\frac{味噌の食塩（\%）}{味噌の水分（\%）+味噌の食塩（\%）} \times 100$$

で，味噌の液相の食塩濃度を示す。対水食塩濃度は熟成，特に微生物の増殖・発酵に影響を及ぼす。辛口味噌の対水食塩濃度と発酵との関係を図1-59に示す。適正な対水食塩濃度は麹歩合5〜7歩の味噌が21〜22％，同8〜10歩の味噌が20〜21％である。甘味噌，甘口味噌や低食塩（化）味噌は対水食塩濃度が低いながらも腐造しないのは，前者は仕込み・熟成温度を高くすることにより，後者はアルコールや酵母等の働きにより，変敗原因微生物の生育を抑制す

c) 処理大豆の重量
処理大豆の重量は原料大豆の1.95〜2.10倍になるが，産地，品種，新旧，処理方法によって変動するので計量を要する。

d) 出麹重量
通常の出麹重量は原料米の1.0〜1.1倍であるが，米の種類，新旧，形態，浸漬・蒸きょう条件，製麹条件等で異なり，計量する必要がある。

e) 出麹水分
米麹の出麹水分は25%前後であるが，出麹重量と同様に異なり，測定する必要がある。

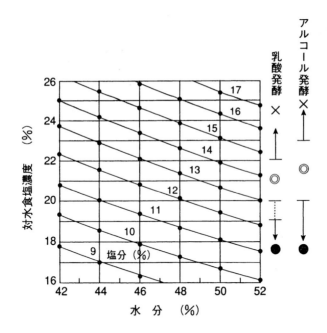

図1-59　辛口味噌の対水食塩濃度と発酵との関係（今井）

　　　　　　［図中数字：塩分（%）
　　　　　　　◎：適度な発酵
　　　　　　　×：発酵不能（微弱）
　　　　　　　●：発酵過多，変敗　　］

f) 予定仕込み塩分および同水分

発酵・熟成は対水食塩濃度により影響を受けるので，対水食塩濃度を勘案して予定塩分，水分を決定する。一般に，同一水分では麹歩合が高くなると味噌を軟らかく感ずる。すなわち，麹歩合の高い味噌は水分を少なく，麹歩合の低い味噌は水分を多く仕込む必要がある。

イ．仕込み計算例

＜大豆 2 t を使用して麹歩合 8.0 歩，予定水分 47.0％，対水食塩濃度 21.0％ 味噌をつくる場合＞

a) 原料米の重量（a）：麹歩合の式より

$$\frac{a}{2} \times 10 = 8.0, \quad a = 1.6, \quad すなわち 1.6t である。$$

b) 出麹重量および同水分：出麹重量が 1.65t（原料米の 1.03 倍），同水分が 24.5％ であったと仮定する。

c) 処理大豆の重量および同水分：処理大豆の重量が 4.1t（原料大豆の 2.05 倍），同水分が 58.2％ であったと仮定する。

d) 予定塩分（B）：対水食塩濃度の式より

$$\frac{b}{47.0 + b} \times 100 = 21.0, \quad b = 12.5, \quad すなわち 12.5％ である。$$

e) 仕込み総量（A）：仕込み総量は（処理大豆＋麹＋食塩（B）＋種水（C））である。

すなわち， A = 4.1 + 1.65 + B + C ……（1）

f) 食塩の使用量（B）：味噌の塩分は

$$\frac{食塩量}{仕込み総量} \times 100 \quad （ただし，厳密な計算では食塩量に純度，例えば 0.97～0.98 を乗ずる）であるので，次の式（2）となる。$$

$$\frac{B}{A} \times 100 = 12.5 \quad ……（2）$$

g) 種水の量（C）：味噌の水分は

$$\frac{処理大豆量 \times \dfrac{水分}{100} + 出麹量 \times \dfrac{水分}{100} + 種水量}{仕込み総量} \times 100$$

であるので，次の式（3）となる。

$$\frac{4.1 \times \frac{58.2}{100} + 1.65 \times \frac{24.5}{100} + C}{A} \times 100 = 47.0 \quad \cdots\cdots (3)$$

以上の（1）（2）（3）の式より，B＝0.914，C＝0.645となる。すなわち，処理大豆：4.1t，麹：1.65t，食塩914kg，種水645l，仕込み総量7.3tとなる。

　iii. 種味噌，培養微生物の添加

　種味噌，培養微生物の添加は，味噌の発酵・熟成にあずかる有用菌の給源が目的である。

　培養微生物としては，耐塩性酵母（*Zygosaccharomyces rouxii*, *Candida versatilis*, *Candida etchellsii*），耐塩性乳酸菌（*Tetragenococcus halophilus*）が利用されている。

　iv. 混合

　味噌の仕込み混合は定量（少量）混合方式と全量混合方式に大別される。定量混合方式は，蒸煮大豆，麹，食塩，および種水の一定量を混合機（通常は1回の混合が40～100kg）に入れ，均一に攪拌混合し，仕込み容器に移す。なお，タライ型混合機（定量混合機）の混合時間は1回20～30秒が普通である。

　全量混合方式は，1つの仕込み単位の全量分の蒸煮大豆，麹，食塩および種水を混合缶に投入し，一括混合する方式である。

　v. 踏込みと重石

　仕込み容器に仕込む際は，できるだけ嫌気的にして発酵を均一に行わせるために，踏込みによって均等かつ間隙のないように詰め込む。しかし，20t以上の大型の容器では踏込み操作が不可能であり，自重で締まる。

　味噌の表面が露出していると，産膜性酵母が発生して香気を損ねたり，ダニ類の発生の原因ともなるので，表面を平らにならしポリエチレンのシートなどで密着する。その後に，押し蓋をして，清潔な重石を載せる。重石は成分の均一化を図り，正常な発酵を行わせるためである。適度な重石の重量の目安は，仕込み後，数日して表面に液汁（たまり）が滲み出る程度がよい。

　なお，最近は厚めのポリエチレンなどの袋を仕込みタンクに入れ，味噌を仕込み，袋の上部を結束するだけで重石を載せない方法も行われている。酵母が生成する炭酸ガスやアルコールが袋のヘッド・スペースに充満し，これが重石の代わりになる。この方法は熟成期間の短い加温醸造の味噌に適用できるが，天然醸造など熟成期間の長い味噌には不適当である。また，袋にピンホールが

あってはならないので,包材はこの方法に適するものを使用する。
　vi. 仕込み容器
　従来の仕込み容器は木製の桶やコンクリート製のタンクが主であったが,近年になってステンレススチールや特殊な合成樹脂（FRP）製のタンクなどの採用が多い。タンク内部に加温,冷却装置を設けた 50 ～ 100t 以上の大型タンクで一次発酵させ,続いて数 t の小型タンクで二次発酵させる場合もある。
(18) 熟成（発酵）
　i. 熟成（発酵）の目的
　味噌の発酵・熟成とは,麹の酵素による原料成分の分解作用と,酵母,乳酸菌などの微生物による発酵作用がバランスを保ちながら行われ,かつそれらの生産物の化学的な分解,合成作用により味噌らしい光沢,香味,組織を醸成されることである。
　ア．熟成を支配する内的要因
　a) 麹の持つ各種酵素による分解作用
　・プロテアーゼ：大豆の蛋白質→ペプタイド→アミノ酸
　・アミラーゼ：米の澱粉→ブドウ糖
　・リパーゼ：大豆の脂肪→グリセリン,脂肪酸…→脂肪酸とアルコールとのエステル
　・その他,多くの酵素が関与している。
　b) 微生物の発酵作用
　・酵母：糖・アミノ酸→アルコール…→アルコールと有機酸とのエステル
　・乳酸菌：糖→乳酸…→乳酸とアルコールとのエステル
　イ．熟成を支配する外的要因
　a) 対水食塩濃度

$$\left(\frac{味噌の食塩（\%）}{味噌の水分（\%）+味噌の食塩（\%）} \times 100 \right)$$

　b) 温度：麹菌酵素の作用適温と有用微生物の生育適温は異なる。甘・甘口味噌は前者,辛口味噌は後者の最適温度にて熟成を行う。
　c) pH：味噌は一般に仕込み直後の pH が約 5.8,熟成終了時の pH が約 4.9 である。この間に人為的な pH コントロールは行わない。
　d) 麹歩合：麹歩合が高いと酵素の給源が多いため,麹歩合の低い味噌よりも早く熟成する。

e) 溶存酸素：味噌は酸素により変色する。また，酵母の増殖は酸素により促進するが，酵母，乳酸菌の発酵に酸素は不要である。味噌熟成中は嫌気的条件が必要で，そのために踏込みや重石をする。

ii. 温度管理

自然の気温における発酵・熟成，すなわち天然醸造の場合は，合理的な温度管理が難しく，仕込みの時期に発酵・熟成が左右される。天然醸造では外気温が20℃以上（少なくとも15℃）になった春仕込みが理想である。麹の酵素の作用適温は，プロテアーゼが45～50℃，アミラーゼが55～60℃である。一方，有用微生物の生育適温は酵母，乳酸菌とも30℃前後であり，40℃では生育不能に近い。麹の酵素による分解作用と微生物の発酵とのバランスが大切な辛口味噌では，有用微生物の生育適温である30℃前後で熟成させる。

味噌の熟成期間はおおむね積算温度（熟成日数×温度）により決まる。ちなみに，麹歩合8歩の赤色味噌（表面色のY値が15%程度）では，30℃で80～90日，33℃で50～60日，35℃で30～40日が熟成期間の目安である。

また，同一熟成温度であると，㋐麹の酵素力価（特にプロテアーゼ）が高いほど，㋑麹歩合が高いほど，㋒対水食塩濃度が低いほど，それぞれ熟成期間は短縮される。なお，プロテアーゼ力価の低い麹を使用すると，分解よりも発酵が先行し，いわゆる早湧きとなり，アルコール臭が遊離し味の稀薄な味噌になりやすい。

大豆の蒸煮が深すぎたり，混合が過剰で仕込み時に味噌を粘らせると，発酵が遅れる傾向になる。

iii. 切返し

味噌の切返し（天地返し・うたて返し）は，品温や成分の不均一性を是正するとともに，酸素の供給を図り酵母の増殖を促進させる効果がある。切返しの時期と回数は味噌の種類，温度経過，熟成日数，培養酵母の添加の有無等により一様でない。なお，切返しにより味噌の発酵はよくなるが，着色が進行する。

iv. 後熟

後熟は，発酵と分解により生成された各種成分が調和する重要な工程である。後熟期間中の成分変化は少ないが，その微妙な変化が香味の調和を促す。辛口味噌の場合は，目的とする色，香り，味に近くなったならば20～25℃で後熟させることが多い。

v. 熟成度の判定

第1章　醸造の原理

　味噌には多くのバラエティがあり，それぞれの味噌の熟成度はかなりの違いがある。熟成度は官能検査と理化学的検査を行い，管理の裏付けとする。熟成度判定のための理化学的検査の方法には次のものがある。
　①表面色の測定
　味噌の色は品質特性を決定する重要な因子であり，測色機器によりY(%), x, yを測定する。
　Y(%)により味噌の明るさ（濃淡），xにより冴えがわかるが，「くすみ，くろずみ，照り」などの官能検査結果に対応する数学的な取扱いはできない。
　②pHと酸度Ⅰの測定
　味噌は熟成が進むにつれ，蛋白質の加水分解によるアミノ酸の生成や有機酸などの生成によりpHが低下し，酸度Ⅰが増加する。
　したがって，pHと酸度Ⅰを測定することにより，ある程度の熟成度の判定は可能である。
　③蛋白溶解率，同分解率の測定
　蛋白溶解率（水溶性窒素／全窒素×100），蛋白分解率（ホルモール窒素／全窒素×100）は熟成の初期には経時的に増加するが，前者は約60〜64％，後者は約25％で平衡状態になる。
　④乳酸量とアルコール量の測定
　乳酸菌による乳酸発酵，酵母によるアルコール発酵の程度を判定する。
　(19) 製品調整
　ⅰ．調合
　常に一定した品質の味噌を出荷するために，あるいは通常の仕込みでは得難い品質の味噌をつくるため，タイプの異なる2〜3種類の味噌を合わせる場合がある。
　ⅱ．味噌漉し
　漉味噌を製造するために味噌漉しを行うが，一般的には漉し網の網目が0.8〜1.2mmを使用する。網目が細かいほど，また回転数が遅いものほど「ねれ」の原因となる。
　ⅲ．防湧処理
　袋詰めした味噌の「ふくれ」の主原因は酵母による発酵であり，防湧処理としては加熱殺菌，保存料の添加，アルコールの添加などが行われている。
　ア．加熱殺菌

味噌中の酵母の死滅温度は55℃で30分，60℃で10分，70℃で5分程度である。加熱殺菌の終了した味噌は速やかに冷却を行い，香味や色の変化を最小限に止める必要がある。

イ．アルコールの添加

辛口味噌の場合は味噌中のアルコール量が重量％で2％になると酵母の活動は停止する。

(20) 出荷管理

品質，包装，計量，表示にわたり製品を検査する。

1-4 米甘味噌

調理用として甘味噌には白・赤の別があり，ともに生産量は少ないが，白甘は西京味噌，府中味噌，讃岐味噌が代表的銘柄である。赤甘は江戸甘味噌のみが現存する。

1-4-1 白甘味噌

日本の各地では，その土地の気候風土や食文化を反映した各種の味噌が生産され，それらの大部分は伝統的な並行複発酵方式で醸造されている。これに対し，白味噌や江戸甘味噌などの甘味噌の製造は，麹菌によって生産・蓄積された酵素を利用して原料の糖質や蛋白質を分解・消化する工程が主となり，通常は乳酸菌や酵母による発酵を行わせることはない。また，各種の味噌に比較して少塩で麹歩合が高く，短期間に醸造を終了することも甘味噌の特徴である。

白味噌において，仕上がりの色調や組成のキメ細かさは商品価値を決定する要素となるが，これらは原料の品種や品質による影響を直接受けることが多い。多麹系で短期醸造型の白味噌では，原料の選択や処理方法および製麹や加工技術に格別の注意が払われる。

(1) 原料および原料処理

白味噌の主原料は米，大豆および食塩であり，副原料として水飴，みりん，砂糖，ビタミンB_2などが使用される。製造工程の概略を図1-60に示した。

 i．原料米

一般の米味噌と同様の処理を行う。

 ii．大豆

主として国産大豆が使用され，それらの品種特性や処理方法の差は製品の品

第1章　醸造の原理

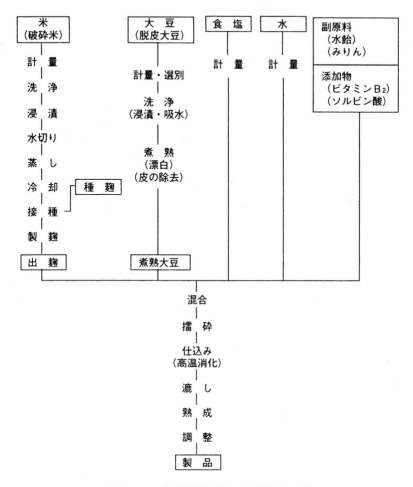

図1-60　白味噌の製造工程（川野一之）

質に直接影響を及ぼす要素となる。国産大豆のうち，白味噌に適するとされる2品種（アキシロメおよびタマホマレ）および赤色系の米味噌醸造に使用実績のある4種類の大豆について分析を行った例を表1-22に示した。

表1-22においては，アキシロメやタマホマレは中粒種であり，蛋白質に対する全糖の比が高い傾向が窺える。一般に，糖質含量が多い大豆は煮えやすく

保水性がよいとされ，このことがこの2品種を好んで白味噌用に使用する一因となっているものと考えられる。
　白味噌の醸造において，大豆は程度の差こそあれ必ず脱皮処理が行われる。すなわち，機械的に脱皮するか，煮熟工程で分離・浮上してくる皮を取り除く方法によっている。脱皮機で処理した大豆の品質劣化は予想以上に速いため，脱皮大豆の貯蔵は極力避け，生産計画に見合った量を処理するのが望ましい。
　大豆は洗浄・浸漬を行った後（浸漬を省く場合もある）無圧で煮熟する。すなわち，浸漬大豆を釜に移し，表面を被る量の水を加え（浸漬を省いたときは大豆の3倍以上が必要），徐々に加熱して緩やかな沸騰を30分間続ける。その後，煮汁を捨て，新しく水を入れて加熱し，30分間穏やかに沸騰させる。このように沸騰と換水を3～4回繰り返すと大豆は煮熟され，その間に，大豆に含まれる水溶性の着色原因物質が減少する。煮熟工程における大豆の成分の増減を表1-23に示した。
　表1-23において，沸騰と換水を繰り返す工程で糖質が顕著に減少し，蛋白質や脂質は増加している。蛋白質や脂質の一部も水層に移行しているはずであるが，糖質の移行量が圧倒的に多いため，見掛けのうえで濃縮されたものと考えられる。糖質の減少が大きくなると，大豆の煮えが悪くなることが経験的に知られている。大豆の煮え不足の改善や水分調節の目的で，換水の回数を減らし，最終的に0.7～0.8kg／cm^{2}の蒸気圧で10分間程度加圧蒸煮することもある。
　一般的に，白味噌用大豆は煮熟工程で漂白処理されることが多い。すなわち，

表1-22　大豆の品種と一般成分　（川野一之）

品　種　（産　地）	百粒重(g)	水分(%)	蛋白質(%)	全糖(%)	全糖/蛋白質	脂質(%)	灰分(%)
エンレイ　（富　山）	30.9	9.5	38.6	23.0	0.595	19.9	5.7
トヨマサリ（北海道）	29.2	11.6	39.4	23.8	0.604	20.5	5.6
トヨムスメ（北海道）	29.7	10.4	36.2	27.3	0.754	17.3	5.2
タチナガハ（栃　木）	31.4	9.5	36.8	22.7	0.617	19.9	5.1
タマホマレ（滋　賀）	27.0	10.1	35.3	23.2	0.657	20.4	5.3
アキシロメ（広　島）	28.7	11.5	36.3	23.7	0.653	20.5	5.5

蛋白質，全糖，脂質，灰分＝乾燥換算値
エンレイ，トヨムスメ，タチナガハ，タマホマレ＝平成8年産
トヨマサリ＝平成7年産
アキシロメ＝生産年不明

煮熟の最初の段階において，液温が70℃に達した時点で次亜硫酸ナトリウム（大豆に対して0.2％以下）を添加し，攪拌・混合する。

iii. 製麹

製麹に当たって，種麹は種麹メーカーが販売しているものから白味噌用のものを使用することが一般的である。これらは，アミラーゼ生成能が強く，非褐変性で着色の少ない菌株が選択され，配合されている。製麹管理の方法は一般の米味噌の場合とほぼ同様であるが，白味噌用麹は若麹に仕上げられることが多い。その手段として，出麹を早めること，製麹工程の後半の品温を高めに経過させることで白色の若麹となる。

iv. 仕込み

白味噌は典型的な消化型の味噌であり，仕込みは熱仕込みによる。すなわち，煮熟した大豆が熱いうちに塩切り麹および副原料と混合し，3～5 mm目程度のチョッパーで擂砕する。標準的な麹歩合は20であるが，製品の品質設計に応じて加減することもある。チョッパーで処理した白味噌は容器に密に詰め，表面をプラスチックフィルムで覆うとともに重石を置いて空気酸化による影響を最小限に止める。この間の作業は手早く行い，品温の低下を防ぐ必要がある。その後，予め50～60℃に設定してある消化室に移動し，8～10時間高温消化を行う。仕込み容器は熱効率を考慮して比較的小型のものが採用され，一般には100kg前後のプラスチックもしくはステンレス製の有蓋容器を用いることが多い。高温消化が終了した白味噌は常温に移し，色調や物性を管理しながら7～

表1-23 煮熟工程中の大豆成分の消長 （川野一之）

換水回数	蛋白質	全糖（％）	脂質（％）
初発	40.1	21.9	18.6
1回	45.2	15.6	20.4
2回	50.3	13.7	22.6
3回	52.0	13.0	23.2
4回	52.9	13.2	25.6

供試大豆＝アキシロメ（脱皮済み）
分析値＝乾物換算値

14日間熟成させる。熟成を行う前，あるいは熟成が完了した時点で0.8～1.0mm目のチョッパーで味噌漉しを行って物性を整える。防湧を目的としたアルコール添加はこの段階で行う。

　以上のように，白味噌の製造工程は一般の味噌ほど複雑ではなく，醸造も短期間であるが生産能力や品質設計に応じて各種の工程管理を行う必要がある。すなわち，少塩タイプの味噌（通常は6～7％）であるため微生物の二次汚染による影響を受けやすい。製品の特性上，十分な加熱殺菌が困難であることから，製造装置や器具類および作業環境の衛生管理には万全を期する必要がある。また，製造工程で鉄イオンが混入すると色調の劣化の原因となる。原料の洗浄・浸漬や煮熟に用いる水は除鉄処理するとともに製造装置や器具類はすべてステンレスもしくは樹脂製のものを用いることが望ましい。

　多麹型の白味噌は製品化したのちにも，温度に依存して物性の軟化や褐変などの品質劣化を起こしやすい。すなわち，市販の白味噌を30℃で保存した場合，約10日間で商品価値を失うほど色が濃化し，45日後には硬度の低下と粘性の上昇が認められた。これは製品中に残存する酵素の作用による影響が強いものと考えられる。一方，10℃で保存したものは180日後においても商品価値を失うほどの変化を認めなかった。このことから，白味噌の出荷から流通，販売に至る経過を一貫して低温で管理することの重要性が示唆される。

1-4-2　江戸甘味噌

　江戸甘味噌は第二次世界大戦前後の米事情により製造を中断している間にその存在感が薄まり，戦後の製造再開にもかかわらず消費量は激減した。大豆の炊き込みから来るベッコウ飴のような特有の甘い香りに特徴がある。

（1）　原料

原料配合例を表1-24に示す。

（2）　原料処理

　　製造工程を図1-61に示す。

　精選した大豆は水でよく洗い，外皮の皺が伸び切るまで（冬季6時間，夏季3時間）浸漬したのち，大豆に付着した水が大豆内部に均一に吸収されるまで（冬季8時間，夏季4時間）水切りをする。

　大豆の蒸煮は無圧蒸熟，加圧蒸熟が一般的で，煮熟することは稀である。蒸気吹き込み圧力の一例を表1-25に示す。

第1章　醸造の原理

表1-24　江戸甘味噌の原料配合比

	1	2	3
大　豆	100	100	100
精　米	250	200	140
食　塩	30	30	27

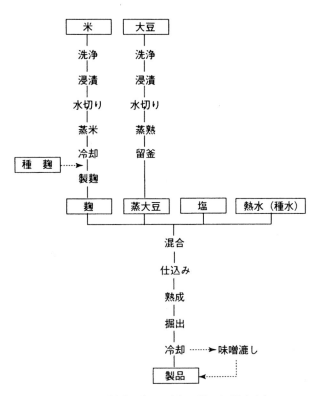

図1-61　製造工程図（岸野洋，河村守泰）

ウ．仕込み・熟成

　仕込み温度が45～50℃となるよう蒸熟大豆の温度を調整し，これに塩切り麹と種水を加え混合・擂砕し，仕込み容器に密に詰込む。混合・擂砕の程度は

表1-25 蒸し圧力と時間 (岸野・河村)

吹き込み蒸気圧力	蒸熟時間
1.5kg	3時間
0.5kg	1
休	2
0.3kg	4
留釜 (脱圧)	15

(注) 留釜中に弱く蒸気を通しておいたり,翌朝掘出す前に一度蒸気を通す場合がある。

製品品質に影響を与え,擂砕が過度になると糖化作用が阻害され,甘味に乏しく,色沢も灰色を帯びる。逆に混合が不十分であると酸敗する。

江戸味噌の仕込み水分は43～44％であり,種水は「あつたね」と称し熱湯を使用する。仕込みの際に水飴,砂糖,甘酒等を加える場合もある。仕込み後,表面をならし,薄く食塩をまき,ポリエチレンフィルムでおおい,中蓋を置き,やや重い重石を載せる。

内容物を50℃前後に保持するように加熱し,7～10日間熟成する。熟成終了後,ただちに冷蔵庫に入れて冷却する。江戸甘味噌は食塩含量が少ないため貯蔵性に乏しい。製品化後の冷蔵保存を要する。

1-5 麦味噌

麦味噌は米味噌に比べ,麹歩合が高く,熟成期間も多様で,その製品は非常に多岐にわたる。一般的に,麦味噌消費圏では淡色の多麹分解型の麦味噌が嗜好され,片や米味噌消費圏では赤系の発酵型の麦味噌が主流となる。

麦味噌は一般的に麹歩合が高いことより,麦味噌の特性は原料麦に負うところも大と考えられる。麦味噌の麹原料である麦は大麦である。例外として,潮風を受けやすい三重県 (紀伊長島町),海水の影響を受けた土壌地帯である鳥取県 (境港市) では,塩分を含む土壌でも栽培される小麦 (塩を含む土壌では大麦は不適) が古くから栽培されており,麦味噌原料も小麦であり,また穀倉地帯の佐賀県では県内産小麦で特色ある麦味噌醸造との主旨から小麦味噌が製造されている。

第1章 醸造の原理

　米と異なり，大麦は皮大麦・裸大麦，さらに二条種・六条種に分かれ，麦作地域において，気候・土質を考慮の上栽培品種が決定される。農産加工品である醸造物は，一般的には収穫地の栽培品種を原料とすると考えられる。しかし，原料大麦の大半を輸入に依存している現状では，各地域の麦味噌の製品条件に適合した原料大麦を選定する必要がある。

　麦味噌醸造に適合した大麦，精麦会社の搗精に適合した大麦，農作業の効率化が可能で，病虫害に強く，収量の高い大麦，すなわち味噌メーカー・精麦メーカー・農家ともに満足する大麦品種の育種が望まれる。

　麦味噌醸造に適した大麦品種を作付け・収穫し，目的とした麦味噌を製造する。すなわち原料大麦から製品麦味噌の制御を可能とすることが望まれる。理論的な麦味噌醸造法を確立し，米味噌には認められない，地場に根ざした麦味噌文化の開花が望まれる。

1-5-1　原料および原料処理

(1)　大麦

ⅰ. 原料麦の種類

　大麦を味噌原料として使用する場合，種類や産地，収穫年度によって粒の大きさや吸水の具合に差があり，色や風味など味噌の品質に微妙な違いを生じるが，一般にほぼ同じ範疇で処理されている。

ⅱ. 米と麦の相違

　米の胚乳組織は，小型の澱粉粒が緻密に結合したガラス状の硬い構造となっている。これに対し麦は数倍も大きい球状の澱粉粒と小球の澱粉粒が厚い細胞壁に包まれ，その細胞間隙はペクチン質やセルロース等の粘着物質で充たされている。このような穀粒の構造の違いから，麹づくりに際して行われる麦の前処理は米の場合とは大きく異なっている。

　麦味噌は，昔から重要な調味食品として自家醸造が行われ，麦の前処理についてもそれぞれ伝承された方法で行われて来たが，よりよい味噌を安定して製造するためには，麦の特性を理解してこの前処理をいかにうまく行うかが決め手となる。特に麦の澱粉を芯部まで十分にα化することと，麹菌が適当に繁殖する条件を整えるための水の含ませ具合は，最も重要な課題である。

ⅲ. 麦の吸水特性

　麦を浸漬した場合，穀粒の表層部にある糊粉層のひび割れに侵入した水は，

胚乳組織の外周部から内側へ向かって順次細胞壁やその接着物質に吸着され，ゲル化しながら滲み込んでゆく。したがって内部吸水率の値は，時間の経過に対して3乗根の曲線に沿って増加する（図1-62）。

これに対し米を浸漬した場合は，浸漬初期に米粒全体に多数の細かな亀裂が発生し，水はその間隙に滲み込んでゆく。その結果，米粒の外観は半透明から白色不透明に変化する。この現象は急速に進むので比較的短時間で終わり，その後は細胞組織の微細な孔に徐々に水が充たされてゆくだけで吸水率の値の増加は極めて緩やかで直線的である。

最近，工場排水の規制が厳しくなり，洗穀排水の糠分の量を減らし，要処理排水のBOD負荷を下げる目的で，精麦の表面を軽く α 化した麦が使用されるようになった。この場合 α 化処理を施したことで表層部のひび割れがやや深くなり，初期吸水が無処理の麦に比較して速く進行し，その分だけ浸漬時間は短縮される。さらに積極的に吸水を速める目的から，精麦を緩く圧扁したものを原料とするところもある。この場合は圧扁する前に精白麦に加水して加熱蒸気を当てるため，表面が α 化し，さらに圧扁によって麦粒の内部にまで大きい亀裂が入るので，吸水は極めて迅速に進む（図1-63）。

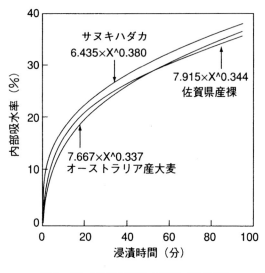

図1-62　精白麦の吸水曲線（久米垚）

第1章　醸造の原理

いずれの場合も，麦の浸漬によって水と結合した細胞壁や接着物質は急速に膨潤するから，原料の容積が増大し浸漬槽内で激しいしまり現象を起こすことになる。

iv. 最適吸水の判断

麦の蒸し上がり水分は，38～40％であれば概ね良好な麹をつくることができる。しかし，味噌の品質設計，製麹設備，その時々の天候の具合等に応じて，麦の蒸し上がり水分の狙いどころは一様ではなく，細部については経験の積み重ねによって決められている。この場合，処理しようとする原料麦の吸水特性について予め情報を得ておけば，目標とする蒸し上がり水分の管理が容易となる。

蒸し上がり水分を決定づける要因は，工程順に（1）洗穀，浸漬，水切りの工程における吸水，（2）蒸し設備の中で原料と蒸気の熱授受によって生じる凝縮水の吸収，（3）蒸し上がった麦を放冷するときに蒸発して失われる水の量に分けることができる。

この中で蒸しの操作によって吸収される凝縮水の量は，蒸し器に導入する蒸

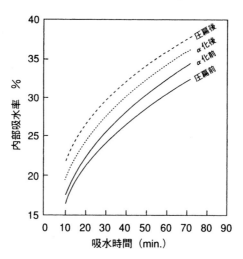

図1-63　促進処理精麦の吸水曲線（久米尭）
　　　α化処理と圧扁処理の効果
　　　α化麦は岡山産，圧扁麦は佐賀産

気の状態(蒸気温度および湿り気,飽和度)と浸漬麦の加熱前の温度によって決まる。前者は操作する作業員の流儀にもよるが各工場の設備に固有のものである。特に蒸気配管や蒸し器の構造および保温の程度が大きく影響する。後者は浸漬水の温度に左右されるので,季節によって変化する。

　放冷によって蒸発し,減少する水の量は,蒸し前浸漬麦の温度まで冷却したとすれば,原理的には蒸しの段階で吸収した水の量に匹敵しほぼ相殺されるが,放冷の設備や操作法,および作業室の室温と湿度等が関係して,蒸し直前の水分量より2〜4%程多くなる。その割合は蒸し前の原料温度より放冷後の麦の温度が高い場合,すなわち冬季には多く,逆に夏季には少なくなる。

　v. 浸漬による吸水

　浸漬工程における吸水の程度は,蒸しから放冷までの工程で付加される水分を加味した上で予め決めておかねばばらない。例えば麹室に引き込む蒸し麦の水分を40%にしようとすれば,蒸し,放冷による水分増加を2%と見込んで浸漬,水切りをした蒸し直前の麦の水分は38%に調整しなければならない。原料麦は入荷ロット毎に吸水特性が異なるので,安定した製麹管理を行うために洗穀開始から浸漬終了までの適正な時間をどれくらいとればよいか,予め小試験で確かめておくことが重要である。

　vi. 吸水特性の把握

　浸漬によって吸収された水の重量を計測し,原料に対する増加分の比率を吸水率として表現する方法は,リアルタイムにデータが得られ,また試料の量も計測の器具の実状に合わせて自由に決められるので極めて現場的な方法であり,再現精度も悪くない。

　vii. 吸水率の測定法と計画浸漬時間の確定

　　水切りネット,洗濯機の脱水槽を用いて吸水率を算出する。

　viii. 浸漬処理の実際

　浸漬工程が連続的に処理できる装置の場合は,洗穀開始から水切りまでを吸水時間として処理すれば,予想した通りの水分管理が容易に実施できるが,洗穀,浸漬が分離したいわゆるバッチ処理の場合は,洗穀開始から終了までの時間,浸漬工程の水張り,水抜きの時間などそれぞれの作業に要した時間だけ吸水時間の差があり,これらの差をいかに少なくするかという課題が残る。

　ix. 麦の蒸し

　麦は,浸漬時膨張によって固結するが,蒸しの操作によっても塊を生じやす

く，そのまま製麹すると麹菌の繁殖ムラを起こすので注意しなければならない。

蒸しの操作で塊となるのは，麦の糊粉層に高温の凝縮水が触れ，その部分の澱粉が糊化，乾燥して接着するからである。この接着部は熱いうちに早めにほぐすと簡単にはずれ，その後はもはや接着しなくなる。

麦を甑(こしき)で蒸すときに行われる抜け掛け法は，この原理を利用したもので，バッチ式，連続式など蒸し機の原理，構造がどのようなものであっても，蒸しの初期に必ず撹拌する操作を加えなければならない。

蒸し時間は，甑など上部が解放された設備の場合は，原料を掛け終わって上面から勢いよく蒸気が噴出するようになってから40分以上を要する。密閉容器もしくはこれに準ずる設備で微圧がかけられる場合は，30分程度でよい。

蒸し麦は，ひと握りの中に白い芯が残る粒が数個存在する程度がよいとされている。この状態は原料麦の吸水と蒸しの程度の適正加減を示す指標となるが，原料の粒度のばらつききや品種などによって一様ではないので，経験の集積が必要であろう。白い芯が残る粒が目立つ程多い場合は，明らかに吸水，もしくは蒸し時間が不足しているもので，その原料で製麹して仕込むと，色のくすんだ味噌になるので注意を要する。

（2）製麹

麦麹をつくる上で最も重要なことは，放冷，種切り等，蒸し以降の処理から麹菌の発育初期までの環境管理である。このことは米麹ともに共通するが，麦の特性として穀粒の表面に澱粉質が露出していないため，麹菌の胞子が発芽して成長を始める段階で適切な温度と湿度の環境に恵まれないと，細菌や酵母など雑菌との競合によって菌糸の成長が阻害される傾向が強いので，特に留意する必要がある。

製麹時間は，製造作業の段取り等によって通常40〜43時間とされているが，麦味噌の品質とのからみで短いものは30時間以内に出麹し，ただちに塩切りして麹菌の増殖を止めるところもある。特に淡色系の麦味噌を製造する場合，麹が老ねる(ひ)と熟成中の着色が速いので，若麹が使用される。

（3）大豆の処理

麦味噌を製造する時の大豆の処理にいては，米味噌の場合と特に変わった処理法はない。しかし，最近の麦味噌は，麹歩合が多くやや低塩で甘口，淡色化の傾向があるので，半煮半蒸しによる処理が多くなってきている。

麹歩合が多い麦味噌は，夏季と冬季の味噌の固さが問題となり，煮上がり大

豆の水分の水分管理が重要な要素となる。通常，味噌を仕込むときの固さを調節するために種水として食塩水が適量添加されるが，離水を避けるため，麹や蒸煮大豆に含まれる水を多くし，追加する種水はなるべく少なくするのが望ましい。

（4） 原料配合

麦味噌の麹歩合は，地域によってさまざまで一様ではなく，8歩麹の赤味噌から50歩麹の白味噌まで広い範囲にわたっている。

一般に米味噌の場合は，麹歩合と塩切り歩合に一定の関係が存在し，麹歩合が高いものは少塩でも酸敗等の問題がないとされているが，麦味噌の場合は麦粒の組織の特性から酵素作用による糖の生成が米麹に比べて緩やかであるために，多麹の場合であっても食塩濃度を8％以下にして仕込むと部分的な酸敗の事故を起こす危険がある。

最近は，食品全般に甘口化，低塩化の傾向があり，麦味噌もその影響を受けて，麹歩合15歩から25歩程度，食塩濃度9％から11％程度のものが多い。

（5） 仕込み

麦味噌の仕込みは，麹歩合が多いため蒸煮大豆を丸のまま混合すると，原料が片寄る恐れがあり，チョッパーにかけて仕込むことが多い。この時のチョッパーの網目のサイズは，蒸煮大豆の蒸煮程度や硬さ等により異なるが，淡色系の味噌の場合は3mm程度の小さいもの，赤系の場合は6mm程度の大きめのものが使用される。

麹は，作業段取り等によっては，予め塩切りをしておいたものが用いられる。塩切り時に加える食塩量は，出麹の10％程度にすると，麹の品質を保持し，しかも食塩と麹はよくなじんで両者の分離が起こらず，食塩の分散を均一にすることができる。ただし，気温が高い場合には，酵素活性が低下し，味噌の香気にも悪影響を及ぼすので，早く仕込むよう計画する必要がある。

一般に味噌の仕込み工程は，麹，蒸煮大豆，食塩等の原料を均等に撹拌混合すると同時に，練りの作用を加えて麹の回りに大豆のペーストを絡ませる作業であるが，麦味噌の場合，練りの程度が味噌の熟成に微妙に影響する。練りが不足すると味噌の組成が粗く酵母の作用が激しくなるのに対し，練りすぎると微生物の作用を阻害して，香味の少ない味噌になる恐れがある。比較的熟成期間が短く，酵母等の微生物の作用を要しないか，またはそれが邪魔になるような淡色系味噌の場合と，香気を尊ぶ長期熟成の赤系味噌の場合とでは，この練

りの程度にも十分配慮して作業しなければならない。
　赤系味噌の場合は，酵母発酵を重視するので，仕込みに際して種味噌，または培養酵母を添加することが多い。

(6) 熟成

　麦味噌の熟成は，発酵による香味の醸成程度や淡色，赤など着色の程度によってさまざまな温度経過と熟成日数の組合せがあるが，基本的には，麹，蒸煮大豆，食塩など原料に含まれる成分が，麹の酵素と浸透圧の作用で交流し可溶化，均質化する熟成初期の段階と，酵母などの耐塩性微生物群が活性化し，発酵作用を行う段階，および香味の調和，増強を図る後熟と呼ばれる段階がある。
　麦味噌の熟成の初期段階は，淡色系，赤系を問わずほぼ同様の経過をとるが，一部の赤味噌の場合，仕込み温度を高くするいわゆる熱仕込みをして酵素分解を優先させ，着色の進行を早める方法が用いられる。この方法によって赤味の強い美麗な色調の味噌をつくることができるが，発酵，後熟の段階まで高温を続けると，やけ臭を生じ香味不良となるので注意が必要である。
　一方淡色系の場合，後半の温度制御が難しい夏季には極力仕込み温度を低くすることで着色の進行と軟化を抑えることができる。
　いずれの場合でも，酵母発酵が旺盛な時期の発酵熱による温度上昇には十分注意して管理する必要がある。特に2t以上の大型熟成タンクの場合，タンクの中心部と側壁部とでは数度の差があり，長期間この状態が継続するとタンクの内部の味噌は異質になってしまうことがある。適当な時期に天地返しを実施することは，この対策として有効である。

1-5-2　調合味噌

(1) 調合味噌の種類

　近年，九州における味噌の市場では麦味噌を凌いで麦・米合わせ味噌が主流となってきている。味噌は，調理に当たって食材や料理に応じた種類のものが使用されるが，時には赤味噌に白味噌，米味噌に豆味噌といった二種の味噌を併用すると料理が一層おいしくなることから，「味噌を合わせる」調理法が古くから伝えられてきた。また「赤だし」としてよく知られている味噌は，工場において熟成した豆味噌を主体とし，これに適量の米味噌を調合して製造したものである。このように複数の銘柄の米味噌を組み合わせるとか，異なった原料の味噌を組み合わせるなど，工場で予め調合して製造された味噌が市場に出

回っている。このような味噌が調合味噌である。

一方、麦味噌の主要産地である九州等の農村では、米を収穫する時に生じる小米を利用して麹をつくり、麦味噌の仕込みに際して混合して熟成する方法が古くから行われてきている。

また、これらの事情とは別に、味噌の原料事情の変遷、市場ニーズの多様化の動きなどを背景に、企業の新商品開発の結果として生まれたのが現在市場に出回っている麦・米合わせ味噌である。

(2) 麦・米合わせ味噌の製造法

この麦・米合わせ味噌には、麦、米をそれぞれ適当な方法で前処理した上で、混合、種切りを行い、両者を同一容器の中で製麹して味噌に仕込む、いわゆる「混合製麹仕込み」と、麦麹と米麹を別々につくりそれらを混合して仕込む、いわゆる「麹合わせ仕込み」がある。またはじめ米（または麦）味噌を仕込み適当な期間熟成させた後に麦（あるいは米）麹を追加して再仕込みを行う二段仕込み（あるいは追い麹仕込み）の味噌もあり、企業によってそれぞれ特徴ある合わせ味噌がつくられている。

これら麦・米合わせ味噌の麦と米の使用割合については、品質に関するコンセプト、あるいは原料コストなどを考慮して決められ、7：3の比率のものから両者同量程度までの味噌が大部分を占めている。

混合製麹仕込みの場合は、麹菌が増殖する過程において麦粒と米粒の水分の放出や麹菌の成長などの特性の違いを相補うかたちとなり、容易に良好な麹が得られる。しかし、この場合の麦と米の割合には最適な比率があるようで、むやみに米の割合を多くしても原料コストが高くなる割にはその効果はうすい。

それぞれ別に製麹する麹合わせ仕込みの場合は、麦、米の割合を自由に設定することができるものの、やはり味噌の品質特徴をどこに求めるか明確にして設計する必要がある。

1-6　豆味噌

現在、豆味噌の生産は、愛知・岐阜・三重の東海3県に限られるが、豆味噌作りは古い歴史を持っている。

澱粉質原料を麹とする米味噌・麦味噌とは異なり、豆味噌は全量を麹とする味噌である。比較のために各味噌の製造工程を図1-64に示す。

第1章 醸造の原理

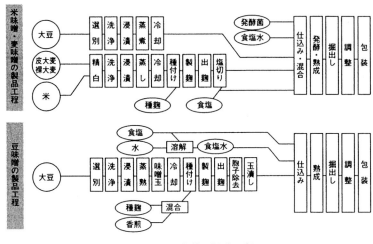

図1-64 味噌の製造工程

1-6-1 大豆の処理

(1) 原料大豆

国内産大豆は蒸豆硬度のバラツキが少なく、ねっとりした蒸し上がりがよい。生産現場ではコスト面から中国大豆やアメリカ大豆が使われることが多い。

(2) 精選・洗浄

原料大豆は、各種選別機や洗浄機で精選・洗浄される。しかし、米味噌と異なり、色を濃くするので、何段階もの洗浄はあえて必要ではない。米味噌で実施される脱皮もほとんど行われない。

(3) 浸漬・水切り

豆味噌用の浸漬は、基本的に限定吸水である。米（麦）味噌のように完全吸水させると水分が60％近くなり、完全に豆麹を作ることが難しい。一般的に大豆は完全吸水させると重量で2.1～2.4倍となる。豆味噌では水切り後の重量1.6～1.7倍（容量1.5～1.6倍）を目標に浸漬し、水切りを行う。この浸漬・水切り作業は大変重要で後工程に大きな影響を与える。

夏と冬では浸漬時間に大きな差異があり、夏は30分から1時間、冬は2時間以上かかることもあり、可能なれば温水を使うとよい。浸漬時間が短く大豆の

吸収度が低いと，蒸豆の色の濃淡に大きな影響を与える。

（4） 蒸し

豆味噌での蒸しは，通常加圧缶の容量が大きいので，加圧缶に蒸気を通し，大豆の層を蒸気が抜けた後，蒸気の通し圧力を0.5kg／cm^{2}として，30～40分程度の通蒸により内部の空気を追い出し，大豆の温度を均一化させる。そして蓄圧，加圧工程に入る。

加圧缶では0.7～1.0kg／cm^{2}の圧力で1～2時間蒸される。加圧時間中に「アメ抜き」，すなわち大豆から出てくる糖分やドレン，凝縮水を加圧缶下の排出口から数回排出させる。

加圧缶から出された蒸煮大豆は，硬度として500～600gが良好である。明度Y（％）は，12～20前後である。豆味噌では浸漬時間が短いためペントースやアミノ酸等の着色成分が多く残り，アミノ・カルボニル反応による濃色化が促進される。

高温に放置すると蒸煮大豆の着色が進むので，放冷機等によって迅速に60℃前後にまで冷却する。

（5） 味噌玉づくり

i. 味噌玉づくりの理由

味噌玉をつくるのは，蒸煮大豆を雑菌から守って安全に大豆麹をつくるためである。

豆味噌用の蒸煮大豆水分は約45～52％で，この高水分の条件は，枯草菌（*Bacillus subtilis*）等細菌の増殖にも好適である。ところが，味噌玉を作ることで，玉の内部は嫌気的となり，乳酸菌（*Enterococcus faecalis* が主体）が旺盛（10^8～10^9／g）に増殖し，乳酸を生成してpHを下げ，枯草菌の増殖を抑制する。その結果，好気性の枯草菌の増殖範囲は味噌玉の表面に限られる。

ii. 味噌玉のつくり方

味噌玉は，麹菌の破精回りや破精込みがよくなるように玉の外側の大豆が適度に潰れ，亀裂の入ったさばけのよい均一なものが望ましい。このために玉をつくる際の蒸煮大豆の温度が重要で，80℃以上では玉がしまり過ぎ，冷却し過ぎると玉にならないため，60℃前後が最適とされている。しかしながら大量処理の場合，30～35℃で玉を作り，麹室に入った時に30℃前後を目標にすることが多い。

現在味噌玉づくりは，明治の終わりから大正初めに考案された味噌玉づくり機（図1-65）により機械的につくられている。蒸煮大豆の硬さ，水分量に応

じて味噌玉づくり機の練り羽根の数の増減やネジによる胴長の調整を行い玉のしまり具合を調整する。

　味噌玉は，前板を変えることで玉の大きい八丁式味噌玉（径45～65mm），一般豆味噌では小玉（径19mm）およびやや大玉（径30mm），溜り醤油用には小玉（径13～19mm）が使われる（図1-66）。前板の穴は出口側を広くしたものもあるが，玉に亀裂をつくり破精をよくする仕組みである。味噌玉の長さは4cmが標準とされている。

　味噌玉の大きさは，豆味噌の品質に大きな影響を与えるので，以下の点を考慮して玉の径を決める。麹菌の生育は味噌玉の表面および破精込み表層3～4mmの範囲に限られ，大玉ほど単位重量当たりの酵素力は弱くなる。八丁式大玉のプロテアーゼ力価は13mm小玉の1/5～1/10,19mm小玉の1/3程度である。しかし，乳酸菌の増殖は表面表層より嫌気的な内部で著しく，味噌玉が大きくなるほど乳酸菌量が多い。これらの差異によって，小玉を用いた味噌は熟成が速く，色の濃色化も速い。これに対し，大玉を用いた味噌は熟成は遅いが，照りや冴えなど色が優れる。

1-6-2　製麹

(1) 種付け

　味噌玉には種麹を混合した香煎（大麦または裸麦を炒って粉状にしたもの）

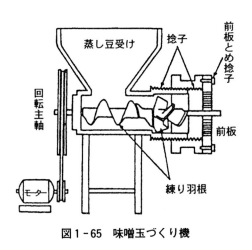

図1-65　味噌玉づくり機

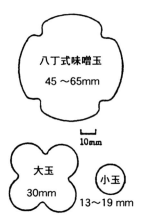

図 1-66 味噌玉づくり機前板の穴の形状

を大豆原料に対して 2 ～ 3 ％使用し，香煎散布機で表面にまぶす。

　香煎は，種麹の分散増量剤であるとともに味噌玉表面の凝結水の吸収，玉間の結着防止となり，麹菌や発酵微生物の炭素源となるので，使用量は多めの方がよい。

　種麹はプロテアーゼの強い中毛ないしは短毛のもので，*Asp. oryzae* が使われる。

（2） 製麹法

　豆麹づくりのポイントは，枯草菌など雑菌の汚染を抑制しながら麹菌を玉の表面および内部に破精込ませ，プロテアーゼ力価の高い麹を得ることにある。したがって，水分管理や品温管理は極めて重要である。

　かつては麹蓋を用いたが，昭和 35 年頃より機械製麹（通風製麹）が導入されている。味噌玉は通風抵抗値が比較的小さく，通風による温湿度調整が容易である。

　品温経過は，製麹初期（盛込み後 10 ～ 12 時間程度）は 27 ～ 28℃ のやや低温とし，最高温は 35 ～ 37℃ が適当である。製麹初期の 30℃ 以上の高温経過は枯草菌の増殖が著しいため，初期低温経過で乳酸菌の増殖を促し，枯草菌を抑制しつつ，麹菌の優勢な生育を図る。最高品温を 35 ～ 37℃ にとどめるのはプロテアーゼの強い麹を得るためである。

　手入れは品温制御のほか，水分を飛ばすために重要である。盛り込み時の味噌玉水分は 50％ 前後で，製麹前半にはほとんど減少せず，出麹の水分も 40％ 前

後が普通である。麹菌菌糸の破精込みをよくするには，手入れにより水分を飛ばすほか，製麹後半で麹室の乾燥を図る必要がある。機械製麹では，製麹後半は加湿していない空気を送り乾燥させる。麹室での製麹後半の乾湿球示度差は3℃以上とすることが望ましい。

製麹時間は3日（42時間位）が適当である。老麹(ひね)よりも若麹の方が色沢，風味がよい傾向がみられるので，出麹時期を考慮する必要がある。独特の風味を出すために4～5日の老麹をつくる場合もある。

（3） 麹の品質

製麹経過の順調な味噌玉麹は，玉の内部まで麹菌の菌糸がよく破精(はぜ)込み，玉を割ると僅かに酸臭，酸味を帯びる。破精落ちや破精の浅いもの，粘りやアンモニア臭のするものはよくない。

豆味噌は蛋白質が多いのでプロテアーゼ力価が重要である。味噌玉麹はpH6.8～10の中性，アルカリ性プロテアーゼが多く，pH3の酸性プロテアーゼは少ない。アミラーゼはα-アミラーゼ30～90，s-アミラーゼ40～100程度である。

味噌玉麹の有機酸は乾物100g当たり1,000～2,000mgの乳酸が生成され，pHを下げる要因となる。

（4） 玉潰し（玉割り）

出麹は仕込み計算のため全量秤量する。原料大豆1tからの出麹は，1,200～1,300kgである。秤量した豆麹は押し圧ローラー（玉潰し機）にかけて10mm程度の厚さに軽く押し潰し圧扁する。玉を潰す理由は，仕込み後の塩水の浸透，酵素作用を速めるためである。玉潰しが十分でないと味噌の分解が遅れ，掘り出しまで玉がそのまま残り，酸敗の原因となる。逆に潰し過ぎは，味噌の粘りの原因となる。

1-6-3 仕込み

（1） 仕込み配合

伝統的な豆味噌2分半味噌の係数を表1-26に示した。食塩11％，水分45％を目標としたものである。2分半味噌は出麹を枯らしなしで仕込む場合，原料（容量）に対し2.5分の汲水（種水）が適当であるという経験的な汲水の目安から名付けられ，実際は約6水の汲水に相当する。八丁味噌ではやや硬めに仕上げるため，種水を減らし食塩も少なめに用いる。

大豆1t使用，目標水分47％，食塩11％の豆味噌の場合（出麹は秤量）

① 出麹中の乾物（kg）
$$= (\underset{\text{大豆}}{1{,}000} + \underset{\text{香煎}}{20}) \times \frac{100 - \overset{\text{原料水分 欠減}}{(12+10)}}{100} = 796 \text{ kg}$$

② 味噌中の乾物（％）$= 100 - \overset{\text{水分 食塩}}{(47+11)} = 42\%$

③ 仕込み総量（kg）$= 796 \times \dfrac{100}{42} = 1{,}895 \text{ kg}$

④ 食塩量（kg）$= 1{,}895 \times \dfrac{11}{100} \times \dfrac{100}{\text{並塩純度 }95} = 219 \text{ kg}$

⑤ 出麹 1,300 kg（秤量）の場合の種水（l）
　　$= 1{,}895 -$（出麹 1,300 ＋ 食塩 219）$= 376\ l$

出麹水分が Y（％）の場合の出麹重量（X kg）は，

$$\dfrac{X - 796}{X} = \dfrac{Y}{100} \rightarrow X = \dfrac{79{,}600}{100 - Y}$$

により算出する。例えば，

出麹水分 （Y％）	35	36	37	38	39	40
出麹重量 （Xkg）	1,225	1,244	1,263	1,284	1,305	1,327

⑥食塩は使用量のすべてを玉潰しを行った出麹，種水とともに仕込み攪拌機中で混合使用する場合と，種水に塩水を用い，一部をふり塩とする場合とがあるが，後者が味噌玉内部への食塩の浸透あるいは仕込み味噌の塩分の均等化によい。この場合には，

　塩水用食塩（kg）$= 35^{\text{注1)}} \times \dfrac{376}{100} = 132 \text{ kg}$

　　塩水量（l）$= 376 \times 1.18^{\text{注2)}}$

　　ふり塩（kg）$= 219 - 132 = 87 \text{ kg}$

　　注1）水 100l に対する食塩溶解量（kg）
　　　2）塩水の増量歩合

（2）混合操作

表1-26 豆味噌仕込みの伝統的係数

大豆	出麹	食塩	種水*	豆味噌（製品）
1石（35貫）	42〜45貫	7貫	3斗	64〜65貫
1,000kg	1,200〜1,286kg	200kg**	410*l* ***	1,771〜1,857kg

*総汲水5.8分　　八丁味噌　　**177〜186kg　　***230〜275kg

出麹および仕込み計算で算出した食塩，または塩水を計量して仕込み攪拌機に入れ，全体が均一になるように攪拌混合する。攪拌が長すぎると潰れ過ぎたり粘りを生ずることがあるので注意を要する。

(3) 踏込みと重石

豆味噌は空気による着色や油脂の酸化が起こりやすいので，仕込まれた味噌はよく踏み込み，仕込み容器に隙間なく詰め込み，半嫌気状態で熟成を行わせる。表面は平らにならし，少量の食塩を撒き，シート布あるいはポリエチレンなどの清潔なシートを密着して敷き，押し蓋をして重石を載せる。重石の量は仕込み味噌重量の30％前後であるが，仕込み味噌の水分，仕込み容器の大きさ，形などにより加減する。重石の多いケースとして八丁味噌では仕込み味噌重量の50〜80％の重石を載せる。仕込み容器の表面に1〜2cm程度上汁（溜り）がしみ出るように重石の量を調節する。重石が軽過ぎると溜りの上がりが遅れ，表面酸化や産膜酵母の増殖により蓋味噌が増え風味が悪くなる。また，逆に重すぎると，溜りが出過ぎてその中に旨味成分が移行し，あるいは溜り中に産膜酵母が増殖して，よい味噌は得られない。

1-6-4 熟成

(1) 熟成の特色

豆味噌は澱粉，糖等の発酵基質はごく少量しか含まれないので，酵母の増殖やアルコール発酵はごく僅かである。また，製麹中に乳酸菌が増殖し出麹のpHが低下しているため仕込み後の耐塩性乳酸菌の増殖も僅かである。したがって，豆味噌は発酵微生物による味噌の香気，風味の醸成をはかる発酵型味噌ではなく，蛋白分解を主体とした酵素分解型味噌である。すなわち，プロテアーゼの作用に好適な条件で熟成させることにより，豆味噌独特の旨味，味の調和，色

沢が醸成される。

（2） 熟成中の管理

豆味噌の熟成は，天然醸造では春仕込みで6カ月以上，秋〜冬仕込みで約1年と長時間かけるのが普通である。短期間では独特の色沢や香味が整わない。特に八丁味噌では最少2夏以上かけ，天然醸造で熟成させる。これは酵素力の弱い大型の味噌玉麹を用いて硬仕込みをするので熟成に長時間かかるためであるが，得られた製品は十分な塩慣れと独特の風味を有し，製品化後の変質が少ない。

温醸の場合，熟成期間は短縮されるが，品質管理に注意が必要である。豆味噌の熟成は積算温度（日数×20℃ 以上の品温）1,000〜1,200℃ 程度が適正とされる。1,000℃ 以下では未熟となる。しかし，積算温度だけに頼ると，温醸臭や焦げ臭が出たり，色ののりが悪い場合がある。仕込み時は 20〜25℃ のやや低温に保ち，20〜30日で30℃ まで品温を上げ，味噌の状態を見ながら最高温度（35℃ 程度）を決め，27℃ 前後で20〜30日間熟成を行う。品温の急激な上昇や高温経過を長く保つと，色は付くが照りが劣り，温醸臭もついて品質の劣る製品となる。

切返しは仕込み容器内の熟成の平均化を図るために必要である。

1-6-5　製品調整

（1）　味噌漉し（摺り）

熟成の完了した味噌は，重石を下ろし，上汁（溜り）を除去し，産膜酵母が多い表面部 10cm くらいを蓋味噌として除去した後，掘り出して製品化する。

味噌漉しの網の網目は，1mm が一般的であるが，練り過ぎで粘りが出ないように注意が必要である。

（2）　保存処理

豆味噌は糖分が 3〜4％と少なく，湧きの心配は少ないが，産膜酵母が発生しやすいので，保存のため保存料添加および加熱殺菌を行う。

1-6-6　包装

豆味噌は空気中の酸素により酸化されやすく，酸化により急速に表面変色（濃色化）が進み，冴えを失う。このため包装材料は酸素透過性の少ないフィルム（材質例：OPP／エバール／PE，K コート OPP／PE）やカップ（材質例：PP／

エバール／PP，アクリルニトリル樹脂)を使い袋詰時の脱気を十分に行う。カップ味噌では表面酸化を防ぐために脱酸素剤を味噌の上部に入れることもある。

1-6-7　赤だし味噌

赤だし味噌は豆味噌を主原料とし，これに米味噌を一部混ぜ，あるいは調味料・甘味料を配合する加工を施した漉し味噌である。味噌の配合例として豆味噌70～80％，米味噌30～20％，これに水飴・調味料・カラメルを加えて作られる。きめを細かくするために，味噌摺り機の漉し網を0.9～1 mmのものを使い，2度摺りを行う場合もある。

1-7　その他の味噌

1-7-1　低食塩味噌

高濃度食塩が味噌の特徴であるが，食生活の多様化で低食塩味噌が製造されている。高温消化，エタノール添加，蒸煮大豆酵素分解，仕込み水分低減，塩化カリウム加用，酵母多量添加等により味噌の低食塩化がなされている。

1-7-2　嘗味噌

主として副食用としてそのまま食べる，いわゆる"おかず"に類する味噌類似のものを総称して嘗(なめ)味噌という。製造方法によって醸造嘗味噌と加工嘗味噌に分けられる。

（1）醸造嘗味噌

普通味噌と同様の原料（大豆，米，麦，食塩）に，各種野菜，魚介類，その他調味料，香辛料を適宜仕込み，一定期間発酵，熟成させたものである。代表的なものに醤味噌(ひしお)，金山寺(きんざんじ)味噌および寺納豆がある。

　i．醤味噌

比志保味噌とも書き，千葉県の野田，銚子が有名で，類似のものは各地にある。野田醤の製法は，大豆(重量比100)を炒って臼で挽き，脱皮する。別に精白小麦(重量比120)を浸漬，水切り後，割砕大豆と混合し，1～1.5時間放置して水分の均質化を図り，蒸したものを，放冷，種付けして麹をつくる。出麹は唐辛子粉末少量と生揚(きあげ)醤油(重量比170)で仕込み，毎日1回切返し，4～5日後に別の容器に移し，押蓋をして，溜りが浮上する程度の重石を載せ，密封して発酵させる。夏を越して熟

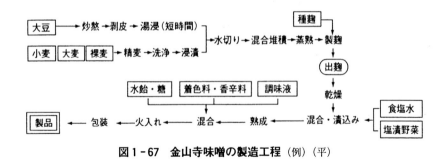

図1-67 金山寺味噌の製造工程（例）（平）

成する。熟成後，水あめ，砂糖などで調味する。
　ii. 金山寺味噌（径山寺味噌）
　標準的な製造方法の一例を図1-67に示した。原料は大豆，精白小麦，食塩，水，塩漬けナス，塩漬けシロウリ，ショウガ等で，重石をして半年以上発酵させる。
　iii. 寺納豆
　鼓，塩鼓を起源とするもので，大豆麹を塩水に浸して発酵させ，乾燥した豆味噌類似の醸造嘗味噌である。サンショウの皮やショウガが加えられている。一休納豆（大徳寺納豆），浜名納豆（大福寺納豆）等，寺院で製造したのでこの名がある。
（2）加工嘗味噌
　普通の味噌を原料とし，動物性材料（タイ，ハマグリ，ニワトリなど）あるいは植物性材料（ユズ，大豆，ピーナッツなど）と砂糖，水飴，調味料および香辛料を適宜加え，煮て練り上げたもの。最近は食生活が変化し，加工嘗味噌の種類は少なくなってきたが，現在，工業生産され全国的に流通しているものとして，鯛味噌，柚子味噌，ピーナッツ味噌，しそ巻味噌等がある。

1-8 微生物

1-8-1 微生物の生育環境

（1）化学的要因
　i. 水分
　微生物は水が全く存在しないときや，反対に純粋の水の中では生育できず，

表1-27 食品微生物の生育限界 Aw （横関）

微生物	生育限界Aw
普通細菌	0.90
普通酵母	0.88
普通黴	0.80
好塩細菌	≦0.75
耐浸透圧性酵母	0.61
耐乾性黴	0.65

それらの中間の適当な水分の存在する条件で生える。

　微生物が利用できる水の量を表すには水分パーセントよりも水分活性（Aw）の値を用いるのが適切である。食品の中の水には結合水（蛋白質や炭水化物と水素結合している水）と自由水（遊離水とも呼ばれ熱力学的運動が自由な水）があり，微生物の利用できるのは自由水のみである。

　微生物育成の水分要求はそれぞれ一定の Aw 値を示し，最低 Aw 値以下の環境では生育できない。食品に関係のある微生物の生育限界 Aw 値を表1-27に示した。細菌，酵母に比べカビはより低い Aw 域で生育できる。味噌の Aw は，甘味噌 0.75～0.80，淡色辛口味噌 0.72～0.76，赤色辛口味噌 0.71～0.77，豆味噌 0.72～0.78，麦味噌 0.73～0.81 である。

ii．pH

　一般に酵母および黴は微酸性を好む。

iii．酸素

　微生物は酸素の要求に差がある。

iv．栄養源

　微生物の栄養源は，炭素源，窒素源，無機塩類，ビタミン類などがあり，それらの利用は微生物の分類上での大切な指針である。

（2）　物理的要因

i．温度

　微生物の育成適温は，一般に 28～33℃ である。

（3）　味噌用麹の種類と麹菌

i. 米味噌用米麹

米（麦）味噌用には *Aspergillus oryzae* が主に用いられている。

ii. 豆味噌用豆麹

豆麹には *A. oryzae*，*A. tamarii* あるいは *A. sojae* が使用されている。

（4） 発芽・生育条件

i. 発芽条件

蒸米に接種された麹菌分生子（胞子）は，水分を吸収して膨潤し，芽を出し，菌糸を伸ばして増殖する。発芽は，好適な条件下では接種後1～2時間で約半数が行われる。発芽の好適条件は，品温30～35℃，関係湿度97％以上，炭酸ガス濃度0.7％，酸素濃度20％である。

ii. 菌糸の育成条件

蒸米水分が25～45％の範囲では，品温が35℃以下の場合，水分の多いほど増殖の立ち上がりが速い。最大増殖を示すのは35℃，水分35％である。

（5） 味噌醸造における麹菌の役割

麹菌の最大の役割は，製麹中にプロテアーゼ，アミラーゼなどの酵素を生産することにある。また，麹菌は酵素の他に発酵生産物も生成し，これらが味噌の品質に少なからず影響している。

さらに，麹菌の菌体の自己消化物あるいはそれから二次的に生成される物質も味噌の品質に影響を及ぼす。麹を使用しない酵素仕込み味噌は，押し味やゴク味に欠ける。

（6） 培養的性質（表1-28）

i. 食塩耐性

Z. rouxii は食塩24％最低水分活性0.78～0.81まで生育できる耐塩性酵母である。

C. versatilis，*C. etchellsii* は食塩26％，Aw 0.787まで生育できる好塩型酵母である。

ii. 生育pH域

Z. rouxii は食塩含有培地におけるpH域の差異により図1-68のように3つのグループに分類できる。すなわち，Aグループは食塩3 M（17.5％）まではpH3.5～6.5で一様によく生育，Bグループは2 M（11.7％）でpH3.5～6.0, 3MではpH3.5～5.5によく生育，Cグループは3 MでpH4.0～5.0にのみよく生育する。

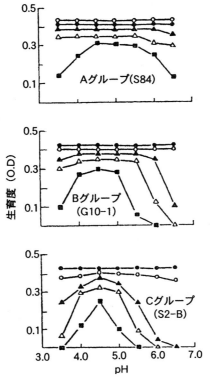

図1-68 食塩濃度およびpHを異にした培地におけるZ. rouxiiの生育（松本ら）
● 食塩0M ▲食塩2M ■食塩4M
○ 食塩1M △食塩3M （培養温度25℃，7日間）

AグループのZ. rouxiiは食塩耐性，温度耐性も強く，味噌中でのアルコール生成力も大であり，Cnadida属酵母は食塩3MでもpH3〜7で幅広く生育可能である。

iii. 温度耐性

Z. rouxiiの生育適温は30℃前後であり，無塩培地では35℃で生育弱化をきたし，40℃では生育できないが，食塩の存在により温度耐性が増強され，40℃でも生育は可能となる。この効果は食塩3〜4％で表れ，6％以上であれば確実

表1-28 味噌用酵母の培養的性質 (水沼)

		C. versatilis	C. etchellsii	Z. rouxii
食塩耐性		0〜12%で最もよく生育、24%においても十分に生育。	8〜12%で最もよく生育、高食塩下での生育は他2種より優れる。	4〜10%から生育阻害がみられる(菌株により差あり)。
生育温度		無塩下での適温は25〜30℃、40℃では生育しない、食塩18%での適温は25〜35℃、40℃での生育は微弱。	無塩下での適温は25〜30℃、35℃では生育しない、食塩18%での適温は25〜30℃、40℃では生育しない。	無塩下での適温は25〜30℃、食塩18%では40℃でも生育可能。
生育pH域		無塩下ではpH4.0〜5.5でよく生育。食塩18%ではpH4.0〜4.5においても最もよく生育。	同 左	菌株によって異なる。(図1-52参照)
ビタミン要求	チアミン	E*	S*	N〜S**
	パントテン酸カルシウム	N	N	E
	ビオチン	E	E	E
	イノシトール	N〜S	N〜S	S〜E
糖の発酵性* (資化性)	グルコース	+ (+)	+ (+)	+ (+)
	ガラクトース	+ (+)	− (+)	− (+)
	マルトース	+ (+)	+ (+)	± (+, ±)
	シュクロース	± (+)	− (−)	− (−)
	ラクトース	− (−)	− (−)	− (−)
	ラフィノース	+, − (+, −)	− (−)	−, − (+, −)
	トレハロース	+ (+)	− (−)	+, − (+, −)
	グリセロール	(+)	(+)	(+, −)

*は食塩18%以下、**は無塩下、E：必須、S：促進的、N：非要求性、( )内は糖の資化性を示す。

表1-29 味噌酵母によって生育される成分（今井ら）

	成　　分	味噌品質との関連
香気に関するもの	エチルアルコール ── ブドウ糖から生成	発酵香の主体とみなされる。
	イソアミルアルコール イソブチルアルコール 活性アミルアルコール　　アミノ酸から生成 ノルマルブチルアルコール ノルマルプロピルアルコール その他高級アルコール	エチルアルコールに比べ微量であるが、ロイシンから生成するイソアミルアルコールおよびバリンから生成するイソブチルアルコールは味噌の芳香成分である。
	酢酸エチル	芳香成分。
	リノール酸その他高級脂肪酸エチルエステル	味噌香気の根幹。あるいは未熟臭のマスク？
	アセトアルデヒド ── アルコール発酵過程で副生	エチルアルコール生成量の約1％が副生され、温醸臭や原料臭をマスクする。
味に関するもの	コハク酸 ── グルタミン酸から生成（酢酸？）	生成量は少ないので、どの程度味に関係しているかは疑問。
	グリセロール ── 食塩存在下で酵母はこの発酵も行う。	味噌の味に"まるみ"を与える。
	菌体自己消化（リン化合物？）	ゴク味、押し味の付与。塩なれの促進。

に認められる。

Candida 属酵母も上記の効果はあるが、*C. versatilis* は40℃での生育は微弱であり、*C. etchellsii* は生育できない。

（7）発酵生産物

酵母によって生成される成分を表1-29に示す。

（8）味噌中での酵母の役割

味噌中での酵母の役割を表1-30に示す。

（9）培養

i. 培地

表 1-30　味噌中での酵母の役割

A. 原料臭，未熟臭，温醸臭などの消失もしくはマスク
B. 芳香の付与
C. ゴク味の付与，塩なれの促進
D. 産膜酵母の発生抑制

表 1-31　酵母の最適培地 （今井ら）

生 醤 油 *	10 〜 12 %
ブドウ糖	10 %
食　塩	10 %
（pHは無調整）	

＊生醤油は保存料，アミノ酸液など添加してない生揚げ醤油。
　味噌溜りも可能。

培地を表 1-31 に示す。培養方法には静置，通気，攪拌および通気攪拌による方法がある。酵母の増殖は，静置＜通気＝攪拌＜通気攪拌，の順である。

ii. 味噌への添加量

味噌への添加量は，対水食塩濃度，熟成温度，熟成期間などによって決まる。培養酵母の添加効果が出るのは，味噌 1 g 当たり 10^6 レベルであり，これ以下であると棲みつき酵母の影響を受けやすい。

微生物の添加菌数と増殖速度には密接な関係がある。実際例では，味噌用酵母 (*Zygosaccharomyces rouxii*) の初発菌数を変えて味噌へ添加すると図 1-69 のような消長を示す。初発菌数が 10^2 ／味噌 1 g レベルでは誘導期・対数期が長く，定常期に達するまでに長時間を要する。なお，定常期の菌数は $6 〜 8 \times 10^6$ ／味噌 1 g とみなされる。一方，10^7 ／味噌 1 g レベルという多量添加ではもはや増殖せず，見かけ上の定常期がしばらく続いたのち死滅期へ向う。この図 1-69 は，製造しようとする味噌により酵母添加量を変えなければならないことを示唆している。すなわち，酵母は当然ながら対数期後半から定常期にかけてアルコールを多く生成するので，例えば短期速醸味噌で酵母添加量が少ない場合は，ほとんど効果が生じないうちに製品としなければならない。

小袋詰味噌の膨張は酵母が原因であり，酵母数が少ないほど膨れにくい。それも死滅期後半，あるいは生残期のものは生理的活性が弱い。したがって，熟

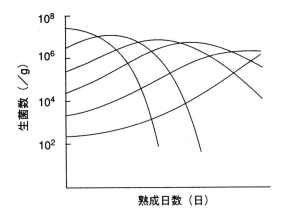

図1-69 初発酵母数と味噌熟成中の酵母の消長 (今井ら)

表1-32 味噌中での乳酸菌の役割

A. 原料臭,未熟臭の消失もしくはマスク
B. 押し味の付与,塩なれの促進
C. 熟成時の着色抑制[1]
D. 酵母増殖のための前駆的役割[2]

---

1) 醤油関係で菌株によっては色を濃化させるのとの報告あり。
2) 最近の知見によればこの考えは高食塩存在下で生育pH域の狭まるCグループのZ. rouxiiに対してのみあてはまる。

成期間の設定と酵母添加量は検討する必要がある。

 iii. *Tetragenococcus halophilus* の役割

ホモ発酵型乳酸菌の役割を表1-32に示す。

 iv. 乳酸菌の培地

乳酸菌の最適培地を表1-33に示す。調製する培地量は,添加菌数の設定により異なるが,標準的な添加菌数（ 5×10^5 /味噌1 g）であれば,味噌の仕込み総量1 t当たり10 l となる。

1-8-2 発酵管理

（1） 味噌中での微生物の動態

米味噌の熟成中のpHと微生物の消長を図1-70に示す。出麹などから移行した微生物は仕込み当初に食塩により淘汰を受け，耐塩性の弱い菌群は死滅する。麹菌の菌糸，胞子もまもなく死滅する。

（2） 発酵管理の実際の実際

発酵管理の方法としては次の3つが考えられる。

① 住みつき微生物に依存する方法
② 種味噌利用による方法
③ 培養微生物を利用する方法

表1-33　乳酸菌の最適培地（今井ら）

生醤油[1]	20％
ブドウ糖	2％
食塩	5％
pH 7.0[2]	

1）表1-29と同様のもの
2）pHメーターまたはpH試験紙にて調整

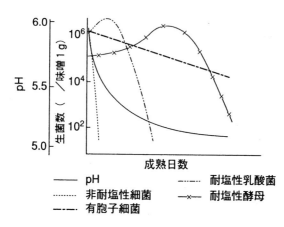

――― pH　　　―・―・― 耐塩性乳酸菌
……… 非耐塩性細菌　―×― 耐塩性酵母
――― 有胞子細菌

図1-70　熟成に伴うpHと微生物の変化（従来の説）

1-9 酵素

1-9-1 麹菌の生産する酵素

麹菌は多種多様の酵素を生産するが，これまでに明らかにされた酵素は表1-34のようになる。

以下に主な酵素について説明を行う。

（1） 植物組織崩壊酵素（CSE）

大豆の蛋白質などを利用する場合，成分は細部壁に囲まれた細胞内容物として存在するので，まず細胞間物質を溶解し，細胞を単離し，次いで露出された個々の細胞壁を分解しなければならない。

前半の細胞を単離させるまでを行うのが植物組織崩壊酵素であり，後半の作用はセルラーゼにより行われる。

細胞間物質は主にペクチン質，ヘミセルロースなどからなっているので，CSEの本体はペクチナーゼあるいはヘミセルラーゼとみなされている。

（2） セルラーゼ

CSEにより単離された細胞の細胞壁を分解するのがセルラーゼである。

（3） アミラーゼ

米の主成分である澱粉はグルコースの重合体であり，図1-71のようにα-1,4グルコシド結合してできているアミロースと，ところどころα-1,6グルコシド結合で枝分かれしているアミロペクチンよりなっている。これを分解する酵素がアミラーゼである。

（4） プロテアーゼ

大豆を蒸煮する大きな目的の1つに蛋白質の熱変性がある。蛋白質が熱変性を受けることにより，酵素が容易に分子内に入れるようになり，分解を受けやすくなる。この蛋白質を分解する酵素がプロテアーゼである。

（5） リパーゼ

脂肪はグリセリンと脂肪酸のエステルであり，このエステル結合を切断するのがリパーゼである。

（6） フォスファターゼ

エステラーゼの一種で有機リン酸エステルを加水分解する酵素の総称である。

表 1-34 麹菌の生産する各種酵素の役割（中台）

総称	酵素名	主な基質と生成物	役割
プロテアーゼ	プロテイナーゼ ペプチダーゼ	蛋白質からペプタイド ペプタイドからアミノ酸	蛋白質の可溶化
グルタミナーゼ		グルタミンからグルタミン酸	旨味、着色（糖と、アミノ・カルボニル反応）
アミラーゼ	α-アミラーゼ グルコアミラーゼ	澱粉からデキストリン、オリゴ糖 デキストリン、オリゴ糖からグルコース	乳酸菌、酵母による乳酸、エタノールの生成
ペクチナーゼ	ペクチンリアーゼ ペクチンエステラーゼ ポリガラクチュロナーゼ	ペクチンから不飽和結合を持つガラクチュロナイド ペクチンからポリガラクチュロン酸 ポリガラクチュロン酸からオリゴガラクチュロン酸	大豆の細胞壁に含まれるペクチンを分解して醤油諸味の圧搾性向上
セルラーゼ	セルラーゼC1 セルラーゼCx β-グルコシダーゼ	結晶型セルロースから活性型セルロース 活性型セルロースからセロビオース セルビオースからグルコース	大豆の細胞壁に含まれるキシログルカンを分解して醤油諸味の圧搾性向上
ヘミセルラーゼ*	キシラナーゼ アラビナナーゼ ガラクタナーゼ マンナナーゼ	アラビノキシランからキシロース アラビノキシランからアラビノース アラビノガラクタンからガラクトース ガラクトマンナンからマンノース	着色（アミノ酸、アミノ・カルボニル反応）、醤油の溶出において肯定的な結果が多い
リグニン分解酵素 フェノール酸エステラーゼ		リグニンからフェルラ酸 多糖-フェルラ酸エステルからフェルラ酸	Candida属酵母により4-エチルグアヤコール生成
ワイターゼ フォスフォリパーゼ		フィチンからイノシトール レシチンからコリン	乳酸菌、酵母による耐塩性の賦活
リパーゼ チロシナーゼ フォスファターゼ		脂肪から脂肪酸とグリセロール チロシンからDOPAとDOPA-キノン ヌクレオチドからヌクレオシド	味噌の保管作用 米麹、味噌の褐変 核酸系調味料の分解

*：最近へミセルロースにはキシログルカンとアラビノキシランが属し、アラバン、ガラクタン、アラビノガラクタンは中性ペクチン多糖と定義されている。

124

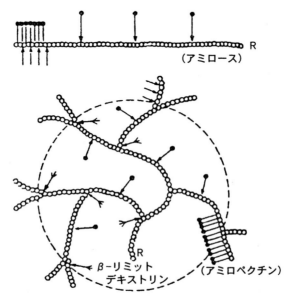

図1-71 澱粉の構造とアミラーゼの作用（岡田）

　また，フォスファターゼの一種で，フィチンに作用してイノシトールとリン酸に加水分解するフィターゼがある。イノシトールは酵母の生育因子になる。

(7) チロシナーゼ

　味噌の褐変現象は主に非酵素的なアミノ・カルボニル反応によるが，酸化酵素による酵素的褐変もある。

1-9-2 製麴条件と酵素生産

(1) C／N比

麹菌の生育や酵素生産のために適当な炭水化物源（C源）と窒素源（N源）の割合, C／N比がある。

米麹の原料白米はC源が多くN源が少ない。逆に味噌玉麹はN源が多くC源が不足する。麬のC／N比は麹菌の基質として適当とみなされている。N源が増すとアルカリ性, 中性プロテアーゼの生産は増加するが, 逆に酸性プロテアーゼは減少する。

CN比のほか, pH, 水分, 温度, ガス組成の製麹条件が麹菌の生育と酵素生産に影響する。

（2） 米麹における麹菌の生育と酵素生産

蒸米上の麹菌の生育は図1-72に示したように, 20時間頃まではほとんど増殖せず, それから34時間頃までは指数的に増殖し, 5時間ごとにほぼ2倍に増え, 以後出麹までは次第に増殖速度が衰える。

酵素生産の経過は図1-73に示したように, プロテアーゼ, アミラーゼとも麹菌の生育が最も旺盛な16～35時間頃に生成され, 40時間頃にはプロテアーゼの大半は生成を完了する。アミラーゼは40時間以後も生成が続く。

（3） 豆麹における酵素生産

豆麹は図1-74のような水分, pH, 乳酸および微生物の消長をとる。

豆麹のプロテアーゼの作用曲線は図1-75のようになり, 酸性プロテアーゼは微弱で, 中性～アルカリ性にピークを持つプロテアーゼが主体である。

大豆に砕米を加え, 豆麹のC／N比を変えると, 表1-35のようにC／N比が増すにつれて出麹のpHは低く, 酸性プロテアーゼが増加する。

豆麹の玉の大きさによってプロテアーゼ活性に大きな差を生じ, 玉が大きくなると活性は弱くなり, また玉の内層と外層とでは外層の活性が高い。

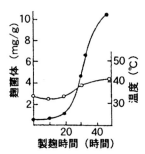

図1-72　米麹の菌体量（大内ら）

1-9-3 熟成条件と酵素作用

(1) 食塩

麹菌のプロテアーゼは他の微生物のそれよりも食塩耐性が強いものの、食塩濃度が高くなるに従い活性は低下する。

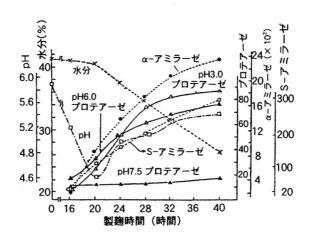

図1-73 味噌用米麹の酵素生産（乾物1g中）（望月ら）

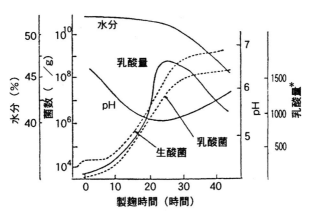

図1-74 味噌玉麹の経過（*mg／乾物100g）（細川ら）

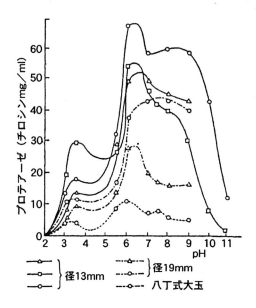

図1-75 味噌玉麹プロテアーゼのpH作用曲線（細川ら）

表1-35 味噌玉麹のC/N比とプロテアーゼ組成（細川ら）

大豆	砕米	C/N比	pH	プロテアーゼ(チロシン μg/mg)*		
				pH3.0	pH6.0	pH8.0
100	0	0.57	6.52	1.67	37.56	30.98
90	10	0.80	6.40	0.72	36.96	34.69
80	20	1.08	6.20	6.10	41.27	39.59
70	30	1.42	6.03	11.36	44.74	40.31

＊麹を5倍の蒸留水で抽出，濾過した酵素液1mg当たりの活性

(2) **水分**

水分が少ないと基質あるいは分解生成物によるいわゆる濃度圧迫の増加，対水食塩濃度の上昇などにより，酵素作用は抑制されやすい。

(3) **熟成温度**

酵素作用はある程度の高温で促進される。

第1章 醸造の原理

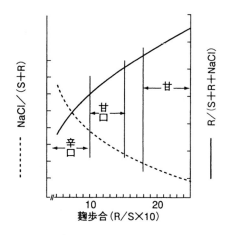

図1-76 米味噌の麹と食塩との関連
R：白米，S：大豆

(4) 酵素と基質の接触

酵素と基質の接触をよくすれば，酵素作用が促進されるのは当然であり，仕込み時には混合を均一に行う。

1-9-4 味噌醸造における酵素のバランスと必要量

(1) 味噌醸造における酵素のバランス

図1-76より米味噌の酵素バランス（特にプロテアーゼ）は矛盾がある。例えば，甘味噌には大豆（蛋白質）は少量しか含まれないが，多くの米麹より大量のプロテアーゼが供給され，逆に大豆を多く用いる辛口味噌は少ない米麹から少量のプロテアーゼが供給される。しかも酵素の食塩阻害は辛口味噌が甘味噌よりはるかに強く受ける。麹を酵素供与体として見た場合，酵素バランスの矛盾は是正できない。

プロテアーゼ量の多少は蛋白質の分解速度に最も大きく影響し，プロテアーゼ量が増せば大豆蛋白質の分解が速くなり熟成期間が短縮される。

(2) 味噌醸造における酵素の必要量

i. 辛口米味噌

米麹の各種酵素活性と辛口米味噌の成分の関係を表1-36に示す。米麹のアミラーゼは辛口米味噌の熟成では，十分量ないし過剰とみなされる。微酸性プロテアーゼと測色Y値，蛋白溶解率，同分解率および官能評点と高い相関を有する。

微酸性プロテアーゼと蛋白溶解率，同分解率との関係は図1-77，1-78のように，微酸性プロテアーゼ活性が100～120単位までほぼ直線的に蛋白溶解率，分解率とも増加するが，それ以上の活性では横ばいになる。

辛口米味噌の仕込み時のpHは5.9～5.7であり，ここに作用するプロテアーゼはpH6前後の微酸性プロテアーゼと考えられる。

以上のことより，種々の酵素活性を測定することは最も望ましいが，微酸性プロテアーゼ活性をもって辛口米味噌の酵素を代表できる。微酸性プロテアーゼ活性の必要量は，赤色辛口味噌が前述のように100～200単位／麹1g，淡色辛口味噌が70～80単位／麹1gである。

ii. その他の味噌

麹歩合が高く高温消化型の甘・甘口味噌はアミラーゼが必要と考えられる。淡色系麦味噌はアミラーゼ，赤色系麦味噌はプロテアーゼとアミラーゼが必要と考えられている。

豆味噌ではpH6および8のプロテアーゼが必要であり，Sアミラーゼ（糖化力）が必要と考えられる。

1-9-5 味噌に残存する酵素とその活用

製品味噌は残存酵素活性を示す。残存プロテアーゼは麦味噌＞豆味噌＞米味噌（甘味噌），同アミラーゼは麦味噌＞米味噌（甘味噌）＞豆味噌の順に比活性を示す傾向にある。

味噌中のプロテアーゼを利用した食品に魚・肉の味噌漬等がある。

1-10 味噌熟成中の成分変化

味噌の熟成に関係する微生物の消長や発酵作用は，熟成中の温度等の管理によって影響され，味噌の味や香りに相違ができる。味噌の熟成中の原料成分の変化は極めて複雑であるが，その主要な変化と生成物，微生物との関係等を示すと図1-79のようにまとめられる。

表1-36 各種酵素活性と味噌成分間の相関関係（松本ら）

	Y(%)	刺激純度(Pe)	蛋白分解率	蛋白溶解率	直糖生成率	評点(味)
T-Amy	−0.262	0.003	0.221	0.123	0.330	−0.129
α-Amy	−0.353	0.032	0.397*	0.308	0.297	−0.311
AcP	−0.532**	0.253	0.661***	0.553**	0.541***	−0.228
SAP	−0.519**	0.065	0.766***	0.740***	0.265	−0.411*
NP	−0.414*	0.067	0.349	0.553**	−0.189	−0.129
LAP I	−0.423*	0.058	0.550**	0.725***	0.038	−0.213
LAP II, III	−0.263	−0.156	0.505**	0.450*	−0.093	−0.351
AcCP I	−0.235	0.102	0.564**	0.307	0.433*	−0.185
AcCP II〜IV	−0.358	0.194***	0.618*	0.453*	0.470*	−0.207
Y(%)		−0.633	−0.462	−0.579**	−0.473*	−0.030
刺激純度(Pe)			0.135	0.118	0.522**	0.323
蛋白分解率				0.831***	0.354	−0.482*
蛋白溶解率					0.211	−0.422*
直糖生成率						0.043

n=26
*5%で有意で相関関係あり
**1%で有意で相関関係あり
***0.1%有意で相関関係あり

T・Amy：糖化力，α-Amy：α-アミラーゼ，AcP：酸性プロテアーゼ，SAP：微酸性プロテアーゼ，NP：中性プロテアーゼ，LAP：ロイシンアミノペプチダーゼ，AcCP：酸性カルボキシペプチダーゼ

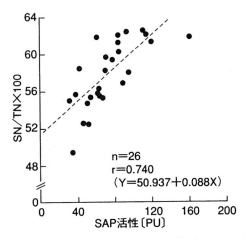

図1-77 蛋白溶解率（SN／TN×100）とpH5.7で測定されたプロテアーゼ（SAP）活性との関係（松本ら）

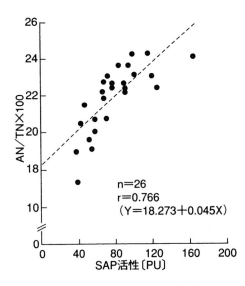

図1-78 蛋白分解率（AN／TN×100）とpH5.7で測定されたプロテアーゼ（SAP）活性との関係（松本ら）

第1章　醸造の原理

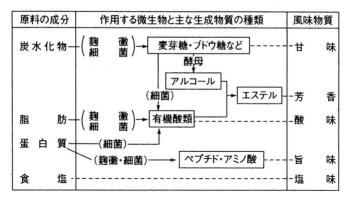

図1-79　味噌の熟成中の主な原料の成分変化（太田）

1-10-1　米味噌

（1）　pH，酸度，緩衝能

30℃で熟成中の辛口米味噌（麹歩合6歩）のpH，酸度，緩衝能は図1-80のように変化する。

pHは熟成1日で大きく低下し，以後，漸減する。緩衝能熟成は1日に急増し，以後，熟成10日頃まで増加する。酸度ⅠおよびⅡは熟成1～2日に急増し，以後，漸減する。

酸度Ⅰ，Ⅱに対する各成分組成の寄与率は図1-81のようになる。酸度Ⅰ，Ⅱともにアミノ酸区分の寄与率が大きく，酸度Ⅰに対して40～50％，酸度Ⅱに対して60～70％の寄与率がある。

以上のことより，熟成中のpH低下，緩衝能および酸度Ⅰ，Ⅱの増加をもたらす主な成分はアミノ酸区分であり，pHおよび酸度Ⅰ，Ⅱにより味噌の熟成をある程度は推定できる。

（2）　窒素成分

辛口味噌（麹歩合6歩）を30℃で熟成させると，その間に水溶性窒素，ホルモール窒素，蛋白溶解率（水溶性窒素／全窒素×100）および蛋白分解率（ホルモール窒素／全窒素×100）は図1-82のように変化する。

味噌中の蛋白質は，麹のプロテアーゼにより熟成の初期に著しく溶解・分解され，ペプタイドやアミノ酸が生成する。しかし，熟成30～40日以後の変化

は少ない。

熟成50日前後の辛口味噌の蛋白溶解率は約60%，同分解率は約25%である。米味噌の構成全アミノ酸は原料の蛋白質に由来し，表1-37のようにグルタミン酸が最も多く，アスパラギン酸と合わせて構成全アミノ酸の約30%を占める。

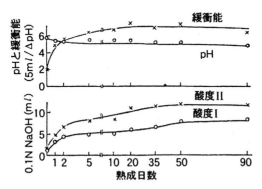

図1-80 味噌熟成中のpH，酸度ならびに緩衝能*の変化（望月ら）
緩衝能は味噌10gに水50mlを加えて撹拌し，1時間放置後0.1N NaOH 5.0mlを加えた時のpHの前後の差より5ml／ΔpHをもって表した。

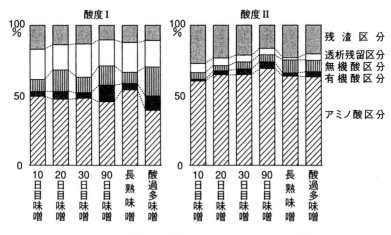

図1-81 滴定酸度に対する各成分組成の寄与率（望月ら）

第1章　醸造の原理

　米味噌の熟成中における遊離アミノ酸の消長は図1-83のようになり，ほとんどのアミノ酸は熟成35日までに最高になる。アルギニンは熟成35日以降から減少するが，これおは味噌中の乳酸菌により分解されるためといわれている。グルタミン酸，アスパラギン酸，プロリンは熟成35日を過ぎても増加し続ける。

　米味噌の熟成中のペプタイドの消長は図1-84のように，APL（アミノ酸の平均結合数）3〜4が熟成初期に増加するが，以降は減少する。APL 4〜6は熟成中に減少する。これらAPL 3〜6のペプタイドは熟成50日で全窒素に対

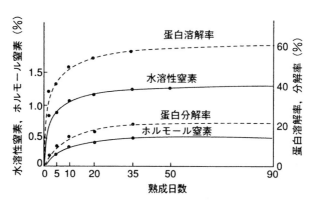

図1-82　味噌熟成中の窒素の消長（望月ら）

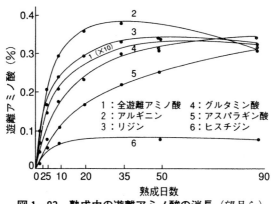

図1-83　熟成中の遊離アミノ酸の消長（望月ら）

135

表1-37 味噌のアミノ酸組成（望月ら）

(g／全窒素1g)

アミノ酸	淡色辛口味噌			赤色辛口味噌		
	全アミノ酸	遊離アミノ酸	アミノ酸遊離率	全アミノ酸	遊離アミノ酸	アミノ酸遊離率
トリプトファン		0.02			0.03	
リジン	0.30	0.18	60.0	0.28	0.14	50.0
ヒスチジン	0.15	0.04	26.7	0.11	0.03	27.3
アルギニン	0.35	0.19	54.3	0.31	0.12	38.7
アスパラギン酸	0.58	0.13	22.4	0.56	0.12	21.4
スレオニン	0.22	0.10	45.5	0.18	0.08	44.4
セリン	0.25	0.09	36.0	0.26	0.08	30.8
グルタミン酸	0.96	0.20	20.8	0.90	0.15	16.7
プロリン	0.27	0.10	37.0	0.26	0.12	46.2
グリシン	0.21	0.05	23.8	0.20	0.04	20.0
アラニン	0.23	0.09	39.1	0.22	0.08	36.4
シスチン	0.05	0.02	40.0	0.04	0.01	25.0
バリン	0.26	0.08	30.8	0.24	0.05	20.8
メチオニン	0.04	0.03	75.0	0.05	0.02	40.0
イソロイシン	0.26	0.08	30.8	0.26	0.07	26.9
ロイシン	0.40	0.14	35.0	0.40	0.11	27.5
チロシン	0.17	0.07	41.2	0.17	0.06	35.3
フェニルアラニン	0.26	0.08	30.8	0.26	0.06	23.1
合　計	4.96	1.69		4.70	1.37	

し10%程度である。また，APL13～20の比較的大きい分子量のペプタイドは，全窒素に対し約5％であるが，熟成中に漸増する。

（3） 糖質（炭水化物）

米味噌（麹歩合6歩）を30℃で熟成させた場合，全糖，直接還元糖（直糖）および直糖生成率（直糖／全糖×100）は図1-85のように変化する。

全糖は熟成後期に減少する。直糖（グルコースが主体でフラクトース，ガラクトースが含まれる）は熟成初期に増加し，以降は漸減する。直糖生成率は熟成20～35日でほぼ最高となり，その値は約80％である。

全糖および直糖が熟成中に減少するのは，微生物の発酵や着色により消費されるためであり，特に微生物の発酵による消費が大きい。

米味噌の遊離糖は単糖類が75～80％と最も多く，オリゴ糖20～25％，水溶性多糖類2～3％の割合である。オリゴ糖は大豆多糖類に由来するガラクトオリゴ糖と，米麹に由来するグルコオリゴ糖（主としてイソマルトオリゴ糖）が混在している。

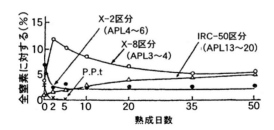

図1-84　熟成中のペプタイドの消長（望月ら）

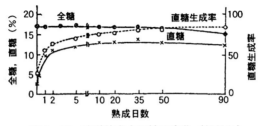

図1-85　味噌熟成中の糖の変化（望月ら）

米味噌の熟成中の遊離糖の消長は表1-38のようになる。熟成初期の澱粉の分解に伴いグルコースは増加するが，酵母などの発酵により消費され，その後は一定となる。グルコース濃度は麹歩合によって変わるが，遊離糖の70～75%を占め，味噌の糖類の主体をなす。

大豆の主な遊離糖はシュクロース，ラフィノース，スタキオースであるが，熟成初期にこれらの糖からフラクトースが遊離し，フラクトースの増加，スタキオースなどの減少がみられる。

大豆多糖類に由来するガラクチュロン酸，ガラクトース，アラビノース，キシロース，マンノースはいずれも熟成中に遊離するが，遊離の程度は少ない。特に着色に及ぼす影響が大きいペントースの遊離が少ないのは，米味噌の特性と言われている。

(4) 脂質

味噌の主原料である大豆には約20%の脂肪が含有されている。図1-86に模式図を示したように，そのほとんどはトリグリセライドであり，蒸煮により一部が分解され，味噌に仕込み後，米麹中のリパーゼによって脂肪酸とグリセロールに加水分解される。さらに表1-39のように遊離された脂肪酸の一部は酵母が生成したエタノールと結合し，エチルエステルをつくる。味噌の構成脂肪酸の中で量も含有量も多いのがリノール酸で約50%を占め，次いでオレイン酸，パルミチン酸，リノレイン酸である。

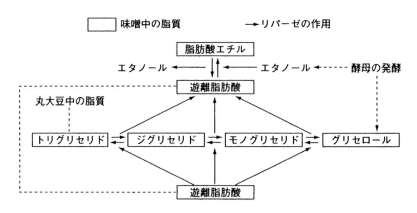

図1-86　味噌熟成中の主な脂質変化の模式図（大西）

第1章 醸造の原理

表1-38 味噌熟成中の遊離糖の消長（本藤ら）

（味噌中の％）

糖類	熟成日数		
	0	5	50
リボース	± (+)	± (+)	± (+)
ラムノース	± (+)	± (+)	± (+)
アラビノース	± (+)	± (+)	0.08 (0.6)
キシロース	0 (0)	0.10 (0.6)	0.07 (0.5)
フラクトース	0.15 (1.8)	0.85 (4.8)	0.83 (5.9)
マンノース	0 (0)	± (−)	0.15 (1.1)
ガラクトース	0 (0)	0.16 (−)	0.29 (2.1)
グルコース	4.19 (49.6)	13.7 (9.9)	10.3 (73.7)
シュクロース	0.96 (11.4)	± (77.0)	0 (0)
メリビオース	0 (0)	0.15 (0.8)	0.13 (0.9)
マルトース	0.35 (4.1)	0 (0)	0 (0)
ニゲロース	0.22 (2.6)	0.13 (0.7)	± (−)
コージビオース	0.28 (3.3)	0.07 (0.4)	± (−)
イソマルトース	0.31 (3.7)	1.11 (6.2)	1.17 (8.4)
ラフィノース	0.10 (1.2)	0.03 (0.2)	0 (0)
マンニトライオース	0 (0)	+ (+)	+ (+)
マルトトライオース	0.18 (2.1)	0 (0)	0 (0)
イソマルトトライオース	+ (+)	± (+)	± (+)
パノース	+ (+)	0 (0)	0 (0)
スタキオース	1.12 (13.3)	0.82 (4.6)	0.26 (1.9)
ガラクチュロン酸	0.58 (6.9)	0.65 (3.7)	0.69 (4.9)

（ ）は全遊離糖に占める％

表1-39 熟成中の各脂肪酸およびそのエチルエステルの消長 (望月ら)

熟成日数		1	5	10	20	30	40	50
遊離脂肪酸	パルミチン酸	6.54	16.56	25.89	19.53	19.97	19.51	16.46
	オレイン酸	3.12	10.06	18.79	12.61	14.38	12.51	12.24
	リノール酸	12.69	41.48	64.36	64.35	59.08	59.13	57.91
	リノレン酸	2.04	8.65	14.48	9.18	10.27	9.47	7.65
	合計	24.39	76.75	123.52	105.67	103.70	100.62	94.26
脂肪酸エチル	パルミチン酸エチル	—	—	—	±	1.00	6.50	6.84
	オレイン酸エチル	—	—	—	±	1.48	8.08	9.30
	リノール酸エチル	—	—	—	±	4.27	20.14	24.95
	リノレン酸エチル	—	—	—	±	0.83	4.68	4.94
	合計	—	—	—		7.58	39.40	46.03
計		24.39	76.75	123.52	105.67	111.28	140.02	140.29

各値は粗脂肪1g当たりの数である。

(5) 色

米味噌の熟成中の色調変化は，処理大豆の色，麹品質，原料配合，熟成方法などが複雑にからみあうため一様でない。しかし，いかなる味噌でも図1-87のようにY値はS字状の消長，x値は熟成途中より増大，y値は変化しないか僅かに低下する。

熟成初期の急激なY値低下は味噌中の溶存酸素が消費されるまでの間の酸化に伴うもので，中〜後期のY値低下はアミノ・カルボニル反応によるものと考えられている。

淡色味噌のY値，x値を官能上の冴え・くすみの関係で示したのが，図1-88であり，a線 ($Y = -432x + 212$) の右上の味噌は冴えがあり，b線 ($Y = -358x + 179$) の左下の味噌はくすみがある。なお，赤色味噌におけるa線は $Y = -250x + 132.5$ と推定される。

味噌の着色は主として糖とアミノ化合物によるアミノ・カルボニル反応が主体となる。アミノ・カルボニル反応に関与するアミノ化合物の褐変性は，アミノ酸よりペプタイドが大きく，また糖の褐変性はヘキソースよりペントースが大きい。

米味噌が豆味噌に比べて熟成中の着色が非常に小さいのは，米麹の酵素（ヘミセルラーゼと推定）が大豆麹の酵素よりも大豆多糖類の主体であるアラビノ

第1章　醸造の原理

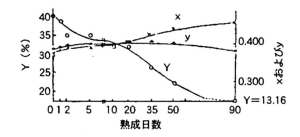

図1-87　味噌熟成中の測色値の変化（望月ら）

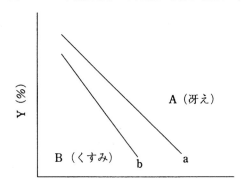

図1-88　製品味噌のYとxの関係（宮之内ら）
　　　　a：$Y = -432x + 212$
　　　　b：$Y = -358x + 179$

ガラクタンの分解力が弱く，結果として，遊離アラビノースが少ないためとされる。

　各種の糖の着色度は表1-40のように糖100mg当たりではキシロース，アラビノースが大きく，グルコースは小さい。しかし，キシロース，アラビノースは味噌中での濃度が低く，相対的な着色度は量的に多いグルコースの方が大きい。

（6）香気成分

　米味噌に存在することが確認または推定された香気化合物は，カルボニル類（アルデヒド，ケトン）51，エステル類40，炭化水素類27，アルコール類27，カルボン酸類26などで合計208（確認されたもの193）である。また中性化合物が158，酸性化合物が26であり，弱酸性および塩基性化合物は少ない。

(7) 有機酸

米味噌の主な有機酸は表1-41のように,ピログルタミン酸,乳酸,酢酸,クエン酸,リンゴ酸,コハク酸である。乳酸,酢酸は乳酸菌が生成し,コハク酸は酵母が生成する。また,乳酸菌はクエン酸,リンゴ酸を資化するため,乳酸菌が関与した味噌はこれらの有機酸が少ない。

1-10-2 豆味噌

(1) pH

豆味噌の熟成中に伴うpHの変化は,図1-89のようになる。味噌玉の内部では乳酸などの多量の有機酸が生成し,出麹のpHは5.9〜5.3になるので,仕

表1-40 味噌中濃度に近似する糖・アミノ酸による着色度(本藤ら)

	味噌中濃度(%)	糖100mg当たりの着色度	着色度
アラビノース	1.08	30	3.0
キシロース	0.07	67	6.7
フラクトース	0.83	4	0.75
ガラクトース	0.29	3	0.75
グルコース	10.3	0.6	8.3

表1-41 味噌中の有機酸(中村ら)

味噌の種類	グロクロン酸	ピログルタミン酸	乳酸	酢酸	ピルビン酸	蟻酸	リンゴ酸	クエン酸	コハク酸	α-ケトグルタル酸
米・甘味噌	−	42	7	10	−	−	7	53	5	−
米・赤・辛・麹粒	−	386	28	78	6	7	35	171	53	−
米・赤・辛・漉	−	358	100	79	−	5	13	360	61	−
米・赤・辛・粒	−	405	14	48	−	−	15	63	58	−
米・赤・辛・粒	−	330	31	40	−	6	19	257	15	−
米・赤・辛・粒	63	391	30	46	−	6	13	132	46	−
豆味噌	266	816	541	227	11	29	43	277	23	−
麦味噌・赤	95	329	20	40	7	5	20	113	48	−
調合味噌	−	234	26	50	−	5	22	141	44	−

込み時の豆味噌のpHは5.8以下である。

豆味噌は米・麦味噌に比べ、仕込み時のpHがやや低く、仕込み後の耐塩性乳酸菌による乳酸生成が少ない。そのうえ、遊離アミノ酸の量が多く緩衝能が強いため、熟成中のpH低下は少ない。

（2）窒素成分

豆味噌の蛋白溶解率、同分解率は図1-90のようになる。蛋白溶解率は仕込み後1ヵ月までに急速に増大し、天然醸造では約6ヵ月、温醸では1～2ヵ月で70％前後に達する。蛋白分解率は天然醸造で約6ヵ月、温醸で1～2ヵ月で35％に達する。米・麦味噌に比べ、豆味噌の蛋白溶解率、同分解率ともに高い値になる。

熟成豆味噌のアミノ酸遊離率（遊離アミノ酸／全アミノ酸×100）は平均で約35％であり、旨味の主体である遊離グルタミン酸の量は約1％である。

熟成中に遊離したロイシン、イソロイシン、バリン、チロシン等の水に溶けにくいアミノ酸は、混晶となって析出する。これを"キビ粒（つぶ）"と呼ぶ。キビ粒の生成は、蛋白質の分解が進んで多量の遊離アミノ酸が生成した目安となるが、大粒のものは異物とみなされることもある。一般に、キビ粒は温醸より天然に、また夏季より冬季に大粒で多量に析出しやすい。

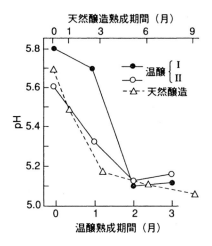

図1-89　豆味噌熟成中のpHの変化（細川ら）

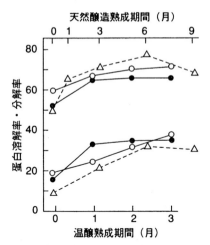

図1-90 豆味噌熟成中の蛋白溶解率,蛋白分解率
(細川ら)(図中の表示は図1-89と同じ)

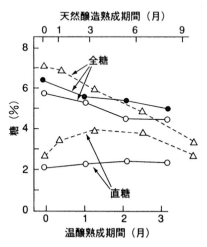

図1-91 豆味噌熟成中の糖(細川ら)
(図中の表示は図1-89と同じ)

（3） 糖質（炭水化物）

豆味噌の熟成に伴う全糖および直糖の消長は図1-91のようになる。全糖は仕込み時6〜7％，製品では5％前後であり，直糖は熟成途中でやや増加するが，以降は減少し製品に3〜4％含まれる。

豆味噌に全糖および直糖が少ない理由は，⑦大豆に澱粉，還元糖がほとんど含まれないこと，④大豆中のペントザンから麹菌のヘミセルラーゼ等によりアラビノースほかのペントースを生成するが，それらの一部はアミノ酸と反応して味噌の着色（褐変），あるいは乳酸菌などの炭素源として利用されて減少することに基づく。

（4） 色

豆味噌の熟成に伴う色の変化は，図1-92のようになる。豆味噌は原料処理法の特異性から褐変反応が著しく進み，蒸熟大豆のY値は20％前後まで低下し，仕込み時の味噌のY値は12〜13％である。温醸では約1ヵ月，天然醸造では3ヵ月までY値は急激に低下し，熟成時のY値は2〜4％で茶褐色の濃厚な色になる。刺激純度（Pe，色の冴え）は熟成後半に上昇する。

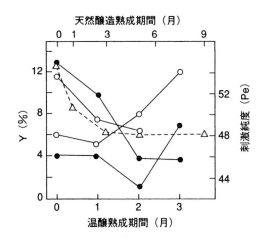

図1-92 豆味噌熟成中の色の変化（細川ら）
（図中の表示は図1-89と同じ）

豆味噌は極めて表面変色を受けやすい。表面変色は空気中の酸素による酸化現象である。酸化すると，褐変反応の中間体や着色色素の酸化重合により，味噌の色が急激に暗く，冴えのない，くすんだ色調に変わる。

(5) 香気

豆味噌は，原料が大豆のみで，熟成中に酵母，乳酸菌などの発酵微生物の増殖・活動も微弱であるため，発酵香は感じられず，温和な芳香を有する。

表1-42 味噌玉麹の主要有機酸 (細川)

	八丁式大玉	径19mm玉	丸大玉
酢　酸	185.6 (13.3)	357.2 (21.0)	37〜106 (5〜7)
蟻　酸	176.7 (16.6)	30.8 (2.3)	−
コハク酸	−	40.7 (2.4)	10〜127 (1〜17)
乳　酸	1,112.5 (53.3)	1755.7 (66.5)	−
リンゴ酸	21.5 (1.4)	24.8 (1.3)	38〜275 (5〜17)
クエン酸	33.2 (2.2)	83.9 (4.5)	800〜1,300 (70〜80)

mg/乾物100g，（ ）内は全有機酸中の%を示す。

表1-43 豆味噌の有機酸

(天野ら)

揮発性有機酸	mg/100g	%
蟻　　酸	25.9	17.2
酢　　酸	114.2	76.0
プロピオン酸	2.3	1.5
イソ酪酸	1.4	0.9
酪　　酸	0.3	0.2
イソ吉草酸	0.8	0.5
吉　草　酸	0.2	0.1
カプロン酸	1.8	1.2
カプリル酸	3.4	2.3
計	150.2	100

(中村ら)

有　機　酸	mg/100g
グルクロン酸	266
プログルタミン酸	816
乳　　　酸	541
酢　　　酸	227
ピルビン酸	11
蟻　　　酸	29
リンゴ酸	43
クエン酸	277
コハク酸	23

（6） 有機酸

i. 味噌玉麹の有機酸

味噌玉麹の主な有機酸は表1-42のとおりである。原料大豆の総有機酸量は1,200～1,700mg／乾物100g, 味噌玉麹の出麹は1,700～2,000mg／乾物100gであり，総量としては製麹中に若干増加するだけである。

原料大豆の有機酸の70～80％を占めるクエン酸は製麹中に減少する。味噌玉中の乳酸および酢酸の大半は，大豆に含まれるクエン酸，リンゴ酸，コハク酸などを炭素源として乳酸菌が生成したものである。大豆にはグルコース，澱粉がほとんど存在しないので，糖質に直接由来した有機酸生成は味噌玉製麹にはとんどみられない。

ii. 豆味噌の有機酸

豆味噌の有機酸は表1-43のとおりであり，豆味噌に乳酸，酢酸が多いのは，味噌玉麹にそれら有機酸が多いためである。ただし，熟成中にも乳酸菌がクエン酸（大豆由来）などを資化して乳酸，酢酸を少量生成する。

揮発性有機酸の約80％は酢酸であり，前述のようにこれが豆味噌の香気の主体になっている。

2-1 醤油

醤油という語が，日本で用いられるようになったのは16世紀後半である。したがって，その歴史はまだ400年余にすぎない。その起源はさらに古く中国の穀醤（こくびしお）などに求められるが，一般には鎌倉時代の僧，覚心が宋より伝えたとされる径山寺味噌（きんざんじみそ）に現代の醤油の源を求めることが多い。最近では，中国をはじめ東南アジア方面の各地で同時に生じたものとする考えがあるが，いずれにしても現代の醤油は日本で磨き，つくり出されたものといえる。

醤油様調味料としては，魚醤油類，例えばヨーロッパのアンチョビソース，ベトナムやカンボジアのニョクマム，タイのナムプラ，フィリピンのパティスのほか，中国の魚露，わが国のしょっつる，いしりなどが挙げられる。

醤油には日本農林規格（JAS）があり，醤油の定義から規格，表示までを定めている。種類は，濃口醤油，淡口醤油，溜り醤油，再仕込み醤油，白醤油からなり，また，その製造法から本醸造，新式醸造，アミノ酸液混合または酵素処理液混合醤油に分けられている。醤油を定義すると，JASでは表1-44のとおりとなる。ここではその生産量の約85％を占める濃口醤油を中心に述べる。

2-1-1 原料

醤油の原料は，大豆または脱脂加工大豆，小麦，食塩である。アメリカ，ブラジル，中国産の大豆が主に用いられているが，もちろん国内産大豆も用いられている。大豆中の油脂分が醤油の品質にさほど大きな影響を与えないと考え

表1-44 醤油の定義

製造法	①本醸造方式	大豆と麦で麹，麹原料20％以内仕込み可
	②新式醸造方式	もろみとアミノ酸液または酵素処理液添加熟成
	③アミノ酸液混合方式	本醸造または新式醸造醤油にアミノ酸液添加
	④酵素処理液混合方式	本醸造または新式醸造醤油に酵素処理液添加
麹原料	①濃口醤油	大豆，麦ほぼ等量
	②淡口醤油	大豆，麦ほぼ等量。米。
	③再仕込み醤油	大豆，麦ほぼ等量
	④溜り醤油	大豆，または大豆と少量の麦
	⑤白醤油	少量の大豆，そして多量の麦

られることから，主として経済的理由により脱脂加工大豆が用いられることが多い。小麦はカナダ，アメリカ産のものが主である。

醤油の品質は窒素成分の多少によっても評価されるので，醤油原料としての大豆は，蛋白質の多い，すなわち窒素含量の高い大豆が好まれる。醤油の窒素成分の約3／4は大豆に由来するため，脂肪分が多く窒素成分のやや少ないアメリカ産大豆より炭水化物が多く窒素含量の高い国内産大豆が好まれるが，これらの醤油の品質上に差はない。

小麦も醤油の原料としては，窒素含量の高い硬質小麦が適している。すなわち，醤油の窒素含量の約1／4が小麦蛋白質由来のものである。したがって，澱粉質とともに蛋白質は小麦にとって重要な成分である。大豆，小麦の一般分析値を示すと表1-45のとおりである。

食塩は溶解しやすい外国産原塩が多く用いられていたが，最近では溶解方法の改良された夾雑物の少ない特例塩（自主流通塩）が主に用いられている。

大豆の処理や食塩水を調製する水は，水道水の基準に適合するものであればよい。製品醤油の色沢安定性に鉄などの金属イオンが影響を与えるが，水中の金属含量程度ではほとんど影響を与えない。

2-1-2 製造法

醤油は大豆，小麦，食塩を主な原料としてつくられるが，濃口醤油の製造法を示すと図1-93のとおりである。使用原材料の量的な違いを除いて各種醤油の製造工程はほぼ同じであるが，淡口醤油のみはこのほかに米を原料として用いる。製造工程を大別すると①原料処理，②製麹，③仕込みおよび発酵，④圧搾，⑤製成・火入れ，⑥詰め工程に分けられる。

表1-45　大豆，小麦の一般分析値（g／可食部100g当たり）

食 品 名		水 分	蛋白質	脂 質	糖 質	繊 維	灰 分
大 豆	国　産(全粒，乾)	12.5	35.3	19.0	23.7	4.5	5.0
	アメリカ産(全粒，乾)	11.7	33.0	21.7	24.6	4.2	4.8
	中 国 産(全粒，乾)	12.5	32.8	19.5	26.2	4.6	4.4
小 麦	国産普通(玄穀)	13.5	10.5	3.0	69.3	2.1	1.6
	輸入軟質(玄穀)	10.0	10.1	3.3	73.2	2.0	1.4
	輸入硬質(玄穀)	13.0	13.0	3.1	66.9	2.4	1.6

(1) 原料処理

i. 大豆

大豆，脱脂加工大豆の蒸煮処理は，殺菌とともに大豆の細胞壁の破壊と大豆蛋白質の変性（一次変性），すなわち，蛋白質分子構造の破壊を目的に行われ，続いて行われる麹菌酵素プロテアーゼによる分解を容易にするとともに，N性物質，すなわち，醤油を調理に用いる際の希釈や加熱によって生じるにごり（Nigori）物質を含まない醤油をつくるために重要である。N性物質は，蒸煮による変性が不十分なときに蛋白質表面の親水性アミノ酸はプロテアーゼで分解されるが，内部の疎水性アミノ酸が分解されずに高分子となって残り，希釈や加熱時に混濁となって現れるもので，具体的には大豆の11S蛋白質（グリシニン）が食塩存在下で麹菌酵素により限定分解されてできた，ゲル濾過で単一ピークを示す分子量17万〜21万の蛋白質である。

大豆は，NK式蒸煮釜によって1 kg／cm^2 内外のゲージ圧の蒸気で数十分間熟煮し，ただちに釜から取り出して使用するのが一般的である（即日盛込み法）。

ii. 小麦

小麦は殺菌の目的とともに，小麦の澱粉をα化（糊化）して麹菌酵素アミラーゼの作用を受けやすくするために炒熬・割砕する。この処理は小麦による蒸煮大豆表面の水分調節に役立ち，その後の製麹操作を容易にする。α化度は炒熬

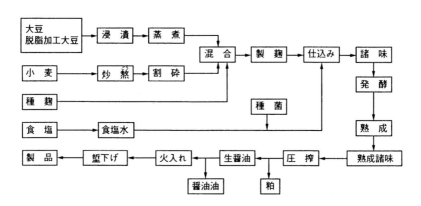

図1-93 濃口醤油の製造（森）

小麦の麹菌アミラーゼによる分解で生成した還元糖量と，別に煮沸処理により澱粉を完全にα化した同じ小麦の同酵素による分解で生成した還元糖量の比で表される。小麦の炒熬は小麦の窒素の消化率と関係があるので，小麦澱粉のα化度は60〜65％程度がよい。この処理を行うものとして砂浴式回転円筒型麦炒機や流動焙炒装置がある。小麦と海砂を回転円筒内で160〜180℃，約40秒間均一に処理したあと金網で篩い分けると，水分が約4％程度になった小麦が得られる。引き続き小麦割砕機にかけて割砕小麦とする。

iii. 食塩水

食塩は溶解槽で下部から冷水を注入して溶解し，上部より溢流させる上昇式によって調製する。普通，食塩水は食塩濃度を約23〜26％にして用い，蒸煮ならびに炒熬・割砕した両原料でつくった麹とともに意図する食塩濃度になるように仕込む。

(2) 製麹

蒸煮大豆に炒熬・割砕した小麦を混ぜ，これに醤油麹菌 *Aspergillus oryzae* または *Aspergillus sojae* の胞子を散布し，25〜37℃で約3日間培養して麹菌を生育させ，酵素生産とともに麹原料の分解を行わせることを製麹といい，出来上がったものを麹と呼ぶ。淡口醤油に用いる甘酒のもととなる麹は，清酒麹と同様に蒸した米に *Asp. oryzae* 株を生育させたものである。

原料配合割合は昔から醤油原料を元石(もとごく)で示し，実際には貫で表す習慣であったため，現在も元klあたりで示されている。表1-46に濃口醤油の原料配合の容量比と重量比との関係を示す。

製麹過程では麹菌による酵素生産と同時に大豆，小麦の蛋白質や澱粉の分解

表1-46 濃口醤油の原料配合の容量比と重量比との関係

容量比		元1klの原料重量 (kg)		重量比	
脱脂加工大豆	小麦	脱脂加工大豆	小麦	脱脂加工大豆	小麦
70	30	420	225	65.1	34.9
60	40	360	300	54.5	45.5
50	50	300	375	44.4	55.6
40	60	240	450	34.8	65.2
30	70	180	525	25.5	74.5

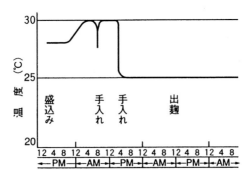

図 1-94　3 日麹の温度経過

が進行する。したがって，製麹により窒素の溶解利用率が左右される。また同時に，最終製品の色や味，香りにも影響を与えるため，醤油製造において最も重要視される工程である。古くは麹蓋を用い，麹室（こうじむろ）で製麹が行われてきたが，科学技術の進歩に伴い通風機械製麹となった。

　麹菌の生育と酵素の生産を考慮して，原料配合割合のみならず製麹温度や製麹時間が設定される。図 1-94 は 3 日麹の品温経過の一例である。製麹において注意しなければならないことの 1 つは，雑菌汚染の防止である。特に $Bacillus$ 属細菌の汚染は納豆臭を付与したり，芽胞子が製品醤油まで移行し，これを用いて調理した食品の腐敗，変敗の原因ともなるので注意が必要である。

　醤油麹菌により生産される主な酵素類の役割をまとめると表 1-47 の如くである。一般に $Asp.\ sojae$ 株を用いた場合，製麹中の炭水化物消費量が少なく，出麹の pH が高く，クエン酸など有機酸が少なく，麹の α-アミラーゼ，酸性プロティナーゼ，酸性カルボキシペプチダーゼ活性が低い。この麹を用いた生（なま）醤油は概して還元糖，乳酸，酢酸，アルコール，アンモニアの含量が高く，酸化褐変しやすい。出麹はニガ味があり，食べることにより醤油の良否が判定される。

（3）　仕込み，発酵

　麹を食塩水と混合し，発酵タンクに貯えることを仕込みといい，一般に麹をそのまま食塩水と混合する，いわゆる全麹仕込みが行われる。

　仕込み食塩水は通常，麹の水分含量に合わせれ 19〜20Bé（食塩濃度 23.1〜

第1章　醸造の原理

表1-47　醤油麹菌の生産する各種酵素の役割

総称	酵素名	主な基質と生成物	役割
プロテアーゼ	プロティナーゼ ペプチダーゼ	蛋白質からペプチド ペプチドからアミノ酸	蛋白質の可溶化
	グルタミナーゼ	グルタミンからグルタミン酸	旨味、着色（糖とアミノ・カルボニル反応）
アミラーゼ	α-アミラーゼ グルコアミラーゼ	穀粉からデキストリン、オリゴ糖 デキストリン、オリゴ糖からグルコース	乳酸菌、酵母により乳酸、エタノールの生成
ペクチナーゼ	ペクチナーゼ ペクチンエステラーゼ ポリガラクチュロナーゼ	ペクチンから不飽和結合を持つガラクチュロニド ペクチンからポリガラクチュロン酸 ポリガラクチュロン酸からガラクチュロン酸	大豆の細胞壁に含まれるペクチンを分解して圧搾性向上
セルラーゼ	セルラーゼC_1 セルラーゼC_x β-グルコシダーゼ	結晶セルロースから活性型セルロース 活性型セルロースからセロビオース セロビオースからグルコース	大豆の細胞壁に含まれるキシログルカンを分解して圧搾性向上
ヘミセルラーゼ*	キシラナーゼ アラビナナーゼ ガラクタナーゼ マンナーゼ	アラビノキシランからキシロース アラビナンからアラビノース アラビノガラクタンからガラクトース ガラクトマンナンからマンノース	着色（アミノ酸とアミノ・カルボニル反応） 細胞壁の溶解において否定的な結果が多い
	リグニン分解酵素 フェノール酸エステラーゼ	リグニンからフェルラ酸 多糖ーフェルラ酸エステルからフェルラ酸	Candida属酵母により4-エチルグアヤコール生成
	フィターゼ フォスフォリパーゼ	フィチンからイノシトール レシチンからコリン	乳酸菌、酵母に耐塩性の賦活
	リパーゼ チロシナーゼ フォスファターゼ	脂肪から脂肪酸とグリセロール チロシンからDOPAとDOPA-キノン スクレオナイドからヌクレオシド	保香作用 米麹の褐変 核酸系調味料の分解

*　最近ヘミセルロースにはキシログルカンとアラビノキシランが属し、アラバン、ガラクタン、アラビノガラクタンは中性ペクチン多糖と定義されている。

24.6g／100m*l*）の食塩水が用いられ，麹容量，例えば，元1 k*l*に対して1.1～1.2倍の食塩水（汲水）を用いる。これを通常，11水ないし12水仕込みという。醤油製造においては，製麹当初より容量，すなわち，元k*l*当たりで示しているが，最終的に容量で示される製品にとって合理的な計算・計量方法である。汲水の多少により原料の溶解利用率や微生物の発酵状況が異なる。汲水が少ないと成分の濃い生醤油（生揚げ醤油）が得られるものの，蛋白質や澱粉の溶解利用率が低くなり，歩留りが悪い。逆に汲水が多いと各成分の溶解率が上がり歩留りも向上するが，生揚げ醤油全体の成分が低くなる。

仕込み容器は，昔は2〜9 k*l*の木桶が用いられていたが，次第にコンクリートタンクに，さらに小型の鉄製タンクが用いられるようになり，現在でもそれらが用いられている。近年，さらに合理化のためにFRP製または鉄製の100〜300k*l*容の大型発酵タンクが用いられるようになってきた。仕込み容器の変化，大型化に従い醤油諸味中の微生物の動態変化が考えられる。

（4） 諸味管理

食塩水と麹の混合物やその発酵・熟成したものを総称して諸味という。通常，諸味発酵では麹菌酵素による麹原料の分解の進行と溶出が起こる。すなわち，大豆や小麦の蛋白質がアルカリプロテアーゼや中性プロテアーゼによってペプチドに，さらに各種のペプチダーゼによってアミノ酸にまで低分子化され，澱粉はアミラーゼにより糖化され液汁中に溶出してくる。麹から諸味，そして液汁への変化に伴い，耐塩性乳酸菌や酵母が発酵し，さらに熟成過程を経て圧搾を行えば，生揚げ醤油が得られる。

仕込み直後は麹原料の均一な食塩水への混合を促すために荒櫂と呼ぶ諸味の撹拌を行う。昔は櫂棒で行ったが，近年は撹拌はもっぱら圧縮空気によって行う。

仕込み初期諸味に白黴状の白色片が見られることがあるが，これは大豆蛋白質より溶出し，析出したチロシンの結晶片である。諸味中では，乳酸菌 *Tetragenococcus halophilus* の活動が活発となり，ブドウ糖やクエン酸から乳酸や酢酸の精製が行われるとともに，諸味のpHの低下をきたす。pHが5.5をやや下がった段階で耐塩性酵母 *Zygosaccharomyces rouxii* の発酵が盛んになるが，さらにこれを助長するために5〜6日に1回の割合で撹拌を行う。次第に撹拌を20日に1回程度とするとともに，発酵がおさまり，熟成の過程を経て熟成諸味となる。この間，耐塩性 *Candida* 属酵母の *C. versatilis*，*C. etchellsii* 等

が一部生育し,醬油の特徴香を生じる。ほぼこの期間は1年であるが,微生物制御技術が確立され,諸味管理が適切に行われるようになった現在では,6～8カ月で熟成諸味が得られる。

3種の微生物の諸味発酵中の生育パターンを図1-95に,pH,乳酸,アルコール量の変化を図1-96に示す。

仕込み初期,ならびに発酵初期の諸味中には,麹中で生育した非耐塩性の雑菌 (*Bacillus* 等) が生育するが,仕込み後数日から1カ月あたりには死滅する (表1-48)。耐塩性乳酸菌の *Tetra. halophilus* は醬油諸味中で増殖し乳酸を生成するが,*Bacillus* 属細菌は生育できず芽胞子となって存在する。*Tetra. halophilus* の醬油製造への主な関与は,乳酸生成やクエン酸の分解による酢酸

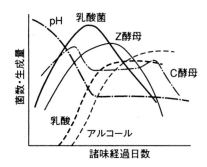

図1-95 諸味中の微生物の動態と乳酸,pH,アルコール(門脇)

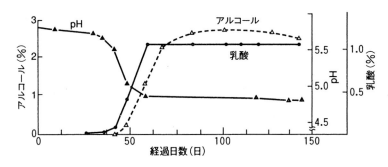

図1-96 諸味熟成中のpH,乳酸,アルコール(森)

表1-48 醤油麹および諸味からの分離細菌 （森）

醤 油 麹	醤 油 諸 味
Bacillus megaterium	Bacillus firmus
Bacillus licheniformis	Bacillus lentus
Bacillus subtilis	Bacillus pantothenticus
Micrococcus epiermidis	Bacillus pasteurii
Micrococcus varians	Bacillus sphaericus
Micrococcus conglomeratus	Bacillus soya nonliquifaciens*
Micrococcus caseolyticus	Bacillus nondiastaicus*
Micrococcus ureae	Tetragenococcus halophilus
Micrococcus sp.	Staphylococcus sp.
Clostridium sp.	Micrococcus sp.
Streptococcus sp.	Micrococcus varians subsp. halophilus

*Bergey's Manual 第8版に記載されていない属あるいは種。

の生成と諸味 pH の低下にある。

　醤油醸造酵母 Z. rouxii の働きは，第1に高食塩下におけるアルコール発酵であり，また糖アルコール類の生成である。さらに，各種のエステル類など醤油の香味成分の生成に大きく寄与し，酵母の発酵なくして本来の醤油はできない。

　近年，発酵タンクの大型化に伴い適正な諸味管理を行う目的で，醤油乳酸菌および酵母類の添加が行われることが多くなってきた。乳酸菌添加については，諸味 pH の低下や適正乳酸量の生成の制御など非常にむずかしい問題を含む。

（5） 醤油乳酸菌

i. 分類・種類

　醤油諸味中で生育する細菌は，有用な耐塩性の醤油乳酸菌 Tetra. halophilus のみである。醤油乳酸菌は直径 0.6～0.9μm の球菌で，四連球菌のものが多い。諸味のような嫌気的条件下でよく成育し，好気下でも少し生育できる通性嫌気性菌である。醤油諸味液汁中のグルコース，マンノース，ガラクトース，マルトースなどの糖を発酵する。

　醤油乳酸菌は，同じ Tetra. halophilus でも糖類発酵性の異なる多種類の菌株が存在する。また醤油乳酸菌のなかには，諸味中のアルギニンを分解してオル

ニチン・アンモニア・炭酸ガスにする菌株や，アスパラギン酸やチロシン・ヒスチジなどを特異的に脱炭酸してアラニンやテラミン・ヒスタミンなどと炭酸ガスを生ずる菌株も見いだされる。アルギニンの分解や，アスパラギン酸初めそのほかのアミノ酸の脱炭酸反応が著しく起こると，諸味中のアミンなどの塩基の増加や，酸の減少を伴う。その結果，アミノ酸分解性菌株が生えると，乳酸は多量に生成しても，pHは上昇して醤油の品質にも好ましくない影響を及ぼす。

　そのほか醤油乳酸菌には，原料中のクエン酸・リンゴ酸を代謝するものとしないものがある。諸味pH降下速度，諸味最終pH，生産物としての乳酸と酢酸との量比なども菌株により異なる。また，諸味の酸化還元電位rHを著しく低下する淡色化菌株や，rHの低下が少ない濃色化菌株も認められている。このように，ひと口に醤油乳酸菌と言っても，非常に広範な多様性を持つ菌株が諸味から分離されている。

　ⅱ．整理・代謝
　微生物が利用できる水分の指標としての水分活性 Aw は，微生物の生育する食品や溶液中の食塩・アミノ酸・糖類などの親水性低分子化合物が多くなるほど小さい値になる。醤油諸味は食塩濃度が17〜18％と高く，アミノ酸・糖類・有機酸等の生成につれて，熟成諸味 Aw は0.80付近まで低下する。醤油乳酸菌 *P. halophilus* は，図1-97のように Aw 0.99〜0.94，食塩濃度5〜10％（w／v）で最高の生育をする好塩性・耐塩性菌である。Aw 0.94以下では生育は徐々に抑制されても，生育最低 Aw 0.808，食塩濃度24％まで生育できる。

　醤油乳酸菌はpH5.5〜9.0で成育し，中性付近が生育に好適である。仕込み直後の諸味pHは6.0付近で，乳酸菌の生育pH範囲内にある。醤油乳酸菌の生育には，食塩濃度とpHが顕著な影響を及ぼす。これらは諸味管理においても重要な要因である。

　一般に醤油乳酸菌は20〜42℃の範囲で生育できる。最適生育温度は25〜30℃である。普通，諸味は15℃前後で仕込み，徐々に25〜30℃にすると，乳酸菌の増殖・発酵も諸味温度に対応して旺盛になる。

　醤油乳酸菌の生育には8種のアミノ酸のほか，ビオチン，ピリドキシン，ニコチン酸，パントテン酸，リボフラビンが必須である。このほかベタイン，コリン，ある種のペプチドや核酸塩基ウラシルなども要求される。これらのビタミン類などは麹菌によりつくられ，麹中に多量に含まれるので，乳酸菌の栄養

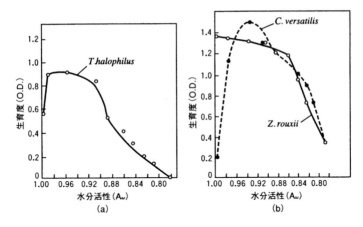

図1-97　醤油乳酸菌と醤油酵母の増殖と水分活性との関係（藤巻等）
水分活性（Aw）は水の蒸気圧（P_0）に対する水溶液（または食品など）の蒸気圧（P）の比（P/P_0）で示される。

要求が問題になることはほとんどない。

諸味中の乳酸菌は，L-乳酸，酢酸などの有機酸生成や，あるいはアミノ酸脱炭酸反応による諸味 pH の上昇の有無などを通じて，醤油の呈味・香気に大きな影響を及ぼす。仕込み初期に原料中の澱粉が麹菌酵素によりグルコースに糖化されると，乳酸菌は1モルのグルコースから L-乳酸，酢酸，蟻酸をそれぞれ 1.71, 0.28, 0.17 モル生成する。また原料中のクエン酸は乳酸菌により主として酢酸に変換されることが多い。

(6) 醤油酵母

i. 分類・種類

醤油諸味中の耐塩性酵母は次の3群に分けられる。

①仕込み初期の諸味中に存在するアルコール発酵能のない雑酵母（*Candida famata*，*Candida polymorpha* など）。

②アルコール発酵能が旺盛で，諸味の主発酵に関与する *Zygosaccharomyces rouxii* や，その変種で産膜性の *Z. rouxii* var. *halomembranis*。

③諸味の主発酵期にも生育し，後熟発酵期まで活動する *Candida versatilis* や

Candida etchellsii。

　雑酵母は耐塩性が弱く，諸味の経過日数とともに急激に死滅するので，実際に諸味中で増殖し発酵に関与して醤油の品質形成に寄与するのは，*Z. rouxii* と，それより好気的条件で生育する *Candida* 属酵母が主体である。

　醤油諸味や味噌から分離される *Z. rouxii* も，高濃度食塩培地における生育 pH の差により3グループに区分できる。Aグループは食塩濃度3 M（17.6％）では pH3.5～6.5 の広 pH 域で旺盛に生育し，一方，B，Cグループは，食塩濃度3 M ではそれぞれ pH3.5～5.5, 4.0～5.0 のやや狭い pH 域でよく生育する。醤油諸味からは，主としてCグループと一部分Bグループの酵母が見いだされている。醤油酵母 *Candida* 属にも生理的性質の異なる種々の菌株が認められる。

　ii. 生理・代謝
　　ア. 耐塩性

　主発酵酵母 *Z. rouxii* は，図1-97のように食塩濃度24～26％（w／v），水分活性 A_w 0.807～0.781 まで生育できる耐塩性酵母である。*Candida* 属酵母は，A_w 0.975～0.84 の範囲で旺盛な増殖をする好塩性・耐塩性酵母であり，食塩濃度26％，A_w 0.787 まで増殖できる。

　　イ. 生育条件

　醤油酵母の生育条件としての栄養要求，糖の発酵性・資化性，pH，温度については表1-49に示した。食塩18％存在下では醤油酵母の生育 pH 域は無塩のときに比して狭くなり，特に *Z. rouxii* では著しい。一方，生育可能温度は高濃度食塩下では5℃くらい高くなる。また食塩濃度の増加に伴って，イノシトールとパントテン酸への要求度が増大し，これらのビタミンが顕著な耐塩性賦活効果を与える。食塩18％存在下では *Z. rouxii* はマルトース発酵性がなくなり，ガラクトース・マルトース・スクロースの資化性も消失する。

　　ウ. 酵母と乳酸菌の相互作用

　諸味中の醤油酵母は，乳酸菌と共存すると，その生育や乳酸発酵を抑制する。特に，乳酸菌と酵母との菌数比率が小さいときは，図1-98のように乳酸菌の生育速度・乳酸生成量が低下し，諸味 pH 降下も緩慢になる。正常な乳酸発酵を行うためには，酵母の影響を受けにくい乳酸菌株でも，酵母の100倍の接種量が必要である。乳酸菌は酵母に比べて，食塩耐性・低 pH 耐性・アルコール耐性が弱いためである。

　一方，仕込み初期に乳酸菌の生育が旺盛すぎると，その生産物としての酢酸

表1-49 醤油酵母の生理的特性（水沼等）

		Z. rouxii		C. versatilis		C. etchellsii	
生育pH域	最適 範囲	4.5~6 3~7	4~5 3.5~5.5	4~5.5 3~7	4~5 3~7	5 3~7	4~5 3~7
生育温度(℃)	最適 限界	25~30 35	25 42	25 35	25~30 32~35	25 30	25 33~35
ビタミン要求	チアミン パントテン酸カルシウム ビオチン イノシトール	N E E S	N~S E E E	E N E N~S	E N~S E S	S N E N	E S~E E N~S
糖の発酵性 (資化性)	グルコース ガラクトース マルトース スクロース ラクトース ラフィノース トレハロース グリセロール	+(+) -(+) +(+) -,±(+,±) -(-) -(-) +,-(+,-) 	+(+) -(±) +(-) -(-) -(-) -(-) -(-) (+,-)	+(+) +(+) +(+) +(+) ±(+) +,-(+,-) +(+) (+)		+(+) -(-) +(+) -(-) -(-) -(-) -(-) (+)	

注）太字は食塩18％下，その他は無塩下，E：必須，S：促進的，N：非要求性，
　　（　）内は糖の資化性を示す。

が酵母の生育を顕著に阻害する。普通の諸味中の酢酸は0.2％前後であり，0.25％酢酸による生育阻害効果は，仕込み初期雑酵母＞主発酵酵母＞後熟酵母＞産膜酵母の順である。酵母と乳酸菌の生育・発酵バランスは，諸味管理においては最も重要な事項である。

(7) 圧搾，火入れ，清澄

熟成諸味は濾布を用いて圧搾・濾過される。遠心分離機では醤油諸味から醤油を十分に分離することはできない。圧搾は，従来最も人手を必要とした工程であるが，近年，連続圧搾装置が考案されて以来，効率的に圧搾が行われるようになった。

生揚げ醤油の表面に浮いた油分を除いて85℃で10～30分間加熱，すなわち，火入れを行う。この際，さらに香わしい醤油独特の香りが生成する。これを火香と呼ぶ。

火入れされた醤油はタンクに放置され，澱の生成を待つ。火入れによって生じた澱を一次澱と言い，他方，醤油の濾過・清澄後，製品となって1～2カ月

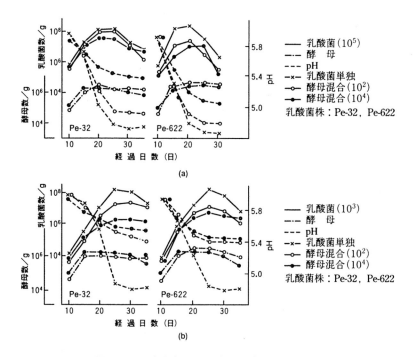

図1-98 諸味中での乳酸菌, 酵母の生育

静置後,あるいは高温で数日間経過後に生ずる滓を二次滓という。二次滓のほとんどが酸素蛋白の凝固物である。火入れの目的は,殺菌および醤油中の酵素の失活であり,また,火入れ醤油の色沢を整えるとともに香気の付与と各種醤油成分の加熱変化による呈味性の調整である。すなわち,生醤油中のアミラーゼ,エステラーゼ活性の失活には75℃以上,フォスファターゼ活性の失活には85℃以上の火入れが必要であり,また火香の着生には80℃で3時間以上の保持が必要である。

なお,醤油中の *Bacillus* 属細菌の芽胞子の殺菌のためにプレートヒーターで110〜130℃,数十秒間加熱する高温瞬間火入れが行われることがある。

醤油の濾過には,濾過能率の向上のために,珪藻土などの濾過助材を用い,濾紙,濾布,セラミックス,多孔質プラスチックやその膜,あるいはその中空

膜等により濾過する。

2-1-3 成分

醤油はアミノ酸, ペプチド等の窒素成分, 糖類, 脂肪酸, 有機酸, 香気成分等からなっている。

(1) 窒素成分

原料の大豆, 小麦の蛋白質に由来する醤油の窒素成分は遊離型のアミノ酸50～70%, ペプチド35～15%, アンモニア態窒素15%という構成である。

i. アミノ酸

麹原料中の蛋白質は麹菌酵素によりアミノ酸等に分解され, 仕込み1カ月後にはほぼその70%以上が溶出し, さらに, 1～2カ月後には大部分が溶出する。醤油のアミノ酸組成を表1-50に示す。量的に多いのはグルタミン酸, 次いでアスパラギン酸である。グルタミン酸は醸造中, pH, 温度の影響を受けて一部

表1-50 各種醤油の遊離アミノ酸量 (mg／100ml) の一例

	濃口醤油	淡口醤油	溜り醤油	白醤油
アスパラギン酸	618	506	833	129
スレオニン	330	275	583	150
セリン	445	365	823	162
グルタミン酸	1421	1204	2095	615
グリシン	262	204	571	87
アラニン	479	361	1105	141
バリン	482	385	753	149
メチオニン	121	101	157	50
イソロイシン	433	354	565	126
ロイシン	688	575	649	223
チロシン	93	104	207	45
フェニルアラニン	443	388	643	129
リジン	444	359	743	92
ヒスチジン	163	109	245	65
アルギニン	316	259	463	156
プロリン	411	322	671	167
トリプトファン	(13)	―	―	―

が環化してピログルタミン酸となる。
　ii．ペプチド
　市販の本醸造濃口醤油のペプチドは，アミノ酸残基数が数個以下の低級ペプチドが全窒素当たり9～20％, 10個以上の高級ペプチドが4～12％とその大部分を占め，これらの中間ペプチドは少なく1～3％である。なお，各種のジペプチド類が分類され，その構造が推定されている。
（2）　糖類および脂肪酸
　i．糖類
　醤油中の糖類として単糖類が最も多く，分離された糖類は以下の如くである。
〔単糖類〕グルコース，マンノース，ガラクトース，アラビノース，キシロース，リボース，フラクトース，ラムノース
〔少糖類〕サッカロース，マルトース，イソマルトース，コウジビオース，ニゲロース，パノース，マルトトリオース，イソマルトトリオース，そのほか二糖類～四糖類（構成糖：グルコース，ガラクトース，キシロース，アラビノース，マンノース，ラムノース）
〔多糖類〕酸性多糖類（ペクチン由来）（構成糖：ガラクチュロン酸，キシロース，ガラクトース，ラムノース，アラビノース），中性多糖類（微量）（グルカン，ガラクトマンナン）
　醤油中の単糖，少糖，多糖類の含量ならびに単糖類の糖組成を，表1-51, 1-52に示す。
　なお，ペクチン由来の酸性多糖類は本醸造醤油に特徴的に含まれ，醤油の粘稠性に寄与しているが，アミノ酸液ではペクチンが塩酸で加水分解されるため

表1-51　醤油中の単糖，少糖，多糖類の含量（西野等）

種別\画分	含量（グルコースとしてg/100ml）				
	濃口醤油	濃口醤油*	淡口醤油	溜り醤油	白醤油
多糖類	1.13	1.47	0.91	2.32	0.49
四糖類	0	0	0	0.09	0.04
三糖類	0	0	0	0.20	0.35
二糖類	0.41	0.47	0.56	0.78	2.54
単糖類	2.21	2.56	4.13	3.72	8.33

＊ Dowex-50W×2で処理されなかった。

表1-52 醤油中の単糖類の糖組成 (g／100ml)（西野等）

糖＼種別	濃口醤油	淡口醤油	溜り醤油	白醤油
アラビノース	0.10	0.17	0.10	0.50
キシロース	0.08	0.25	0.17	1.65
グルコース	1.93	4.81	4.03	12.40
ガラクトース	0.52	0.53	0.66	0.50

ほとんど含まれない。

ii. 糖アルコール

醤油は約1～2％の糖アルコールを含む。糖アルコールの約70％以上がグリセロールで，そのほかアラビトール，エリスリトール，マンニトール等である。これらは麹菌胞子に由来するものが多いが，諸味中の酵母の発酵によっても生ずる。

iii. 脂肪酸

醤油原料中の脂質は，一部はグリセロールなどに分解されるが醤油油として大部分が分離される。醤油油の脂肪酸のほとんどがエチルエステルまたは遊離脂肪酸の形態で存在する。

（3）有機酸

醤油中に多く存在し，香味成分として重要なのは低級脂肪族有機酸である。市販醤油中のそれらの測定値を表1-53に示す。総有機酸量は，溜り醤油，濃口醤油，淡口醤油，白醤油の順に多い。アミノ酸液混合や新式醸造によるものでは製法によりその種類と量が異なる。本醸造醤油の有機酸の大半は乳酸が占め，そのほか酢酸，ピログルタミン酸が多い。リンゴ酸やクエン酸が少ない醤油があるが，これは醤油乳酸菌によるマロラクチック発酵やクエン酸の資化による。脱脂加工大豆の塩酸分解によってレブリン酸，蟻酸が生成するため，アミノ酸液には特異的にレブリン酸が存在し，蟻酸も多い。また，発酵が行われないため乳酸量も少なく，これを補うため新式醸造法が開発されたとも言える。このような事実から本醸造醤油と新式醸造醤油の識別の一方法としてレブリン酸反応が利用されている。一方，これに対しレブリン酸を含まないアミノ酸の製造方法などが考案されている。

第1章 醸造の原理

表1-53 醤油中の各種有機酸の測定値 (mg／100ml) (牛島等)

試料	有機酸	ピログルタミン酸	乳酸	酢酸	レブリン酸	ピルビン酸	蟻酸	リンゴ酸	クエン酸	コハク酸	合計
本醸造濃口醤油	A	330	1022	192	0	4	16	0	18	34	1620
	B	365	881	193	0	4	18	0	40	37	1540
	C	378	918	170	0	3	15	0	18	37	1540
	D	278	639	143	0	3	19	12	81	50	1230
	E	789	230	109	0	0	22	42	215	59	1470
	F	517	715	174	0	3	22	痕跡	84	43	1560
	G	359	1264	197	0	痕跡	20	痕跡	12	31	1880
	H	511	1249	214	0	3	25	0	痕跡	34	2040
本醸造淡口醤油	I	163	674	125	0	3	8	痕跡	痕跡	39	1010
	J	267	674	122	0	27	9	0	39	35	1170
	K	162	794	160	0	0	17	0	45	33	1210
	L	564	229	70	0	0	8	0	152	42	1070
	M	287	470	173	0	痕跡	14	0	87	29	1060
	N	490	392	67	0	痕跡	12	0	186	43	1190
アミノ酸液	A	168	395	92	1732	—	485	63	658	23	3220
	B	4408	4183	101	痕跡	—	258	467	213	64	9690
	C	637	374	86	1156	—	362	49	535	66	3270
	D	1116	416	74	1560	—	484	61	686	22	4420
	E	3276	3232	100	30	—	224	554	280	73	7770
新式醸造醤油	A	228	217	63	234	—	145	17	187	70	1160
	B	245	620	136	332	—	192	痕跡	110	47	1680
	C	110	177	100	493	—	295	30	317	10	1530
	D	455	646	226	347	—	131	29	137	24	2000
	E	329	379	85	312	—	104	26	221	25	1480
	F	760	636	79	39	—	139	65	253	33	2000
	G	2379	2157	124	175	—	159	217	245	61	5520

醤油中では不揮発性有機酸は結合態，揮発性有機酸は遊離態で存在するものが多く，例えば，コハク酸は85％以上が結合態である。コハク酸を除くTCAサイクル関連の有機酸やプロピオン酸，イソ吉草酸，n-吉草酸，n-カプロン酸などは醸造中に分解されたりエステル化されほとんど検出されない。有機酸類は，醤油のpHや酸度，緩衝能に寄与するばかりか微生物増殖抑制作用を有し，醤油の防黴性をも向上させる。また，呈味性の上でも鹹味，苦味を抑える作用があり，醤油の品質を左右する。

(4) 香気成分

濃口醤油の香気成分の分離・同定が行われ，すでに300種近くの化合物が明らかにされている。その構造などが明らかにされたものは，炭化水素37，アルコール類30，エステル類41，アルデヒド類15，アセタール類5，ケトン類17，酸類24，フェノール類16，フラン類16，ラクトン類4，フラノン類4，ピロン類5，ピラジン類25，ピリジン類7，その他の窒素化合物6，硫黄化合物11，チアゾール類3，テルペン類3，その他2の合計271化合物である。醤油の特徴香といわれる4-エチルグアヤコールなどのアルキルフェノール類は，麹菌の働きによって小麦のリグニンより生成したフェルラ酸などのフェノール成分から，硝酸塩同化能を持つ耐塩性 *Candida* 属酵母（*C. versatilis*）の作用により生成されるが，醤油の主要な発酵を行う *Zygosaccharomyces rouxii* はこの作用を示さない。

2-1-4 醤油の日本農林規格

日本農林規格（JAS）では，4方式の製造法と麹の原料配合割合で醤油を定義し，製品醤油としての規格基準を定めている。また醤油業界においても表示などにおける申し合わせを行い，正しい製品説明がなされるよう努めている。なお，日本で生産される醤油の約90％がJASを受検している。

(1) 本醸造方式

基本的に図1-93に示したとおりの過程で大豆と麦で麹をつくり醤油製造を行うもので，一般的な醤油製造方式である。

(2) 新式醸造方式

脱脂加工大豆や小麦グルテンなどの蛋白源を塩酸分解後，ソーダ灰で中和した直分解液か，あるいは蛋白質分解酵素で分解を行わせた酵素処理液を，生揚げ醤油または醤油諸味と混合して発酵を行わせ，本醸造方式と同様に圧搾・火

入れの過程を経て製造する方式である。
（3） アミノ酸液混合方式，酵素処理液混合方式
図1-99に示すような過程を経てつくられたアミノ酸液，または酵素処理により得られた酵素処理液と本醸造または新式醸造方式で得た醤油とを混合してつくる方式である。

2-1-5 各種醤油

各種醤油の一般分析値の一例を表1-54に示す。
（1） 濃口醤油
本章で述べてきた最も一般的な醤油で，あらゆる料理に用いられる。
（2） 淡口醤油
色が淡い醤油で食塩濃度が濃口醤油に比して約2％高い。甘酒などが用いられ香りや旨味を抑えた，料理の素材の色とおいしさを生かす醤油である。煮物，吸い物に主に用いられる。
（3） 溜り醤油
主に中部地方で生産，消費される醤油であるが，最近は全国的な製品になりつつある。大豆を主原料とした醤油で，味が濃厚な，つけ醤油として重宝されるとともに煎餅などの米菓用，佃煮や珍味の味付け用として広く用いられている。
（4） 再仕込み醤油
生揚げ醤油で麹を仕込んでつくる，つまり2回仕込みを行うのでこの名がある。山口県柳井地方が本場であるが，九州や山陰地方でも生産されている。窒素成分などの濃い，味，色ともに濃厚な醤油で"甘露醤油"とも呼ばれる。粘稠性もあり，たれやつけ醤油として用いられる。
（5） 白醤油
ほとんど小麦でつくられ，醸造期間の中で糖分の溶出の最大の時点を熟成の完了とし，発酵を行わない。独特の麹の香りや甘酒香を持っており，エキス分，糖量が高く，反対に窒素分が低いので，色のつかない鍋物料理や汁物に適切な醤油である。また，練り物，漬物，菓子など加工用としても重宝されている。
（6） 減塩醤油
ナトリウム摂取の制限が必要な高血圧症や腎臓疾患，心臓疾患などの全身性浮腫疾患に適する病者用特別用途食品として認められた。製品100g中ナトリウ

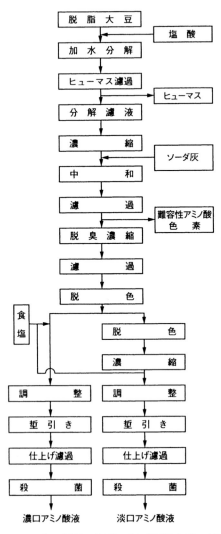

図1-99 アミノ酸液の製造工程（脱脂大豆の例）（森）

第1章 醸造の原理

表1-54 各種醤油の分析値一例（日本醤油研究所）

種類	等級	製造方式	特殊規格	保存料	食塩(%)	全窒素(%)	ホルモール窒素(%)	還元糖(%)	アルコール(%)	pH	無塩可溶性固形分	色度
濃口醤油	特級	本醸造		−	16.61	1.57	0.89	2.72	2.30	4.81	18.89	11
	上級	本醸造		−	16.88	1.42	0.79	2.78	2.54	4.79	17.52	11
	標準	新式		＋	16.91	1.32	0.76	3.07	1.16	4.77	16.29	11
	特級	本醸造	特選	−	16.88	1.66	0.90	3.61	1.97	4.77	20.22	11
	特級	本醸造	超特選	−	16.14	1.93	1.05	5.24	2.61	4.76	24.96	11
	特級	本醸造	濃厚	−	17.21	1.85	1.00	4.19	1.85	4.71	21.99	7
	特級	本醸造	うす塩	−	13.30	1.59	0.94	2.63	3.08	4.82	20.30	11
	特級	本醸造	減塩	−	8.60	1.56	0.87	2.81	5.35	4.68	22.40	11
淡口醤油	特級	本醸造		−	19.02	1.21	0.69	5.03	2.26	4.90	16.38	27
	上級	本醸造		−	19.16	1.10	0.64	5.13	2.66	4.84	15.34	33
	標準	新式		＋	19.06	1.01	0.62	4.26	1.58	4.82	13.14	43
	特級	本醸造	特選	−	18.24	1.49	0.85	4.68	2.61	4.76	18.76	27
	特級	本醸造	うす塩	−	14.70	1.21	0.70	6.03	4.00	4.93	18.60	27
溜り醤油	特級	本醸造		−	17.21	1.82	0.99	3.05	2.50	5.03	21.69	7
	上級	新式		＋	17.22	1.42	0.83	1.20	0.20	5.01	13.58	15
再仕込み醤油	特級	本醸造		＋	12.95	1.84	0.89	10.07	2.28	4.93	37.65	3
	特級	新式		＋	14.19	2.31	1.05	9.13	1.88	4.73	39.41	2>
	上級	新式		−	13.02	1.90	0.86	13.04	2.30	4.76	37.28	2>
白醤油	特級	本醸造		＋	17.84	0.56	0.29	17.54	0.15	4.81	20.96	49
	上級	本醸造		＋	17.92	0.48	0.25	12.57	0.30	4.75	16.58	49
	標準	新式		＋	18.34	0.48	0.29	8.03	0.09	4.88	11.86	53

ム量が3,500mg（食塩として9g）以下で，ナトリウム以外の一般栄養成分の含量が普通の醤油とほぼ同じ程度の醤油である。これらの条件を満たすものは厚生労働大臣の許可を受けて"特殊栄養食品"として"減塩"と表示できる。

（7） うす塩，あさ塩，あま塩醤油

近年の食品の低塩化傾向を受けてつくられたもので，通常の醤油の食塩分の80％以下相当の食塩分のものを，このような名で呼ぶ。なお，50％以下では"減塩"となるので食塩分50〜80％のものを指す。それゆえ，食塩分は濃口醤油9〜14％（通常17.5％），淡口醤油10〜15％（通常19.1％），溜り醤油9〜14％（通常17.9％），再仕込み醤油8〜13％（通常15.6％），白醤油9〜14％（通常17.9％）となる。

（8） 甘口醤油

九州地方で主に生産・消費されるものであるが，東北や北海道地方でもよく用いられ，気候風土の違いによる嗜好の差から生まれた。塩分がやや低く甘味の強い，醤油の香気があまり強くない醤油である。甘味料として砂糖も用いられるが，カンゾウ（甘草）エキスやステビアなどが一般に用いられている。

（9） 生醤油

醤油の製造工程で得られた生揚げ醤油をセライト濾過やミクロフィルターなどで濾過操作を行い，清澄性，保存性を増した火香を持たない醤油である。アミラーゼやプロテアーゼなど各種の酵素を含み，ミートテンダーライザー的な作用をも有しているため肉料理などに用いられる。チルド食品として取り扱われている。

（10） 粉末醤油

通常，醤油を凍結乾燥法やスプレードライ法などで粉末化したものである。粉末醤油を水や温水に戻したとき，味，色については原料醤油と同等であるが，香りがやや少ない。

（11） たれ・つゆ類，醤油加工品

各種のたれ・つゆ類，そして土佐醤油，松前醤油，"だし醤油"等醤油と名のつくものが各種あるが，JASではこれらを"醤油"として取り扱わず"つゆ・たれ"または"醤油加工品"としている。特に醤油原料の蛋白質の一部を動物性蛋白質で一部または全部を代替，または添加したものは"醤油"の範疇に入れない。

（12） 魚醤油など

第1章　醸造の原理

JASでは醤油に入らないが，醤油様調味料として"しょっつる"，"いしり"のほか，外国では，タイのナムプラ，フィリピンのパティス，ベトナムやカンボジアのニョクマム，中国の魚露，ヨーロッパで用いられるアンチョビソースなどが挙げられる。

2-1-6　保存安定性

醤油の保存安定性については，微生物に対する安定性と物理的，化学的変化に対する安定性の両面を考慮しなければならない。

(1) 防湧，防黴

古来，醤油の表面に浮かぶ白黴は良く知られている。これは通称"白黴"と呼んでいるが，いずれも耐塩性を持つ産膜性の酵母類である。これらは人の生活環境に常在する酵母で，醤油の主要な発酵を行う酵母と同種の，食塩が存在すると膜を形成する *Zygosaccharomyces rouxii* であり，そのほか *Pichia farinosa*, *Hansenula anomala*, *Debaryo-myces hansenii*, *Candida polymorpha* などの酵母である。これらが生育した醤油は，香りが悪くなるが人体に有害な生産物はつくっていないので，濾過あるいは加熱して用いればよい。

一方，減塩醤油やうす塩醤油の発泡現象がときおり見られることがある。これは耐塩性酵母ほどではないが14〜15%の食塩存在下でも生育が可能な耐塩性乳酸菌（*Lactobacillus* 属）によるもので，グルタミン酸などアミノ酸を分解し，炭酸ガスを発生するとともに乳酸をも生成し，呈味性を低下させる。

これらの生育防止のため，食品衛生法では保存料の添加使用が認められている。醸造用アルコールを微呈添加する場合もある。

(2) 色沢安定性

醤油は加熱および酸化褐変を受ける。開栓後の醤油の褐変化は著しく，この防止に小型瓶容器入りの醤油の使用，冷蔵庫保存の励行，さらにヘッドスペースを小さくして密栓保存するのが望ましい。

2-1-7　醤油原料としての脱脂加工大豆の製造

(1) 脱脂加工大豆の原料

「脱脂加工大豆」とは，原料大豆から油分を取り除き，主に醤油醸造用の原料として加熱成型加工したものを言う。使用される原料大豆は輸入品（主にアメリカ産）であり，国産品は供給量が少なく高価で，しかも低油分であるため，

製油業においては通常使用されない（表1-55参照）。
(2) 脱脂加工大豆の製造法
原料大豆から脱脂加工大豆の製造法を図1-100に示す。
i. 前処理工程（精選～圧扁）
　醤油醸造用の脱脂加工大豆の製造工程は，まず，原料大豆中に含まれる茎・サヤ・種子・鉄片・土砂等の夾雑物の除去を，振動篩，風ひ機，磁石等により行う（精選）。次に，油の精製を容易にさせるため，また皮と種実とを剥離させ脱皮されやすい状態とするため，原料大豆水分を10～11％に乾燥する。次にスジロールまたはゴムロールを用いた粗砕機（クラッシングロール）（図1-103）により原料大豆を1／2～1／8の粗粒とする（図1-101）。同時に剥離

表1-55　大豆の成分組成

	水分(%)	蛋白質(%)	脂質(%)	炭水化物(%)	灰分(%)
アメリカ産	11.7	33.0	21.7	28.8	4.8
国　産	12.5	35.3	19.0	28.2	5.0

＊出典：五訂　日本食品成分表（食品成分研究調査会編）

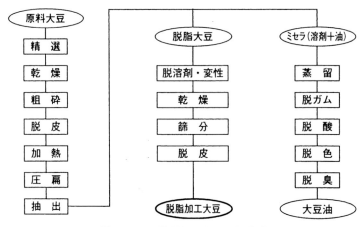

図1-100　脱脂加工大豆の製造法

した種皮を風力分級機により取除き，この時点で大豆中の約8％を占める種皮の約60〜80％が除去される。脱皮された粗粒大豆は加熱され水平型ロールを用いて圧扁される（図1-102）。圧扁前に加熱するのは，伸びのよい圧扁フレークとするためであり，この圧扁フレークの形成は油を抽出しやすくするための重要な管理ポイントである。フレークの厚みは0.3〜0.4mm程度であり，この値が油の抽出効率および脱脂加工大豆の品質に大きく影響を及ぼす。

　ii. 抽出工程

　原料大豆から大豆油の抽出は，現在では大部分がロートセルと呼ばれる連続抽出装置（図1-104）によって行われる。この装置は1日約1,000tの大豆を処理することができ，n-ヘキサンを用いて大豆油の抽出が行われる。多孔板の底板をもった隔壁で仕切られた槽内の中に圧扁フレークが入り，ゆっくりと回転しながら上部からヘキサンを注入し，油の抽出が行われる。

　iii. 脱溶剤・変性工程

　脱溶剤と変性工程はDT（Desoluventizer Toaster）と呼ばれる装置で行われる（図1-105）。油を抽出された大豆（脱脂大豆）は約30〜35％の溶剤を含んでおり，DTの上段部で直接蒸気を投入しヘキサンを揮散させ脱溶剤を行う。脱溶剤によりヘキサンが除去された脱脂大豆（図1-106）は，下段部で間接蒸気により100〜105℃に加熱し，脱脂大豆中に含まれる蛋白質を変性させ，水

図1-101　粗粒大豆

図1-102　圧扁フレーク

図1-103　粗砕機（スジロール）

溶性窒素指数（NSI：Nitrogen Soluble Index）が20〜30になるように調整する。これは，醤油製造時における脱脂加工大豆の蒸煮時にねばつきによるダマ生成を防止し，均一な蒸煮（蛋白質の変性）ができるようにするためである。

　iv. 脱脂大豆加工工程（乾燥冷却〜脱皮）

　DTで脱溶剤，変性された脱脂大豆（水分15〜20％）を乾燥し，水分を8〜

第1章 醸造の原理

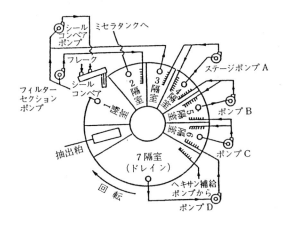

図1-104 抽出機

11％に調整している。乾燥後の脱脂大豆は粒度が不揃いであり，篩にかけて大粒，中粒，細粒の3区分に篩分し，醤油醸造時の製麹原料として最適な中粒区分について，原料前処理工程において除去できなかった種皮を風力分級機等により再度除去し，残皮量を1％以下となるよう調整し「脱脂加工大豆」製品（図1-107）となる。大粒区分は粉砕，篩分され，細粒区分とともに飼料用脱

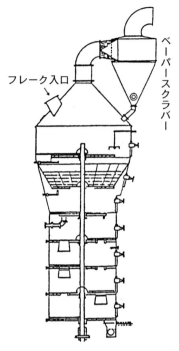

図1-105　Desoluventizer Toaster（DT）

図1-106　脱溶剤・変性後の脱脂大豆

篩分
⇒

図1-107　醸造用「脱脂加工大豆」

第1章 醸造の原理

表1-56 脱脂加工大豆の成分組成

水分(%)	TN(%)	脂質(%)	NSI	灰分(%)
7~12	7.8~8.1	0.5~1.5	20~30	6.0~6.5

脂大豆となる。

原料大豆から採油後の脱脂大豆の歩留りは約75％程度で，そのうち醸造用の脱脂加工大豆はおおよそ30～40％である。

（3）脱脂加工大豆の品質

醤油醸造用としての脱脂加工大豆の一般的な成分品質を表1-56に示す。脱脂加工大豆の蛋白質含量は48.5～50.0％である。水分，油分，全窒素分（TN），NSI，残皮量が製造上の品質管理項目となり，TNは醤油中に溶出するアミノ酸の構成元素であるため，特に重要な管理ファクターである。

（4）大豆油の精製

ヘキサンによって抽出されたミセラ（油＋ヘキサン）は，まず水蒸気によって真空蒸留され，完全に溶剤が取り除かれ粗原油となる。次にリン分を除去（脱ガム）し，遊離脂肪酸や微量金属をアルカリを用いて除去（脱酸）した後に白土を吸着材としてクロロフィルなどの色素を除き，最後に高温，高真空下で水蒸気蒸留し，臭い成分を取り除き大豆精製油となる。

2-1-8 味噌・醤油の異物混入防止 ── HACCP，ISOの観点から ──

異物は原材料受け入れから製品出荷にいたる工程由来のものと，従業員も含む製造環境由来のものとに大別できるが，ほとんどの場合，ソフト・ハード・ヒューマンに関わるさまざまな原因が複雑にからみあって，混入事故を起こしてしまうものである。したがって異物混入防止のためには，工程管理と環境管理の両方において潜在的な原因を予め明確にし，系統立てておく必要がある。さらに，原因を取り除く予防措置，事が起こってしまってからの応急措置，活動内容の改善手順を体系化し，「品質保証」の一環として継続する仕組みをつくることが大切である。

さて現在，食品業界では国内外を問わず，設計品質を損なわないための合理

的な工程管理手法として「HACCP」が採用されつつある。一方HACCPが有効に機能するための製造環境（従業員も含めて）のインフラ整備として，「食品GMP」を構築する必要性も認められている。この流れは今後ますます強くなり，HACCPと食品GMPを統合した仕組みが，品質保証のグローバルスタンダードになる勢いである。一方，取り決めごとを確実かつ継続して実施する目的で標準化された「品質マネジメントシステム」の国際規格として「ISO9000s」があり，ISO9000sでHACCPを運用する提案も，ヨーロッパを中心として検討中である。

そこで本章ではまず，品質保証，HACCP，食品GMP，ISO9000sというキーワードの意味と内容を整理しておきたい。そして次章以降で，これらが異物混入防止に貢献する仕組みであることを説明し，併せて，仕組み作りのポイントを明確にする。

（1）品質保証

ISO8402という「用語の定義集」の中に，品質保証（QA：Quality Assurance）が定義されている。定義が意味するところは，「設計品質どおりの製品が顧客にいつも供給できることを証明し，顧客の信頼を得る体系だった活動」である。なお証明する対象が顧客や第3者の場合を外部品質保証，自社の経営陣が対象の場合を内部品質保証と呼び分けている。証明の手段としては書類や電子ファイルが用いられ，証明すべき内容は以下の6項目である。（1）事業所内の方針・規則・基準・規格（一言で纏めるとルール）。（2）ルールを達成するために標準化された作業手順（SOP：Standard Operating Procedure）。（3）手順どおりに実施したことの，実施者による記録。（4）実施記録のクロスチェック記録。（5）実施徹底度の確認（Verification）と，妥当性の確認（Validation）の記録。（6）活動の見直し記録。

品質保証の成否を決めるポイントは「トップダウンに基づく全員参加のチームワーク」が無理なく，無駄なく，ムラなく調和していることと言える。そのためには，以下の5項目が大切である。（1）関係部署の全員がルールを知っていること。（2）ルールに無理がなく，各人がルールに納得し守れること。（3）ルールを守って不具合が生じた場合にはルールを変更し，新たなルールに従うこと。（4）ルールの徹底度やその妥当性を確認・評価し，改善に活用する仕組みがあること。（5）作業手順が現場で実施可能なこと。なお，事業所の環境（製造機械・製造環境・人事構成など）は時間経過とともに変化するものである

から，それに伴う引継ぎや，関連文書の改廃・保管・配布のルールも明確にする必要がある。

　文書運用やその内容の周知，文書を拠り所にした活動の基盤が確保されていなければ，「絵に描いた餅」になってしまうので，事業所内のコミュニケーションが図れるような工夫も大切である。

　品質保証という概念には，科学的根拠を設けてルールや手順を決定するとか，最適な管理を実現するとかに関する方法論は含まれていない。また，不具合を積極的に吟味し，活動の改善や改革に活用するための指針も示されていない。したがって，品質管理手法（QC：Quality Control）や（QI：Quality Improvement）といった手技手法も導入し，事業所にオリジナルな形に統合し，運用できる体制を作っておく必要がある。そのためには，QA・QC・QIを統括的に管理・運営（マネジメント）する方法論として品質管理（QM：Quality Management）のシステムを確立しなければならない。この意味で，品質管理システムを構築し運用するための国際規格であるISO9000sが有用であると言えよう。

（2）ISO9000s

　ISO9000sとは，国際標準化機構（International Organization for Standardization）という団体から出された「品質マネジメントシステム」の国際規格のことであり，産業界で世界的に広く採用されている。当規格の要求は，「トップが明確な方針を打ち出し，方針を実現するためのルール・作業手順を明文化し，言行一致で合格品（製造物・サービス・情報等）だけをお客さんに届けられるシステムを作り，第3者に証明しなさい。そしてシステムは監査などを通じて継続して改善しなさい。」ということである。ISO9000sではそのための「仕組みがあって稼動しているか否か」を問う。端的に言えば「仕組み論」であって，「どのような方法でやるべきか，どのような方法がベストか」という「方法論や技術論」には触れない。したがって，ISO9000sを導入したからといって，必ずしも異物混入防止の効果が上がる訳ではない。異物混入防止の観点からは，現状の対策をより確実に実施でき，顧客に証明できるという点で有用と言えよう。一方，HACCPや食品GMPは，異物混入・汚染を防止するための「方法論や技術論」を問題にする。このような理由から，HACCPや食品GMPを完備し，それらをISO9000sの中で運用しよう，という発想が生まれるのである。

（3）HACCP

　HACCP（Hazard Analysis Critical Control Point）は「危害分析・重要管理点」

と邦訳される場合が多く，米国において宇宙食の安全確保のために開発されて以来，世界的に採用されている，工程管理手法の1つである。より正確にはHACCP Self Inspection Systemと続き，「危害分析・重要管理点の自主監視システム」という意味である。本来の目的は，製造物責任に関わるような不良品が工程中で発生し消費者に渡ってしまう危険性を，検査ではなくプロセス管理によって限りなく小さくするということである。一言で言えば，食品安全（food safety）を高めることが目的の工程管理手法である。欧米では食品安全（food safety）で採用されているが，わが国ではさらに一歩進めて，食品GMPとのセットで，食品安全のみならず異物混入・汚染の防止にも応用しているケースが多い。つまりわが国では，食品健全（food wholesomeness）の確保を目的としてHACCPが採用されているのである。この事実は，日本における食品業界の技術レベルや，食の健全性に対する消費者の意識が世界的にもトップクラスであることを示しており，さらに，HACCP手法を拡張すべき方向性としても正しいと考えられる。

　HACCPの内容は，FAO／WHO合同食品規格委員会（コーデックス委員会）から1993年に出されたガイドラインの中で，国際的に共通な7つの原則として纏められている。要するに，「原材料・容器包装資材の受け入れから製品出荷までの一連の工程で，食品安全を損なう危害原因物質（Hazard：：生物的・化学的・物理的）を予めリストアップし，その発生頻度や重篤性も分析・評価（Analysis）した上で，予防措置の講じられる工程上の極めて重要な管理個所（CCP：Critical Control Point）を決定し，許容限界（CL：Critical Limit）やそれを逸脱させないための管理限界（OPL：Operational Limit）を設け，管理方法・逸脱時の改善措置（Corrective Action）・監視方法（Monitoring）を明文化し，その結果を記録・保管（Record Keeping）しなさい。」ということである。

　この手法を採用することによるメリットとしては，何が事故に繋がるのかを明確にできること，どこが工程上の必須管理個所なのかを明確にできること，当個所に対しては科学的根拠に基づいた管理方法を確立できること，監視結果を証拠として提出できること等が挙げられる。HACCPは品質保証の一形態であり，第3者への証明を志向しているので，安全性が確保できていることの社内外への証明手段や，万が一の事故が起こった場合の工程履歴追跡手段としても有用性が高いし，再発防止措置を講じる場合にも心強い仕組みである。ちなみにHACCPはもともと，「どこをどう間違えると，どのような結果になるのか？

だから，どこをどうすれば同じ轍を踏まずに済むのか？失敗例と成功例を同時比較 (Case Control Study) しながら分析しよう。」という，FMEA (Failure Mode of Effect Analysis) の手法から生まれたものである。

(4) **食品 GMP**

冒頭で食品 GMP のことを「製造環境のインフラ整備」であると位置づけたが，食品 GMP には「整備内容を体系化し，人為によるミスが起こりにくいような仕組みを持たせる」というコンセプトが盛り込まれており，単なるインフラ整備とは一線を画する。

GMP (Good Manufacturing Practice : 適正製造規範) という用語はもともと医薬品製造業界で生まれたものであり，「医薬品の製造管理及び品質管理規定」という意味を持つ。ところで，医薬品 GMP の基本的な考え方として，「3 原則」というものがあり，以下のような内容である。(1) 人はミスをする。だから人為ミスを最小限にするソフトを完備する必要がある。(2) 環境が悪いと品質も悪くなる。だから汚染・品質低下の防止として，ハードを完備する必要がある。(3) 問題が起こらないようにするには，ハード・ソフト両面から，高い品質保証ができるシステムを構築する必要がある。以上を GMP 3 原則と呼ぶ。このような考え方は食品にも応用できるということで，缶詰工場をモデルとして食品向けにアレンジした cGMP (current GMP) が米国で採用された。米国ではその後広く食品業界で活用されるようになり，欧米のみならず，わが国でも「HACCP の前提になる計画 (PP : Prerequisite Program)」という位置付けで，広く採用されるに到った。このように，食品 GMP にも品質保証というコンセプトが盛り込まれているのである。特に，教育・訓練や回収に関する計画の重要性が謳われているというポイントは見逃せない。

ちなみに厚生労働省の「総合衛生管理製造過程（食品 GMP + HACCP）」の承認制度では，PP を 10 項目に分類して承認基準の中で以下のように義務付けている。すなわち，(ア) 施設設備の衛生管理，(イ) 従事者の衛生教育，(ウ) 施設設備，機械器具の保守点検，(エ) 鼠族昆虫の防除，(オ) 使用水の衛生管理，(カ) 排水および廃棄物の衛生管理，(キ) 従事者の衛生管理，(ク) 食品等の衛生的取扱い，(ケ) 製品の回収方法，(コ) 製品などの試験検査に用いる機械器具の保守点検。そして各項目に対し，「作業内容・実施頻度・実施担当者並びに実施状況の確認及び記録の方法を定め（文書化して）ること」と指示している。

2-1-9 異物混入防止と食品 GMP・HACCP・ISO

食品 GMP は HACCP という工程管理がうまく稼動するための「環境のインフラ整備」、HACCP は原材料受け入れから製品出荷における工程の汚染予防（特に食品安全）が目的のプロセス管理、ISO9000s は食品 GMP と HACCP を製造活動の中に組み込んで、確実に運用するための品質マネジメントの仕組み、というように相互関係を纏めることができる（図 1-108 参照）。そしてこれらの前提として、品質保証という考え方が現場に定着するべきことを前章で述べた。本章では異物混入防止を狙いとしたこれら仕組み作りに必要不可欠な2つのポイントを解説する。

（1） 文書の体系化

品質保証のより所は文書である。そしてそれらは、現場の活動を反映した内容にすべきことは言うまでもない。ただしそれらが組織活動として稼動するためには、部署間の職務分掌と部署内の指示系統という2つが明確でないと、いくら立派な内容の文書を用意しても、現場で稼動しない。したがって、文書は事業所内の「縦構造と横構造」の2つを統合し、体系化しておかなくてはならない（図 1-109 参照）。

なお文書体系化に際しては、「現状は概ね正しい。ただし、実際はどんな文書が現場で活用され、責任や権限の所在は明確なのだろうか。それは最新版なのだろうか。」という、現状肯定に基づき現状把握をする姿勢が大切である。

（2） 現場を巻き込む工夫

異物混入防止のためには、然るべき推進チームを編成し（例えば異物混入防止委員会、安全衛生委員会）、チームメンバーが手分けして取り決めごとを現場に周知するとともに、定期的な現場の情報収集を行えるコミュニケーションの仕組みをつくっておくべきである。HACCP や ISO に取り組んでいる場合なら、HACCP 委員会や ISO 委員会などが、そのままこの役割を担えばよいと言える。

現場を巻き込むためには、例えば食品 GMP の 10 項目などを個々に取り上げ、現場に対して現状の不具合や改善提案などに関するアンケートを取るのも一案である。さらに HACCP の「危害分析」という切り口で、現場従業員にも原材料受入れから製品出荷までの一連の流れにおいて同様のアンケートを取れば、全員参加で危害分析を効率よく進められる。ところで「工場内危害マップ作り」は、現場を巻き込む仕掛けとして有効なので、概要を紹介する。上記のような

第1章 醸造の原理

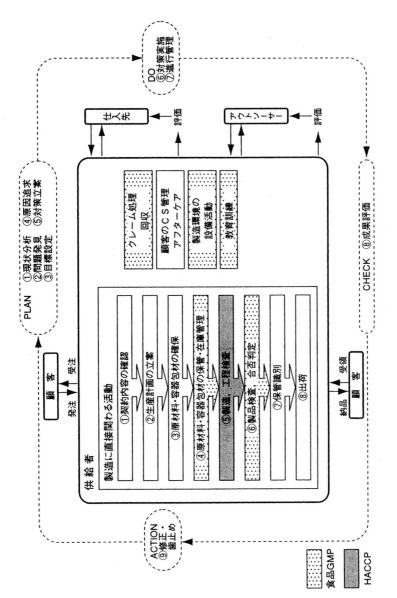

図1-108 製造業におけるISO・食品GMP・HACCPの関係

総則	規定書	手順書	指図書	記録書
品質方針	生産計画規定書	***手順書		
職務分掌		***手順書		***記録書
適用範囲		***手順書	***指図書	***記録書
文書運用規程	製造管理規定書	***手順書	***指図書	
検証規定		***手順書	***指図書	
監査規定			***指図書	***記録書
見直しの規定	製造衛生管理規定書	***手順書		***記録書
用語の定義		***手順書	***指図書	***記録書
			***指図書	***記録書
	品質管理規定書	***手順書	***指図書	***記録書
			***指図書	***記録書
	製造設備規定書	***手順書	***指図書	***記録書
		***手順書	***指図書	***記録書

(補足)
＊総則は事業所の管理・運営に関する最上位文書。規定書はルールを，手順書は一連の作業標準の流れを，指図書は個々の作業標準の詳細を示す文書。指図書は必要時のみ作成しておき，イラストや写真で表現するのも一策。
＊記録書は「製品・設備に重大な影響を与える作業」に関する記録をする文書。

図1-109　文書体系の全体像

アンケート結果を，然るべきミーティングで検討し，異物混入・汚染に関わる項目を，「生物的危害・化学的危害・物理的危害」などと分類して，その原因を明確にする。同時に予防・改善対策も「誰が・いつ」実施するのかまで明確にし，危害の起こる場所を図面に（整理記号などをつけて）落とし込み，その対策を表とセットにして，「工場内危害マップ」という名前で纏める。そして，各作業区画ごとにマップを掲示すれば，全員が異物混入防止に関する情報を共有できるし，誰が何をすべきかが明確となる。

さらにマップは，始業前ミーティング等の衛生教育材料としても活用できるし，後任者への引継ぎ情報にもなる。さらに現場での改善活動の成果に繋がれば，現場への動機付け資料にも活用できる。

2-1-10 味噌・醤油の異物混入防止

　味噌・醤油の製造はわが国の伝統的食品産業であり，製造管理に関しては「職人的」な要素が強い。また，密閉系の装置産業であること，特に醤油製造ではろ過工程があること，水分活性の低い製品であることなどから，一般的には，異物混入・微生物汚染等の危険が比較的低い製品が多い。したがって異物混入や汚染の防止（製造衛生管理）に関しては，他の食品産業に比べ，体系的な取組みが遅れているように感じられる。しかし品質保証の時代にあっては，第3者に対して「異物混入防止活動の仕組みを備えており，仕組みが有効であることを証明すべき段階」になったと考えられる。そこで本章では，食品GMPやHACCPを，当製造業態にどう組み込めば有用なのかについて，業態を踏まえて説明したい。

　味噌・醤油ともに上流の工程は酷似しているので，まず共通部分について考えてみたい。食品GMPの大きな柱として，サニテーション（異物や汚染物を製造ラインや環境から除去する作業：清掃・洗浄・消毒が主体）を標準化し，文書化すべきことが挙げられる。なお，これら文書はSSOP(Sanitation Standard Operating Procedure：サニテーションの標準作業手順書）と呼ばれ，適正なサニテーションを実現し，その結果を第3者に証明する上で重要な役割を果たす。工程では原料選別機・脱皮機・蒸煮缶等が対象になる。原料において残留農薬等やGMOの危険性の有無などについては，HACCPの危害分析という手法で吟味した証拠や評価結果を示せば，対外的に広く信頼を得ることができる。

　味噌に関しては，包装前の金属検知機によるチェック工程をより確実にする上で，HACCPのCCP整理表に基づく管理方法が大いに役立つ。ただし「粒味噌」では「漉し味噌」工程のような細かいストレーナーを通過する工程がないので，金属片等の異物混入にも厳重な注意が大切である。その際に「工場内危害マップ」作りが有効な対策になる。一方，ストレート物の麺つゆや減塩醤油等では微生物汚染防止も課題だが，変敗菌のリストアップと工程管理ポイントの整理・条件設定に，HACCPのCLやOPL（2-1-8（3）を参照のこと）の設定手順などが参考になるし，客観的な妥当性も第3者に示すことができる。そしてここでも，CCP整理表に基づく管理方法が効果を発揮すると言える。

　味噌・醤油も樹脂容器に充填される商品が増えている。樹脂は静電気を帯びるので，ペットボトル・カップ・キャップのスタッカーや搬送ラインでの制電

対策も，異物混入や汚染を防止する上での見直しポイントである。特に，濾過工程を持つ製品では見落とされやすい部分なので注意を要する。

　以上のように，味噌・醤油など汚染の危険性が低い製品に対しても，「なぜ安全なのか」に対する第3者への証明（＝品質保証）をし，教育訓練や工程履歴を追跡できる体制を整え，活動を無理なく・無駄なく・ムラなく継続する上で，食品GMPやHACCPの手法は今後ますます有用性を認められるのではないかと考えられる。当商品が今や世界的に消費される現代において，このような取り組み体制を整えることは，企業の差別化を図るだけでなく，業界全体のレベルアップを促進する上でも重要であると言えよう。

● **おわりに**

　味噌は過去3,000年の歴史の中で，一度として「食中毒」の事例が報告されていないという。それほど安全性の高い食品ではあるが，現在わが国では食品GMPやHACCPの体系や手法を採用する事業所が増えつつある。その理由はいくつか挙げられるが，従来からの製造管理ノウハウを整理整頓し，第3者も納得できる製造衛生管理を証明し，実質の効果を発揮するから，という点に集約できるのではないだろうか。

　さらに，食品GMPやHACCPの体系をISO9000sの仕組みの中で運用する試みもみられるが，活動を継続的に改善するという経営的な見地から当然の流れと言える。

第2章　醸造工業の機械設備

2-1　味噌

2-1-1　穀類（大豆）の選別

（1）　原料大豆
　現在，味噌の原料として使用される大豆はほとんど輸入大豆である。一方，国産大豆も使用されるが，生産量等の問題によりその使用量は低い。
　味噌の原料となる大豆の主産地は中国・アメリカ・カナダであり，白目大豆が使用され，さらに大豆の産地により混入する異物（不要物）の種類や量が異なる。この異物を除去する機器の選別原理はほぼ同一である。

（2）　大豆に混入する異物
　混入する異物として石・レンガ，トウモロコシ・朝顔の種，雑草の実，大豆の茎・鞘・種皮，割れ豆，土埃で，このほかにコイン，ベアリングボール等さまざまな異物がある。
　同一種の大豆であっても，皮が茶色の茶豆，黒色の黒豆，皮に紫色の斑点のある紫斑粒等は，味噌の色調が不安定となり除去を要し，また収穫期に水分を吸った皺豆（しわまめ），成熟していない未熟粒，収穫時にコンバインの刃で切り取られた胴割れ等は，その成分が著しく変化しており，不要物となる。

（3）　選別の目的
　原料大豆における選別の目的は，安全な食品の提供，食品品質の安定と向上，製造処理機（擂砕機等）の保護，製造環境の向上等である。特に近年では，食品に対する異物混入の完全除去が切望されている。

（4）　選別の工程
　選別工程を二分すると粗選別工程，仕上げ選別工程がある。
　異物を除去するために選別機で処理するが，異物を選別するには各種の選別機で種々の条件を設け，良品・不良品（異物）に選別する。
　選別の原理として，①大・小，②形状（丸・四角・三角など），③比重または

浮力(重い・軽い,または風で飛ぶ・飛ばない),④色彩(白・黒・赤など),⑤物質の質性(磁石への付着性等)がある。次に,選別の条件として,①篩う,②転がす,③煽るまたは吸う,④揺らす,⑤磁力を与える,⑥X線による透過がある。

(5) 選別プラント
現在の大豆の選別プラントを,以下のフローチャートに示す。

【大豆の選別プラントのフローチャート】
①グラビティセパレーター→②粗選機→③研磨機→④石抜機→
⑤真比重選別機→⑥ロール選別機→⑦色彩選別機
　　　　　　　　　　　　　　　　　　　→⑧脱皮機
→⑨金属検出器→⑩計量機→⑪洗穀機→次工程
《付帯設備》⑫集塵装置　⑬コンプレッサー

(6) 各種の選別機
①グラビティセパレーター
選別の原理は「比重または浮力」で,条件に「煽るまたは吸う」を用いた吸引型の風力選別機で,機器の概要を図2-1に示す。

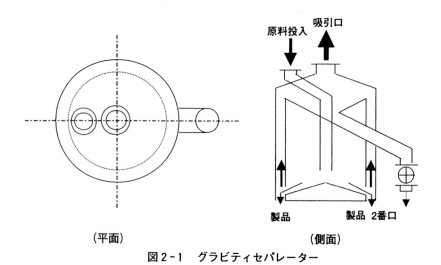

(平面)　　　　　　　　　(側面)
図2-1　グラビティセパレーター

第2章 醸造工業の機械設備

　グラビティセパレーターの本体内を，ブロアーで吸引する。原料は本体内を通り，大豆より軽く吸引されやすいものを選別する。ブロアーは一定風量を常時吸い上げるが，グラビティセパレーター本体の内部は複雑な構造であり，一定風量ながらその内部の各工程において風速が微妙に異なり，異物は2種類に分別され排出される。

　原料の投入口は1箇所で，片や出口は製品出口・吸引口・2番口となっている。吸引口から埃・大豆の種皮等が，また2番口から雑草の実・大豆の半割れ，大豆の茎・鞘等が排出される。

　本機は選別精度は簡易であるが，前工程の選別としての役割は大きい。本機の調整箇所は，原料の供給バランスとブロアーの風量である。

②粗選機

　選別の原理は「大・小」と「形状」で，条件に「篩う」を用いた篩い選別機である。

　篩い箱は出口側に低く傾斜しており，規則正しい振幅で前後に振動する。篩い箱の中には通常2組の網が設置され，網は鉄板をポンチで打ち抜いたパンチングメタルを用い，その穴を通過するか否かで選別する。

　出口は3箇所あり，上段が粗ゴミに当たる大豆の茎・鞘，トウモロコシ等が，中段からは製品（精製品）が，下段からは小ゴミに当たる砂・小石，大豆の胚芽・小割れ，朝顔の種等が排出される。

　網は大豆の品種に合わせ交換可能で，網の目詰まり対策も万全で，連続運転下でも精度は安定である。近年，網をさらに1組追加し，合計3組とし，4種類の選別仕様とする傾向にあり，同仕様の場合，製品と小ゴミの間から大豆の半割れが排出される。なお，半割れ大豆は酸化され，また割れた表面への付着物が多く，原料として不適当である。

　粗選機は簡易な選別機器であるが，前工程としての役割は大きい。

③研磨機

　選別機ではなく，大豆処理の機器であるが，厳密には埃等の不要物を選別する。

　大豆を特殊ベルト（サンラインベルト）で磨き，大豆の表面に付着する埃・泥を磨き落とす。

　連続運転式で，本体内部をブロアーにより常時，吸引しているため，剥がれた埃が吸引される。後工程の洗穀設備との併用で土壌菌などの除去を行い，洗

浄水の使用量を抑え，汚水処理設備の負担を軽減する。
　本機の調整箇所は，特殊ベルトの高さとブロアーの風量である。
　④石抜機
　　選別の原理は「比重」で，条件に「揺らす」「煽る」を用いた比重選別機である。機器の概要を図2-2に示す。

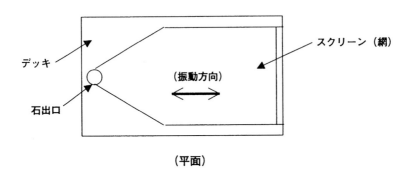

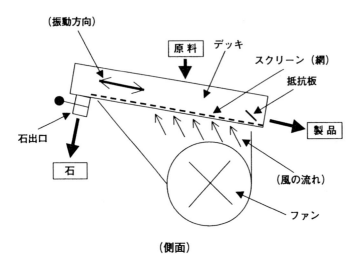

図2-2　石抜機

第2章　醸造工業の機械設備

　石抜機と称すが，石・ガラス・ボルト・ナット・ベアリングボール等，大豆より比重の重い異物の除去を目的とした選別機である。デッキが粗選機と同様振動し，製品出口側に低く傾斜する。スクリーンの下から，ファンにより風が吹き上がり，スクリーン上には一定量の大豆が保持され，その保持された大豆が選別層となり，比重の重い異物を分別する（図2-3）。
　石出口は常時閉鎖し，必要に応じ石出口シャッターを開き，石を排出する。
　原料を供給すると選別層の厚みが高まり，エアースライダーの原理で製品側へ滑り落ちる。
　大豆より比重の重い異物は選別層に落ちた瞬間，振動により一番深いスクリーン面に沈み，その後，重量異物はデッキの振動によりスクリーンの突起に引っかかりつつ，押されてデッキの高い側へ集合する。
　集合した重量異物は製品側へ滑り落ちることなく，その数が増加するため，定期的に排出される。
　本機の調整箇所は，ファンの風量とデッキ上の抵抗板の角度である。
⑤真比重選別機（逆選別機）
　選別の原理は「比重」で，条件に「揺らす」「煽る」を用いた比重選別機である。機器の概要を図2-4に示す。
　石抜機と同一の原理であるが，良品・不良品の出口が逆となる。この場合，重量物出口に製品が出る。

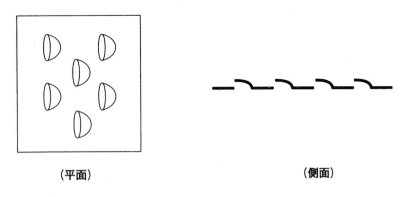

図2-3　網の形状

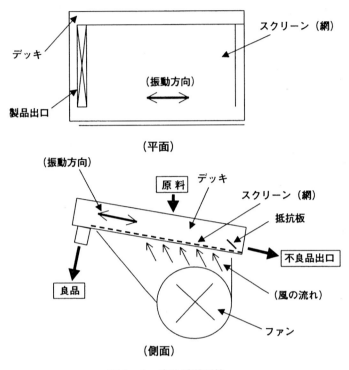

図2-4 真比重選別機

　製品に比べ比重が軽い，または浮力を受けやすい大豆の鞘・雑草の実等は不良品出口に集まり，その量が一定量を超えるとオーバーフローし，不良品出口より排出される。

　網の形状は，石抜機とほぼ同一である。同機の条件は原料を一定量に投入することで，調整箇所はファンの風量とデッキ上の抵抗板の角度となる。

⑥ロール選別機

　選別の原理は「形状」で，条件に「転がす」「傾斜」を用いた選別機である。機器の概要を図2-5に示す。

　原料供給口からみてベルトの進行方向に登り傾斜を，製品出口側に下り傾斜をとる。また，ベルト面に"ひねり"を加えているのが特徴である。

第2章 醸造工業の機械設備

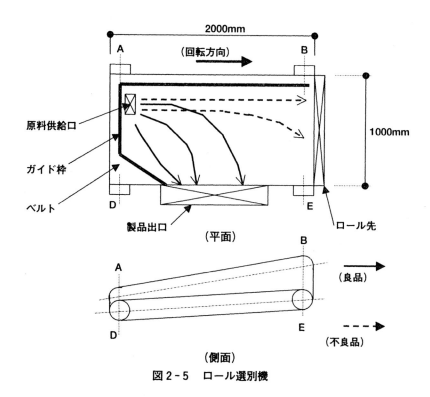

図2-5 ロール選別機

ベルトスピードが一定以上になると,大豆は転がり始める。転がりに抵抗のない整流は整然と転がり製品出口に落ちる。逆に,転がりに抵抗のある変形粒はベルトスピードの影響を受けないため,転がらず,ロール先の不良品出口に落ちる。

ロール先からは雑草の実,トウモロコシ,大豆の胴割れ・皺豆(しわまめ)・腐れ豆,大豆の茎・鞘等転がらないまたは転がり難いものが排出される。

本機の調整箇所は,機械全体の傾斜角度とベルトスピードである。

⑦色彩選別機

選別の原理は「色彩」であり,条件に「落とす」「吹く」を用いた選別機であって,電気的な要素が高い。

シュート,またはベルトコンベアーにより,観察室に対し一定場所へ一定ス

193

ピードで一定量の原料を供給する。センサーにより良・不良を判定し,センサーからの信号でイジェクター(噴射ノズル)の弁を開閉し,コンプレッサーエアーを吹きつけ,流れ方向を変化させ選別する。

異物として茶豆・黒豆・青豆(緑豆)・紫斑粒・腐れ豆,雑草の実等が弾かれる。センサーに近赤外線を組み込めば,石・軽石・レンガ等の鉱物も選別可能となる。

⑧脱皮機(ST型)

脱皮機は大豆の皮を剥く装置で,選別機とは異なる。本機の概要を図2-6に示す。

脱皮大豆による味噌醸造における利点は,①味噌の濃化の抑制(明度Y(%)低下を抑制),②味噌製品のしゃもじ離れの円滑化,③光沢の良好な味噌の製造,④エグミまたは苦味の抑制等である。

脱皮機を通過させる原料大豆として,①選別処理済みである[機械保護],②粒の大きさを揃える[均一な脱皮],③大豆の水分が13%以下[効率のよい脱皮]等の要件がある。

投入された原料大豆は,回転する石臼と特殊網の間を通過し,石臼により表皮が削られ,製品出口から排出され,片や剥がれた皮は出口の集塵口より吸引

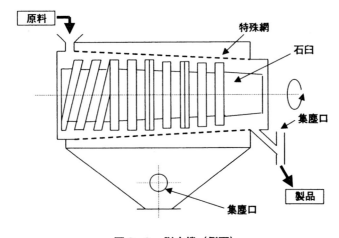

図2-6　脱皮機(側面)

される。

　⑨金属検出器

　選別の原理は「物質の質性」であり，条件に「落とす」を用いた選別機であって，電気的なセンサーである。

　通常は連続運転が可能な落下式を用いる場合が多く，落下する原料がサーチコイルと呼ぶセンサー部を通ることにより，良否の判定を行う。不良の場合はその下の自動ダンパーが切り替わり，流れ方向を変化させ選別する。異物として，鉄・ステンレス・銅等の非鉄金属を弾く。

　⑩計量機

　計量機は選別機ではない。しかしながら歩留まりの計算，仕込み量の調整等に必須の機器である。

　バッチ連続式が一般的に使用される。バッチ連続とは，浸漬槽へ大豆600kg（10俵）投入する場合，1回60kg計量できる計量機にて10回連続で計量する操作である。標準的には60kg（1俵）や30kg（1／2俵）または50kg用の計量機を用いる場合が多い。

　過去には竿式の時代もあったが，現在はロードセルと呼ばれる装置を用いた電機式計量機が主流である。

　⑪洗穀機

　土埃等を除去する機能を有し，選別機ではなく大豆処理装置であり，農産物を原料とする食品加工において，洗穀工程は欠かせない。

　本装置は，以下の構成からなる。

　　　湿式研磨機　　　　　：少量のシャワー水で効率よく，汚れを除去する。
　　　石抜き水洗機　　　　：水流で汚れを除去し，さらに水中における比重差を利用し，泥・軽石等を選別する。
　　　ブラッシング装置　　：揉み洗いを行う。
　　　水切り装置　　　　　：汚水を除去する。
　　　清水洗浄機　　　　　：清浄水で濯ぎを行う。

　⑫集塵装置

　集塵装置は選別機の付帯装置であり，現代の食品工場において，労働環境面で重要な役割を果たす。

　本装置は，以下の構成からなる。

　　　サイクロン　　　　　：遠心力と管内の風速の変化により，大豆の種皮とセ

メントダストを分離する。
　集塵機（バックフィルター）：集塵機は大型の掃除機で，埃のような微粒子
　　　　　　　　　　　　　　を回収する。
　ブロアー　　　　　　　　：風の発生源であり，一般的には吸引（マイナス圧）
　　　　　　　　　　　　　　で使用する。
⑬コンプレッサー（エアーコンプレッサー）
　選別機の付帯装置で圧縮エアーを作り，選別機ではない。なお，各機の保護のため，エアードライアーとの併用が望ましい。
　使用される箇所は，①自動制御の各エアーシリンダー，②色彩選別機のイジェクター（異物の流れ方向を変える噴射ノズル），③金属検出器のダンパー（異物の流れ方向を変える切替板），④集塵機のパルスジェット（内部フィルターの清掃）等である。

2-1-2　米・大麦の選別

（1）　選別
米・大麦の選別プラントを，以下のフローチャートに示す。
【米・大麦の選別プラントのフローチャート】
　グラビティセパレーター→粗選機→研米機→石抜機→比重選別機
　→色彩選別機→金属検出器→計量機→洗穀機→次工程
　《付帯設備》集塵装置　コンプレッサー

（2）　各種の選別機
　米・大麦の場合，搗精業者により選別処理され，納入される場合が多い。しかし，異物を含む可能性もあるため，再選別を行う。近年，同原料は海外からの輸入も増えており，選別工程が欠かせない。
　米・大麦の選別工程，選別機の原理等は大豆とほぼ同一であり，大豆と大きく異なる点は，糠を確実に除去することにある。

2-1-3　洗穀輸送

　選別工程を経た原料穀類は，洗穀室に搬送される。穀類の表面には微細な汚染物質が付着しているため[1]，汚染物質の飛散や洗穀液の滲出による浸漬蒸煮工程への汚染を防止する必要がある。また，選別工程を終了し洗穀される穀類

への外部からの汚染を排除することも必要である。このため，洗穀室は独立した部屋とし，汚染物質の拡散と侵入を防止することが好ましい。図2-7に，原料穀類の洗穀から浸漬までのフローを示す。

(1) 洗穀輸送

原料選別工程から洗穀室に搬送された穀類は，計量装置を経て洗穀装置（図2-8）に投入される。洗穀装置は穀類表面の微細な汚染物質を洗浄除去する機能のほかに，比重の軽い夾雑物をオーバーフローにより除去し，比重の重い夾雑物をミックスタンクの下部に沈降除去する機能も持っている。

洗浄された穀類は洗浄輸送ポンプにより浸漬工程に液体輸送されるが，輸送水は返水され洗穀装置により再利用される。

(2) 輸送水の分離

洗穀輸送により米麦は回転式分離装置（図2-9）に供給される。回転式分離装置により汚染物質を含む輸送水を分離排出しながら，米麦を清水で洗浄する。このため，米麦は輸送水から分離されると同時に洗浄され，浸漬タンクに投入される。

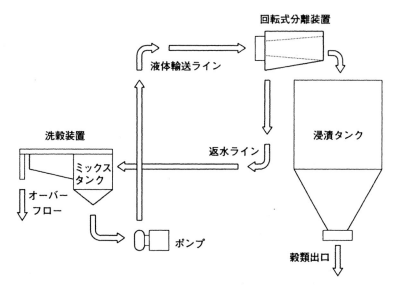

図2-7　原料穀類の洗穀から浸漬までのフロー

発酵と醸造

図2-8　洗穀装置

図2-9　回転分離装置

第2章　醸造工業の機械設備

　洗穀輸送により大豆はシュート型分離装置（図2-10）に供給される。大豆の分離は比較的容易なため，シュート形式の分離装置を使用している。シュート型分離装置は，洗穀水により輸送されてきた大豆を清水で洗浄しながら分離し，浸漬タンク内への汚染物質の混入を極力排除している。

2-1-4　浸漬・水切り

（1）　大豆・米の浸漬・水切り

　一般的な浸漬タンクの形状には，角タンクと丸タンクがある。従来は単位面積当たりの処理能力が大きい角タンクが多用されていたが，洗浄性に問題があるため丸タンク（図2-11）の使用が増加している。角タンクを使用する場合には，四隅を直角に構成することなく，角のないR形状にしている。浸漬タンクの洗浄は，最上部のリング状パイプから散水を行うことにより，洗浄を実施する機構が多い。

　浸漬終了後，浸漬水を排出する水切り後，原料を蒸煮工程に搬送する。大豆と米は浸漬による吸水により堆積が膨張するが，水切り後に穀粒同士が付着する現象は発生しにくい。

（2）　麦の浸漬・水切り

図2-10　シュート分離装置

発酵と醸造

図2-11　丸型浸漬タンク

　麦の浸漬においては，吸水後の麦粒が相互に固着しブリッジ状態となる。このため，大豆や米に使用する通常のタンクでは，排出が極めて困難になる。そこで，麦の浸漬タンクには，図2-12に示す回転式浸漬タンクを採用している。
　回転式浸漬タンクは，静止した状態で浸漬と水切りを行う。浸漬水が排水された状態で排水バルブを閉め，麦の固着が発生する前にタンクを回転させる。この回転により，麦が撹拌されながら，麦粒の表面に残存する水を吸水するため，麦粒同士の固着を防止することができる。しかし，回転式浸漬タンクは穀類が残存しやすく，洗浄に時間を要する欠点を持っている。このため，浸漬タンク内部に排出ガイドを設け，穀類が残存することなく洗浄が容易になるようにしている。

2-1-5　大豆の蒸熟・煮熟，冷却，擂砕

（1）　大豆の蒸熟・煮熟

　大豆の蒸熟には連続式の連続蒸煮装置とバッチ式の回転蒸煮缶を使用し，大豆の煮熟にはバッチ式の回転蒸煮缶を使用する。また，大豆の蒸熟方法には常

第2章　醸造工業の機械設備

図2-13　回転浸漬タンク

圧方法，加圧方法，高圧方法があり，大豆の煮熟方法には常圧方法，加圧方法がある[2]。

最近の連続蒸煮装置では常圧方法，加圧方法，高圧方法の蒸熟方法を選択でき，回転蒸煮缶では常圧方法，加圧方法の煮熟方法または煮熟方法を選択[3]できる。

　i．連続蒸煮装置

連続蒸煮装置の外観を図2-13に，装置内の大豆のフローを図2-14に示す。連続蒸煮装置は蒸熟専用の装置であり，煮熟を行うことができない。

連続蒸煮装置への大豆の供給を行うロータリーバルブは，圧力を保持している本体内部の圧力を低下させることなく，大豆を供給する装置である。ロータリーバルブの構造は，上下に供給口と排出口を備えた円筒形のケース内部に，水車状の回転羽根を収納している。大豆の排出を行うロータリーバルブも同様の機構で，大豆を排出する装置である。

供給ロータリーバルブから蒸煮缶に導入された大豆は，スクリュータイプの均し装置により堆積厚を均一にされた状態で，ネットコンベア上に堆積される。

201

図2-13 連続蒸煮装置

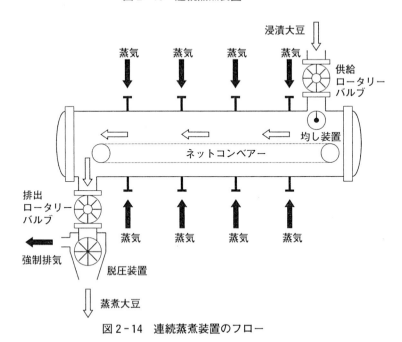

図2-14 連続蒸煮装置のフロー

加圧状態で短時間加熱を行う連続蒸煮装置においては,堆積厚を均一にすることが重要なポイントとなる。圧力は大豆堆積層の内部まで瞬時に到達するが,熱は主に伝導により伝わるため,大豆堆積層の内部に到達するまでに時間を要する。このため,堆積厚が不均一の場合には,加熱むらを起こす原因となる。

ネットコンベア上に堆積した大豆は,移動するネットコンベアにより排出ロータリーバルブまで搬送される間に,蒸気により熱変性を受ける。排出ロータリーバルブの下部には,脱圧装置がある。脱圧装置は,排出ロータリーバルブから冷却装置へ排出される大豆の排出圧力を,強制排気により低減する。

図示した装置では,$1.5 \mathrm{kg/cm^2}$から$1.8 \mathrm{kg/cm^2}$の圧力を使用し,5分間から8分間の条件が一般的である。

ii. 回転蒸煮缶

回転蒸煮缶の外観を,図2-15に示す。

ここに示す回転蒸煮缶の開閉はクラッチドア方式を採用し,大豆の供給排出

図2-15　回転蒸煮缶

を容易にするとともに,洗浄性を向上している。蒸煮缶に大豆を供給した後,缶蓋を閉鎖し蒸気を吹込む。設定された圧力まで上昇した後,任意の時間圧力を保持する。この保持時間は,大豆の品種や大豆の硬度などを考慮して,事前に設定する。保持時間が経過したのちに,圧力を利用して蒸煮缶内の廃液を排出する。この操作は,煮熟方法では排湯操作となり,煮熟方法では排ドレイン操作となる。残余の蒸気を排気した後,缶蓋を開き蒸煮缶を回転させて,大豆を排出する。

以上の一連の操作は自動化されており,メニュー方式のタッチパネルに圧力や時間を設定することにより自動運転となる。装置配管のフローと各バルブの操作手順(蒸熟操作)を図2-16に示す。回転蒸煮缶を使用した一般的な煮熟のプログラムパターン例を図2-17に,蒸熟のプログラムパターン例を図2-18に示す。

(2) 冷却

蒸熟・煮熟された大豆は連続冷却装置(図2-19)の供給口に投入される。通気性のあるネットコンベアの移動により,均一な堆積厚に調整された大豆は,撹拌装置による混合を受けながら適温まで冷却される。冷却に使用される作業空間内の空気は,ファンにより大豆の上方から下方へ移動する。この空気の移動により,大豆表面の水分が蒸発する際の蒸発熱と,大豆と空気の熱交換により,大豆の冷却が行われる。

図2-20に示すフィルターを通して使用する場合もある。このようなHEPAフィルターを通過した清浄な空気を使用することで,空気中の微細な埃および付着微生物等の汚染を防止することができる。冷却中の大豆と洗浄後の装置を監視できるように,連続冷却装置の側面には耐熱性の透明な樹脂板(図2-21)を使用[4]する。

(3) 擂砕

蒸煮大豆の擂砕は,チョッパーと呼ばれる擂砕装置(図2-22)により行われる。図2-23にチョッパーのフローを示す。本体に供給された大豆は1軸のスクリューにより移動し,漉し網を強制的に通過することにより擂砕される。漉し網の目の大きさにより,擂砕の程度を調節する。

図2-24に,チョッパーから排出される擂砕された蒸煮大豆の状態を示す。

第2章　醸造工業の機械設備

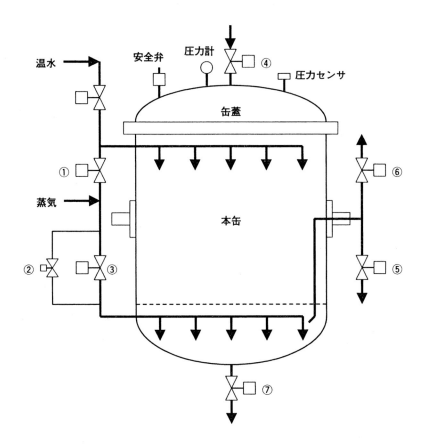

順番	操作名称	作動条件	①	②	③	④	⑤	⑥	⑦
1	蒸気吹込	スタートボタンON	○	×	×	×	×	×	○
2	温度上昇	圧力センサ	×	○	○	×	×	×	×
3	保持	タイマー	×	○	×	×	×	×	×
4	排湯（ドレイン）	タイマー	×	×	×	×	○	×	×
5	排気	タイマー	×	×	×	×	×	○	×
6	吸入	タイマー	×	×	×	○	×	×	×
7	終了	タイマー	×	×	×	×	×	×	○

※ ①から⑦はバルブ番号　○印 はバルブ開　×印 はバルブ閉

図2-16　回転蒸煮缶の各バルブ操作手順（蒸熟）

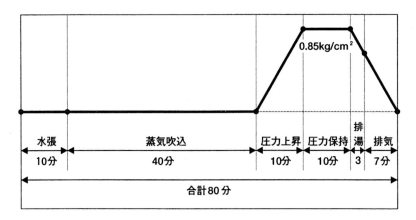

図2-17 煮熟のプログラムパターン例

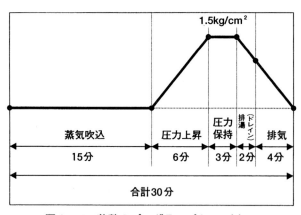

図2-18 蒸熟のプログラムパターン例

2-1-6 蒸し・冷却(米・麦)

　味噌醸造における米,麦の蒸しには製造規模に応じて甑(こしき),横型回転式NK缶,連続蒸米機が用いられる。甑,NK缶はバッチ(回分式)処理であり,処理量が多くなると連続蒸米機により連続的に処理される。

第2章　醸造工業の機械設備

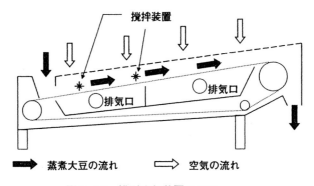

図2-19　横型冷却装置のフロー

図2-20　フィルタ装置の冷却装置

米蒸しの場合，タイ米（インディカ）が多く使用されるが，内地米（ジャポニカ）に比べ通常の浸漬では吸水率が低い傾向を示す。また蒸し米の水分は，内地米は 36 ～ 38％が適正であるが，タイ米の場合は 40 ～ 42％が適正である。したがって，内地米と同一条件で浸漬，蒸し処理したタイ米は製麹には適さず，

図 2 - 21　冷却装置の透明側板

図 2 - 22　擂砕装置（チョッパ）

第2章　醸造工業の機械設備

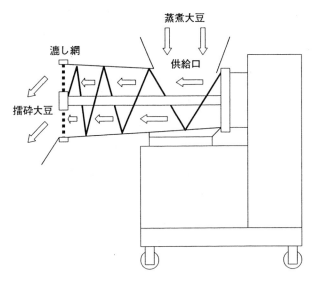

図2-23　チョッパのフロー

図2-24　チョッパからの排出状態

タイ米は二度蒸し処理されるのが一般的である。米は一度軽く蒸すと組織が軟化するため、不足の水分を散水すると短時間で吸水する。その後、二度目の蒸しを行い、完全に蒸し上げる。二度蒸しにより、タイ米の味噌用としての利用が可能となった。

麦は吸水が早いため、30～120分浸漬する（水温によって異なる）。通常2時間程度（最低1時間）水切り後、蒸し処理を行う。なお、水切り後の水分は35～38%を目標とする。

（1） 横型回転式NK缶による蒸し

横型回転式NK缶の構造を図2-25に示す。缶内下部にサナ板（パンチングプレート）を取り付けたものを使用する。NK缶には竪型回転式のタイプもあるが米、麦の蒸しには横型回転式が一般的に用いられる。横型回転式は、回転しつつ均一な蒸しを可能とした設計がなされている。竪型回転式は回転による原料の均一撹拌は構造上難しいため、回転させずに蒸煮する丸大豆のような原料の処理に適する。堆積した米、麦を回転させず（定置）に蒸気を通すと全体に蒸気が流れず、通り抜けやすい箇所だけに蒸気が流れ、蒸せない部分が生じることがある。そこでNK缶で米、麦を蒸す場合は、缶体を回転させつつ、原

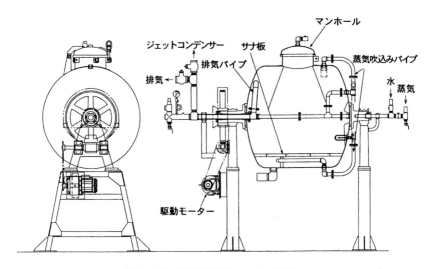

図2-25　横型回転式NK缶の構造

料を撹拌しながら蒸せる横型回転式を用いる。
  i. タイ米の蒸し
  タイ米の蒸し上がりの適正水分は，40〜42%と高いため二度蒸しを行う。操作手順の一例を以下に示す。
  ① 洗米後，NK缶内で2時間以上浸漬する。水切りを1時間以上行う。
  ② 原料に対し，エマルジー（離形剤）を0.07〜0.1%投入し，NK缶を5回転以上させる。
  ③ サナ板を下にし，蒸気を上部より吹き込む。サナ下のドレンバルブは全開にする。
  ④ ドレンバルブから蒸気が勢いよく出始めたら数分間保持した後，サナ下のドレンバルブを微開にし，缶内圧力を上昇させぬよう5〜10分間回転させつつ蒸す（一次蒸し）。
  ⑤ 蒸気の吹き込みを止め，ドレンバルブを閉じ，原料の10〜15%の水をNK缶中央部にある散水パイプより散水する（NK缶は回転）。散水後，NK缶を5〜10回転させる。散水は2〜3回に分けて実施するのが望ましい。
  ⑥ ③の要領で蒸気を吹き込み，ドレンバルブから蒸気が勢いよく出始めたら数分間保持した後，サナ下ドレンバルブを微開にし，缶内圧力が上昇せぬように20〜40分間，回転させつつ蒸す（二次蒸し，缶内温度は100〜102℃）。
  ⑦ ジェットコンデンサー（減圧冷却装置，図2-26）で冷却する。缶内圧力が500mmHg（真空度）以上に到達後，NK缶を回転させる。
  ⑧ 品温が40℃以下（冬場は45℃程度）となれば，ジェットコンデンサーを止める。
  ⑨ 種付けは缶内が減圧状態のとき種麹菌を吸込ませるか，マンホールを開き缶内に数回に分けて撒布する。その後，5〜10回転させる。
  ii. 内地米の蒸し
  内地米の蒸し操作手順の一例を以下に示す。
  ① 洗米後，NK缶内で浸漬する。新米であれば，夏場は2時間以上，冬場は6時間以上浸漬する。水切りは2時間以上行う。
  ② 原料に対しエマルジー（離形剤）を0.1〜0.2%投入し，NK缶を5回以上，転回させる。
  ③ サナ板を下にし，蒸気を上部より吹き込む。サナ下のドレンバルブは全開

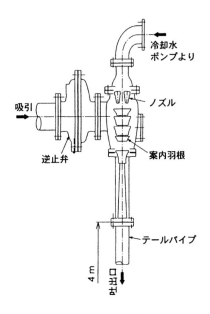

図2-26 ジェットコンデンサーの構造

にする。
④ ドレンバルブから蒸気を旺盛に噴出させ,数分間ほど保持後,サナ下のドレンバルブを微開にして缶内圧力が上昇しない状態で回転させつつ,30～45分間ほど蒸す(缶内温度は100～102℃)。
⑤ 冷却以降の操作は i. タイ米の蒸しの方法と同様に行う。

iii. 麦の蒸し

麦の蒸し操作手順の一例を以下に示す。
① 洗麦後,NK缶内で浸漬する。浸漬を30～120分(水温により異なる)行い,浸漬の開始時と中間時に1～2回転させる。水切りは1～2時間,行う。
② 麦が缶内で固まっているので,缶を少しずつ回転させほぐす。
③ 必要に応じ,原料に対しエマルジー(離形剤)を0.1%投入し,NK缶を5回転以上させる。

④蒸し，冷却，種付けの操作は ii. 内地米の蒸しの方法と同じである。蒸し時間は約30分である。

（2） 連続蒸米機による蒸し

処理量が多くなると連続蒸米機を用いる。連続蒸米機には竪型と横型がある。それぞれに特徴があり，用途，コストに応じ使い分ける。連続蒸米機には前工程で浸漬，水切りされた原料が投入される。蒸し後は連続冷却機により冷却する。

i. 竪型連続蒸米機

竪型連続蒸米機の構造を図2-27に示す。筒状装置の上部より投入された原料は上部から下部に向かって徐々に蒸され，下部では完全に蒸され排出される。竪型連続蒸米機は構造が簡易につきコスト面では優れており，また供給蒸気が有効に利用されるため蒸気使用量は横型に比べ少ない。

ii. 横型連続蒸米機

横型連続蒸米機の構造を図2-28に示す。横型は，ベルトコンベヤで横移送しつつ蒸す方式である。ベルトには多数の孔があいたステンレススチールベル

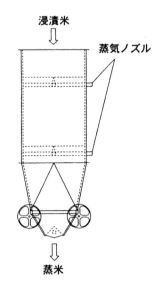

図2-27　竪型連続蒸米機の構造

トと,ステンレス線によるネットベルトがある。ステンレススチールベルトは洗浄しやすく衛生的である。

iii. 連続蒸米機による二度蒸し

連続蒸米機による二度蒸し処理は,2台の連続蒸米機の間にネットベルト式の散水装置を配したシステムが一般的に採用されている。一次蒸しには竪型が多く用いられ,蒸し時間は10～20分である。二次蒸しには竪型または横型が用いられ,蒸し時間は20～40分である。連続蒸米機による二度蒸し設備の一例を図2-29に示す。

(3) 米・麦の冷却

蒸し米,蒸し麦の冷却は,NK缶の場合はジェットコンデンサー(減圧冷却装置,図2-26)あるいは放冷機(コンベヤ式通風冷却装置,図2-30)が用いられる。連続蒸米機の場合は放冷機が用いられる。放冷機はベルトコンベヤで横移送しながら通風し冷却する。ベルトには多数の孔があいたステンレススチールベルトと,ステンレス線によるネットベルトがある。ステンレススチールベルトは洗浄しやすく衛生的である。

種付けは,ジェットコンデンサーで冷却する場合はNK缶内に撒布し,放冷機で冷却する場合は放冷機の出口に設けられた種切りスクリューコンベヤで行う。

2-1-7 製麴(米・麦・大豆)

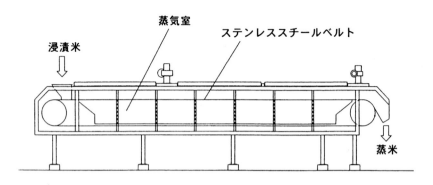

図2-28 横型連続蒸米機の構造

第2章 醸造工業の機械設備

　麹は，古くから麹蓋などで作られていた。この方法は薄盛，無通風が基本であり，手入れは文字どおり人手によるものである。機械化した効率のよい作業の試みは1910年頃よりみられ，機械製麹装置に関する実験や開発は1955年頃

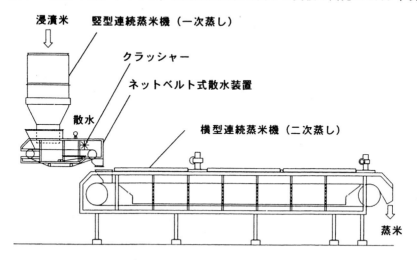

図2-29　連続蒸米機による2度蒸し設備の一例

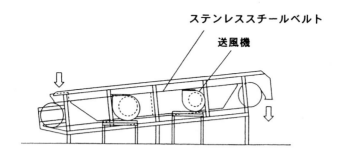

図2-30　放冷機（コンベヤ式通風冷却装置）

から盛んになった[5]。1958年には回転ドラム式（トムゼット）の味噌用製麴装置が信州味噌研究所によって開発された[6]。1965年頃から現在製麴装置の主流である回転円盤式製麴装置が採用され始めた。さらに1970年代後半にデジタル調節計，1980年代に入るとプログラマブルコントローラ（PLC）が採用され始め，デジタル制御技術の発展とともに製麴の制御技術も向上し，現在の自動製麴装置に至っている。

味噌用機械製麴の基本は，原料を数十cm堆積し，内部に通風する方式であり，通風式機械製麴法と呼ばれ，同方式の発展は，照井等が1950年代半ばより発表した高層堆積通気法の研究成果に負うところが大きい[7],[8]。内部通風による制御とは，通風の温度・湿度，通風量が適正な除熱をもたらし，麴の品温調節を可能とすることである。適正に処理された原料が引き込まれ，堆積層の上下も含めムラなく適正な品温経過をたどれば，製麴の目的である酵素生産等が適正に行われる。自動製麴装置は，適正な送風空気を調製する空調装置部と，引き込み，手入れ，出麴など麴の移動，攪拌を効率的に行う機械装置部が組み込まれた製麴装置本体部，そして制御装置部から構成されている。

（1）蓋麴法と通風式機械製麴法の相違

前培養は引き込みから麴が急激に発熱速度を増加する時期，すなわち第1手入れまでを指し，本培養は第1手入れから製麴終了までを指す。蓋麴法，通風式機械製麴法ともに前培養の管理は基本的に同一である。

本培養は，蓋麴法と通風式機械製麴法では除熱の方式が異なる。蓋麴法は薄く堆積した麴表面から水分を蒸発させ，その蒸発潜熱によって除熱する。どの程度除熱するか（品温調節）は，麴室内の乾湿差の程度，麴蓋の積重ね方，あるいは積重ねた麴蓋への掛布の掛け方など経験に基づき行う。麴菌の増殖により，品温を調節できなくなれば，手入れを行い水分の蒸発を促し，品温の低下・均一化を図る。

一方，通風式機械製麴法における本培養の管理方法は，数十cmに堆積した麴の発熱を温度・湿度が調節された空気を麴堆積中に吹き込むことによって除熱し，麴の温度を調節する方法である。下方より吹き込まれた空気は麴堆積層を上昇しながら徐々に麴の熱によって温度が上昇し，麴からの水分蒸発で空気中の水分量を増し，麴の熱が空気に移行する。したがって，吹き込み直前の空気の熱エネルギー（エンタルピー，以下同じ。エンタルピーは空気の温度と含有する水蒸気量によって決定される）と，麴堆積層を出た直後の空気の熱エネ

ルギーとの差異が麹からの除熱量となる。麹温度の制御は，麹堆積高さのほぼ中央に温度センサーを差込み，目標温度より上昇すれば送風し，下降すれば送風を停止する断続通風方式が一般的である。

通風式機械製麹法における手入れは，16～20時間目で第1手入れを行う。その後，1～2回手入れを行う。原料粒同士が接触している面は水分蒸発しにくいため，相互の菌糸が絡み合う。そのため水分蒸発等によって体積収縮が均一に起こらず，麹堆積層に部分的な亀裂を生じたり，疎密となったりする。その結果，均等な通風が不可能となるため，攪拌することにより麹をほぐし，通風の均一化を図る。また麹の堆積上層部と下層部は製麹中に温度差が生じ，麹菌の増殖も異なるので攪拌により均一化を図り，さらに麹堆積層の亀裂等による不均一な通風による部分的な温度上昇を防止し，品温の分散化を図る。

(2) 各種通風式製麹装置

通風式製麹装置は，引き込み，手入れ，出麹など麹の移動，攪拌の機能を備えた製麹装置本体，適正な送風空気を作り出す空調装置，そして制御装置から構成されている。これらについて，味噌用として比較的多く採用されている方式を解説する。

i. 通風式製麹装置本体

ア．回転ドラム式（蒸煮兼用型も存在）

回転ドラム式製麹装置の概略図を図2-31に示す。回転ドラム内に引き込まれた原料は，適温まで放冷，種付け，前培養，本培養，手入れ，出麹と1つの装置内で処理でき，また麹堆積層厚が比較的大きいため処理量に対して設置面積が少なく効率的な作業が可能である。現在でも中小の味噌メーカーでは使用されている。しかし構造上，処理量の大きい装置は製作が難しい。蒸煮兼用型回転ドラム式製麹装置は，上記機能のほかに浸漬，水切り，蒸煮も可能な多機能製麹機である。

回転ドラム内の培養床上に引き込まれた原料は，回転ドラムを静止した状態で培養床下方よりの送風で冷却する。種付けは，回転ドラム内の崩壊スパイクと回転ドラムの回転により行う。前培養中は回転ドラムを静止する。本培養中は回転ドラムを静止した状態で，温湿度調節した空気を培養床下方から断続通風し品温調節する。手入れは種付けと同様に，崩壊スパイクと回転ドラムの回転により行う。出麹は回転ドラムの軸方向の一方を持ち上げ，傾けた状態で回転させて行う。

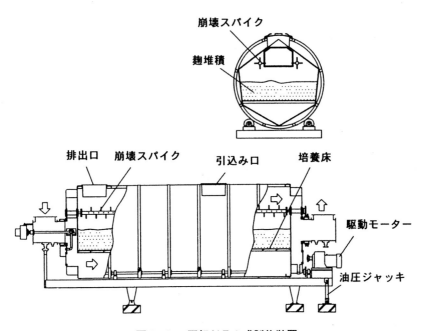

図2-31 回転ドラム式製麹装置

イ．静置平床式

静置平床式の中には簡易箱式，天幕式（図2-32），カステン式（図2-33）等がある。静置平床式製麹装置は，方形の培養床の下方から温湿度調節した空気を断続通風して品温調節する。

簡易箱式，天幕式は数十～数百 kg と比較的処理量が少ない場合に用いられる。製麹装置は麹室内に設置し，麹室内の空気を導入しながら断続通風を行う。空調装置はなく，送風機，空気導入量調整ダンパーおよび循環ダクトで構成される。天幕式は天幕の布面からも水蒸気が麹室内へ放出され，天幕が空調機能の一部を果たす。簡易箱式では特殊仕様として空調装置を備えた機種もあり，その場合は麹室に設置する必要はない。簡易箱式，天幕式ともに引き込み，手入れ，出麹は手作業となり，大きな処理量の装置は実用的でない。

カステン式は1×2 m程度のステンレス多孔板でできた培養床を平面的に

第2章 醸造工業の機械設備

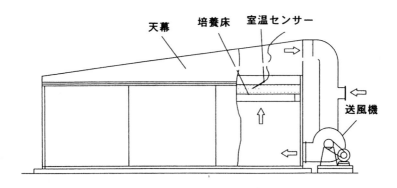

図 2-32 天幕式製麹装置（味噌の醸造技術, p.73 図より）

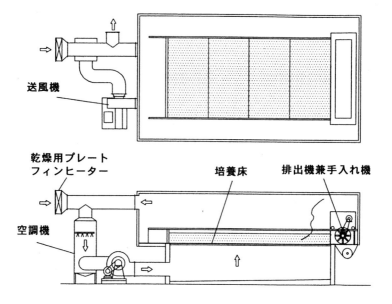

図 2-33 カステン式製麹装置

多数配置し,大きな方形培養床を構成し,培養床の下方から温湿度を調節した空気を断続通風し品温調節する。通常,自走式の排出機兼用手入れ機を備えており,培養床の長辺方向に自走する。引き込み,手入れ,出麹の各作業は機械化され簡易箱式,天幕式に比べ省力化されているが,完全には自動化できない。したがって,各工程で人の介在を要する。

　ウ．回転円盤式

　回転円盤式製麹装置は,引き込み,手入れ,出麹が自動化できない静置平床式の欠点を改善するために開発された。円形の多孔板の培養床が回転するため,装置内に投入される原料は培養床全面に均等に堆積させることができる。手入れも人の介在を要さず,夜間作業から開放される。回転円盤式製麹装置の概略図を図2-34に示す。

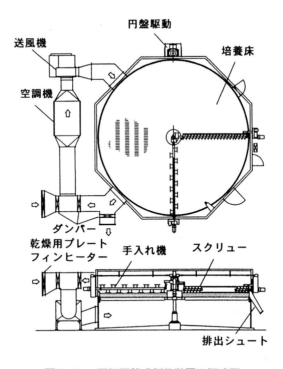

図2-34　回転円盤式製麹装置の概略図

第2章　醸造工業の機械設備

　回転円盤式製麴装置には前培養,本培養それぞれ専用の装置を用いる2床式(にしょうしき)と全製麴期間を1台で処理する1床式とがある。2床式は通常上下2段に設置する場合が多い。前培養と本培養を分けるため毎日出麴することができる。前培養の装置は手入れ機を設けない場合が多く,1床式の装置を2台設置して毎日出麴するシステムに比べて若干イニシャルコストを押さえることができる。2床式の場合,出麴したのち本培養装置を洗浄,乾燥後,前培養装置から本培養装置に麴を移す。その後,前培養装置を洗浄,乾燥し,引き込み作業となる。したがって,一日の作業スケジュールにおいて,出麴が遅れた場合など洗浄時間を十分に採れない場合もある。一方,1床式は前培養から本培養に移す作業がないため,洗浄,乾燥時間を十分にとれる。
　回転円盤式製麴装置の構造を以下に示す。
　①製麴室
　製麴室内面はステンレス材で構成され,床下の底面は洗浄水が溜まらないよう十分な勾配を確保する必要がある。
　天井,壁,底の保温は,断熱材と加温によって確保する。製麴室内面が結露水で濡れると不潔になり,出麴中の雑菌数増加の遠因となる。特に天井面の結露水は滴下すると麴への直接的な汚染原因となる。前培養の初期から中期にかけて,通風しないので麴が冷えないようにするためにも保温が必要である。特に床下が冷えると麴も冷えるので,床下は底面内部に緩やかな加熱源を設ける床暖房方式の加温が望ましい。
　②培養床
　回転円盤式製麴装置の培養床は,円形の多孔板である。培養床面の平面度と洗浄性には,注意を要し,平面度が高ければ麴堆積の床面最下層までの手入れが可能である。出麴に際しても,平面度が高ければ,残留する麴が少なく,洗浄の負荷も低い。
　③盛込み装置
　盛込み装置は原料の引込み,あるいは本培養専用装置の場合は盛(もり)に用いる。工場レイアウトや麴の種類などで種々の形態がとられる。培養床に投入された原料は半径方向に設けられたスクリューを用いて,回転する培養床上に均等高さに堆積される。通常,引き込みには空気輸送が用いられ,原料はサイクロンを経て培養床上に投入される。空気輸送のほかにはベルトコンベヤによる搬送,投入もある。特に味噌玉の場合は味噌玉を壊さないようにベルトコンベヤを用

いる。

　なお，前述のサイクロン分離機とは，ダストや固体粒子とガス体（空気など）との混合流から，ダストや固体を遠心分離する分離装置である。また，原料をホースで空気輸送する際，最終端で空気を分離することにより空気とともに原料を勢よく吹出させない役割を果たす。

④手入れ機

　回転円盤式製麹装置の手入れ機には横軸回転のベンダー方式と，竪型スクリューが半径方向に多数配置されたターナー方式がある。味噌用の手入れ機はベンダー方式が一般的である。ベンダー方式は回転軸が円形培養床の半径方向に伸びており，その回転軸に取付けられた攪拌羽根が培養床の回転とともに麹を少しずつ切込み，攪拌する。麹堆積の最下層部まで手入れを確実にするため，前述したように麹堆積時の培養床が高い平面度を維持する必要がある。

⑤出麹装置

　出麹装置は，盛込み装置のスクリューを兼用する。出麹は，麹堆積を高さ方向に数段に分けて排出操作する。出麹に際しても培養床の高い平面度が要求され，培養床に残る麹量を少なくすることが省力化と洗浄負荷の軽減につながる。

⑥洗浄装置

　近年，製麹装置にはサニタリー性と自動化が強く要求されてきた。従前の製麹装置で，一番手間のかかる作業は洗浄であった。この洗浄においてサニタリー性を確保しつつ，自動化を図ることが製麹装置を設計するうえでの重要な課題である。洗浄の自動化には，製麹装置の各部が洗浄しやすい構造であることが重要なポイントである。最近の製麹装置には洗浄しやすい構造が種々考案され，自動洗浄が可能となっている。

ⅱ．通風式製麹装置の空調方式

　通風式製麹装置は麹の発熱を適正に除去するため，温湿度調節した空気を麹堆積層に通風する。通風空気の作り方に種々の方式がある。外気を導入して空調を行うのが外気導入方式であり，麹堆積層から排出される空気を循環して空調を行うのが循環冷却方式である。処理量が小さい場合は製麹装置を空調された麹室内に設置し，麹室内の空気を導入しながら通風空気を作ることがある。これは室内空調方式である。

ア．外気導入方式

　外気導入方式は味噌用製麹で広く採用されている。外気導入方式は，麹堆積

層を通過した高い温度の空気を外気導入によって一部（あるいは全部）置換し，品温を調節する方式である。外気を多く導入すると通風空気の相対湿度は下がるため，適正な湿度に調節するために加湿が必要となる。加湿の方法により，エアー・ワッシャー型と超微粒子型（図2-35）がある。

①エアー・ワッシャー型

エアー・ワッシャー型は空調機下部水タンクの水温を調節し，通風時に空調機内で水をシャワー循環する。外気導入で相対湿度が低い空気も空調機の水シャワーを通過する間に相対湿度が上昇する。水温は麹室への吹き込み空気温度に応じ設定されるので，空気は加湿されると同時に水シャワーによる熱交換でほぼ適温に調節される。発熱速度の大きい培養時間帯では水温が上昇し，発熱を低下させるために多量の水を必要とする。そこで培養時間帯に応じ外気を導入し通風空気の冷却を行う。

エアー・ワッシャー型は多量の水を必要とし，適温の水を空調機内に溜めているため空調機内が雑菌汚染されやすい。そのため同方式の新規導入は減少している。

②超微粒子型

超微粒子型は特殊二流体ノズルの出現で，加湿効率の高い空調機が可能となり開発された。特殊二流体ノズルはコンプレッサー空気により霧吹きの原理で水を20〜50μの超微細なミスト（超微粒子）とし，空調機内に噴霧する。超

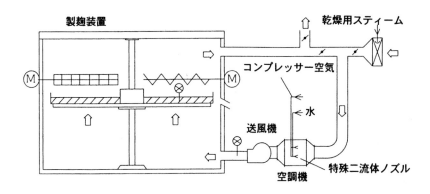

図2-35　超微粒子型空調装置フロー

微粒子であるため，非常に短時間で水が空気中に溶け込む。したがって，加湿効率が向上し空調機も小型化された。極少量の水しか使用しないため，空調機内の雑菌汚染はエアー・ワッシャー型に比べ大幅に軽減された。

超微粒子型の空調機では水温による通風空気の冷却ができないため，外気導入量を調整し冷却する。麹堆積層を通過した高い温度の空気と，外気との混合割合を調整し空気温度を調節する。外気を混合するので相対湿度は低下するため，空調機で加湿し適正な湿度に調節する。この時，蒸発潜熱で空気温度は低下する。外気の割合が多い場合は数℃低下する場合もある。前述のように，外気導入は前培養後期からであり，麹菌体はすでに増殖しているので外気導入による出麹雑菌数に対する実質的影響は少ない。外気を除塵すると，空気中の雑菌数が減少するため外気導入の吸気口に除塵フィルターを設けることが好ましい。

通風空気の冷却は外気の混合割合を調節して行うが，外気を100%導入しても通風空気が設定温度にまで下がらない場合は外気を冷却する必要がある。冷却の必要がある場合は，外気導入口にウォーターコイル（ラジエター式冷却器）を設ける。チラー水（冷却水）あるいは地下水を流して冷却する。ただし，味噌用の場合，製麹中は品温経過が比較的高いので送風機の能力が高く，通常の温湿度の外気であれば，外気のみで通風空気の冷却は可能である。特に糖化型味噌麹は発熱速度の大きい時間帯の品温設定が40℃にも達するので外気の冷却は不要である。製麹終了後は外気を導入し，麹を短時間に冷却する。さらに，以降の製造工程上，製麹室内で十分低い温度まで冷却させる場合は，季節により外気の冷却が必要になるのでウォーターコイルの設置を要する。

なお，洗浄後の乾燥を考慮し，外気導入口にはプレートフィンヒーターを設け，外気を加温して乾燥用空気を作り，洗浄後の製麹室内乾燥の円滑化を図る。

前述のラジエター式冷却器とは，自動車エンジンの冷却装置等に使用される熱交換器の一種で，フィン付きチューブ中に冷水を流し，その周囲に空気を通過させて空気を冷却するものである。また，プレートフィンヒーターとは，蒸気等の熱源の流れるチューブにプレート板（フィン）を一定ピッチで垂直に取付け，チューブ外側の伝熱面積を増大させ，効率的に熱交換する空気加熱器である。

イ．循環冷却方式

循環冷却方式は麹堆積層を通過した高い温度の空気を循環経路中に設けた

ウォーターコイルで冷却する。冷却後，送風機を通過すると適温適湿の吹込み空気が調製され，加湿は不要である。

同方式は外気を導入しないため，外部からの雑菌の進入は少ないが，ウォーターコイルのフィン部は胞子，埃などが堆積しやすく，高温多湿の環境につき常時の清潔を怠れば雑菌汚染の原因となる。

循環式につき，製麹中に経路内のCO_2濃度が数％まで上昇する。この程度のCO_2濃度の上昇であれば麹の生育には影響しないが，酵素活性は若干低下する。必要な酵素活性が得られなければ，定期的に外気を導入するシーケンスを組む必要がある。

製麹中は空気を循環使用するので外気を導入する必要はないが，製麹終了後の麹の冷却や，洗浄後の麹室の乾燥には外気を使用するため外気導入機構が必要である。

ウ．室内空調方式

室内空調方式のフローの一例を図2-36に示す。空調機能を備えた麹室内に製麹装置を設置する方式である。同方式は製麹装置自体に空調装置を必要とせず複雑なダクト配管がない。製麹装置本体の構造，そして制御装置も比較的簡

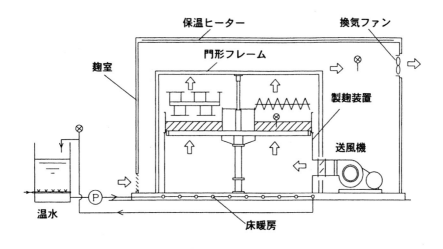

図2-36　室内空調方式のフロー

易である。麹室には換気装置，ヒーター，クーラーを設置するが，味噌用麹の場合は，比較的高い品温経過をとるため，クーラーは設けなくとも品温コントロールは可能である。

iii. 制御装置

制御装置は品温，送風温の調節や手入れ機の作動制御等を行うが，デジタル技術の長足の進歩で複雑な制御が可能となっている。他方，作業者は機器の複雑な操作の習得を要する。近年，作業者の負担軽減のため，マンマシンインターフェースが充実し始め，作業ミスの防止にも役立っている。製造現場の制御盤・操作盤にはタッチパネル（表示器）が採用され，運転条件の入力，運転状態・警報内容の確認等をタッチパネル画面で確認しつつ，対話形式で操作できる。さらには，現場制御盤の上位に工業用パソコンを設ける傾向にあり，制御情報の入力や運転状態の監視・記録等に留まらず，他工程のコンピュータ，あるいは生産管理のコンピュータとネットワークで接続し，製造出荷の管理を可能としている。

2-1-8 麹ストッカー

通常，製麹を終了した麹は出麹して，保管しながら仕込みに用いる。麹は，即日使い切ってしまうことが品質上望ましい。塩切麹にして保管する場合は，塩によって麹の発熱を防ぐことができ，ムレ臭発生の防止，食塩耐性の弱い有害菌を減少させる効果があるが，酵素活性も低下させる[9]。また均一に塩が混合されないと保管中に部分発熱が生じたり，仕込み塩分濃度が不均一になるので注意を要する。

塩切り麹は上記のとおり問題点も多いので麹ストッカーで保管する場合が多い。麹ストッカーは通風により麹を冷却しながら保管できるが，雑菌汚染と過度の乾燥に注意を要する。品温の高い麹を麹ストッカーに投入した場合，雰囲気温度が低ければ装置内壁に結露水を生じ雑菌汚染の原因となる。また長時間，麹に通風すると麹は乾燥する。麹水分が低下し過ぎると，仕込み時の種水を増やすことになり品質上問題を生ずる。

麹ストッカーは数種類の方式が実用化されている。タンク式は，タンク下部から吸引または送風し，麹の堆積層中に通風する。排出口にはベルトコンベヤ等の排出機構を設ける。この方式は低コストであり少量の麹保管に適する。円盤式は，回転円盤式製麹装置と同様な構造であり，多孔板の下方から吸引して

麹層中に通風する。麹の投入，排出は回転円盤式製麹装置と同様にスクリューを用いる。

味噌用麹ではベルトコンベヤ方式の麹ストッカーが一般的である。これは通風可能なベルトコンベヤの上部に方形のストッカーを設け，ベルト下方から吸引し，麹層中に通風する（図2-37）。円盤式に比べ設置面積が小さく，低コストである。また円盤式では不可能な，先入れ，先出しが可能である。この方式は，ベルトコンベヤにネットベルト，またはスチールベルトを用いるタイプがある。スチールベルトのタイプは前者に比べコスト高になるが，ベルト面の目詰まりがなく冷却効果と洗浄性に優れる。

麹ストッカー全体を重量センサー（ロードセル）で支え，麹重量を測定表示するタイプも実用化されている[10]。なお，ロードセルとは，加重に比例し，発生する歪を電気出力に変換して重量を計測する計量器である。この重量センサーは，タンク式，円盤式，ベルトコンベヤ式のすべてに採用可能である。重量センサー付のスチールベルト式麹ストッカーの写真を図2-38に示す。麹重量の測定により，出麹歩合を算出し，麹の品質評価が可能となる。さらに，種水量のほか，正確な仕込み配合の算出が可能となるのみならず，麹水分の概算値の算出等も可能となる。

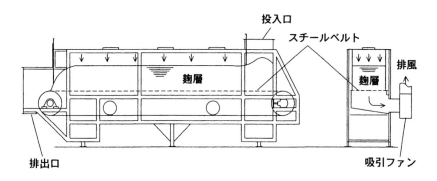

図2-37　ベルトコンベヤ方式の麹ストッカー

図2-38 スチールベルト式 麹ストッカー（重量センサー付）

2-1-9 麹室

　木材は，人間の心に安らぎを与えると同様に，麹黴・乳酸菌・酵母の増殖にも健やかな環境を与える。

　人は，木造建築を好む傾向にあり，和風旅館の木造屋敷で心の安定を図る。人間と同様に，麹黴は麹室内・麹蓋で，乳酸菌・酵母は木桶内で，あたかも揺り篭が赤子を育むかの如く，快適な生育環境を提供されている。

　樹木は倒木された後も，木としての生命を保持し，麹室・麹蓋・木桶として麹黴・乳酸菌・酵母と直に接する。木材で構成される麹室・麹蓋・木桶は，醸造工程において重要な役割を演ずる。

　味噌・醤油造りは，醸造機械，特に自動製麹機の導入により省力化・大量生産化が可能となった。しかし，大手の醸造㊂においても，新入社員の研修，試験製麹の場として，あるいは手造りによる特殊な原料の製麹の場として，資料展示・見学の場として，木製の麹室を建造し，小規模量の製麹を行っている。

（1）　木材の性質[11]

i. 辺材と心材

　木質部は，辺材と心材から成る（図2-39）。辺材は木口の外側，心材は木口の中心部に存在し，杉や檜等は赤味を帯び，鮮明に区別される。返材は白太，

第2章　醸造工業の機械設備

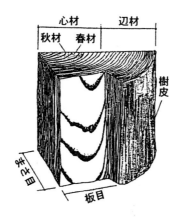

図2-39　樹幹の断面状態

心材は赤味とも呼ぶ。
　ⅱ．辺材（白太）の特徴
　辺材は，養分を貯蔵し各部に供給する材で，柔らかく，色が白く，美しい生活細胞から形成されている。収縮・変形しやすく，心材に比較し軽く，強度が低い。また，吸湿性が大で，腐り易い欠点を有する。
　ⅲ．心材（赤味）の特徴
　心材は，若木の時代は辺材として機能するが，樹木の成長に伴い細胞が硬化した部分である。固化部には，リグニン質，ゴム質，樹脂質等の有色物質が多く，心材は赤味・黄色味を帯びる傾向にある。辺材に比較し強度が高く，収縮による歪みが少なく，害虫の侵入を受け難く，腐れも少ないが，乾燥すると割れ易い。古木の心材は，丁寧にカンナ仕上げを行うと光沢を生じ，大変美しく化粧材に好適である。
　ⅳ．強度と乾燥
　木材の強度には，乾燥度が影響する。木材の乾燥度は，木材の含水率で判断する。
　木材の含水率とは，水分量，完全乾燥状態（絶乾状態・全乾状態）の重量等を基に算出される。

木材の含水率と強度の関係は,以下の如くである(図2-40)。①含水率0%の時,強度が最大である(全乾燥状態)。②含水率30%に達すると,最大強度時の1/4程度に低下する。③含水率30%以上では,強度変化がほとんどなく,一定の強度となる。④構造材の含水率は,木構造計算基準で平均含水率を20%以下とすることが望ましく,造作材の含水率は,工事標準仕様書木工事編(JASS11)にてA種18%以下,B種20%以下,C種24%以下と規定されている。

v. 木材の吸湿による変形

木材の倒木直後の含水率は心材よりも辺材が高い。また,生木の重量に対し,気乾状態の重量は約1/2に軽減する。

木材は,乾燥により以下の如く変化する。①強度,弾性の増大 ②腐朽,変質の低減 ③収縮による反曲の軽減(図2-41) ④乾燥による亀裂と歪みの防止 ⑤重量の軽減 ⑥塗料・薬剤等の注入浸透の増大

(2) 製麹設備[12]

i. 条件

麹室は,寒冷期も室温を30℃前後に保温するため,断熱構造を施し,暖房設

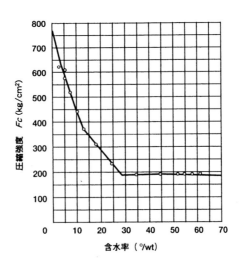

図2-40 木材の含水率と圧縮強度

第2章　醸造工業の機械設備

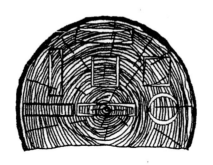

図2-41　乾燥による木材の変形状態

備を備え，製麹中に発生する二酸化炭素，および湿気を排出する換気設備を設置する。また，蒸米の引き込み及び出麹の作業性が良好で，適度な広さを有し，乾湿差の調整が容易であることが望まれる。

ii. 熱源

従来の麹室の熱源として温床線が一般的であった。麹室では，温床線を空中配線すると，高温域での発火の危険性が懸念される。最近では，プレートヒーターの開発により，高温域での安定的な使用が可能となり，多くの麹室に導入されている。

iii. 材料

麹造りと杉には，密接な関係がある。一般的に，麹室で使用する箱・蓋・床は，杉を材料とする。杉板の有する柔らかく軽い性質，そして呼吸作用が，麹室内の高温多湿な環境の改善，すなわち乾湿差の調節，および結露防止を行う。

醸造業界では，昔ながらの手造りによる製麹が伝承されると同様に，建築業界においても，伝統技を受け継いだ大工職人が，杉の性質を熟知した上で麹室を建造する。

iv. 断熱材

床，天井，壁を断熱構造とする。昭和30年頃まで，籾殻・藁の踏込みにより保温していたが断熱効果が低く，その以降は下表の断熱材，特にグラスウールが広く使用される。

断熱材	製法
グラスウール	ガラスを羊毛の如く縮れさせ，フェルト状とする
発泡スチロール	ポリスチレンを発泡処理し，膨化させる
ポリウレタンフォーム	ポリウレタン調製時に水やフレオンを使用する

v. 入口

従来の製麹室の入口には，前室（外気への直接接触を避けるため，麹室の入口に設けた小部屋）がある。しかし，新設および改修した製麹室には，構造上の問題がある場合を除き前室を設置しない。その理由は，プレートヒーターによる熱源性能の向上，グラスウールによる断熱性能の向上，引戸および出入口扉の保温性能の向上，蝶番の特殊金具（ジャミソン式）による気密性の向上等がある。

vi. 換気

製麹室内では大量の水分が蒸米から蒸発し，換気しなければ室内に結露を生ずる。換気設備として，天井にシャッター付給気口・排気口（天窓－図2-42（上））を設けるほか，室内外の温度差，さらには給気筒・排気筒の高低差を利用した自然換気，あるいは排気口のみに換気扇を用いた第3種機械換気を設けるが，一般的には自然換気方式（図2-42（上））が採用されている。また，麹室の各隅を湾曲構造とし，効率的な換気を可能としている（図2-42（下））。

（3） 用具[12),13)]

i. 麹蓋

麹蓋は杉製の木箱で，手造り製麹に用いる。材は，柾目の杉板を用い，底には3mm厚の柾はぎ板を3本の桟で打ち付ける。

麹蓋1枚に対し，白米1.5kg，または2.5kg相当の蒸米を盛る。例えば，麹米100kgに対し，麹蓋は予備を含め，1.5kg盛り麹蓋200枚程度を使用する。図2-43に，1.5kg盛り麹蓋（小蓋）を示す。

ii. 麹箱

麹箱の底には杉材，および竹製スノコ，ステンレス金網を張り，通気性を持たせる。

スノコの間隔の調節に依り冷却効率の調整を図る，あるいはスノコの下に引出板を設け，麹を早期に盛る場合の保温効率の向上を図る等，麹箱に種々の工

第2章　醸造工業の機械設備

シャッター付給気口・排気口

空気は天窓の短い筒
から入り長い筒から出る

麹室の対流構造

図2-43　自然換気・強制換気

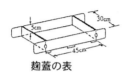

麹蓋の表

底板は
杉まさのはぎ板1～2枚
（厚さ3mm）を使用

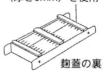

麹蓋の裏

図2-43　麹蓋

盛量（白米換算 kg）	(cm)	縦	横	長さ
45kg		85	163	13
30		75	150	13
20		70	120	11
15		60	100	10
7.5		60	90	9

2-1-10 小規模量の製麹（村興しの麹造り）

　地域特産の農作物を原料とし，地域の仲間で，地域性を生かした村興しとしての味噌造り，あるいは町内会の親睦を目的とした味噌造りが，注目されている。味噌造りには麹が欠かせず，製麹には技術が要求される。

①小型製麹機

　小規模の製麹に適した機種を紹介する。以下の製麹機は，麹室を必要とせず，種付け後から出麹まで，途中での切返し，数回の手入れは手動にて行うが，自動的に温度管理され，装置内での一貫しての製麹管理が可能である。したがって，従来の加工施設に本体装置のみを投資すれば，一般食品部門を脱却し，醸造部門への商品進出が可能となる。従来の加工室内で，夢の醸造食品造りが適う。

　自動製麹装置の一例として，30kgタイプ（図2-44），100～400kgタイプ（図2-45），あるいは最高級の手造り麹を可能とした床棚分離型タイプ（図2-46）がある。

②加工機器

　製麹装置のみならず，製麹の前工程である洗穀・蒸煮・放冷，さらには仕込み工程の擂砕・混合等に必要とされる装置等も，製麹機同様に小型機が商品化されており，これらの装置には他の食品部門への兼用も可能な場合もある。したがって，最低限の投資で商品造りのアイテム数を無限に広げることが可能である。

③機種選定

第2章　醸造工業の機械設備

図2-44　小型自動製麹装置

図2-45　中型自動製麹装置

図2-46　床棚分離型製麹装置

　家電製品と異なり，醸造機器には，特殊な使用方法があり，単なる装置として購入するのではなく，目的とした醸造食品造りを可能とするまでの技術指導を含め，購入業者を選定する必要があり，見積価格の差異には注意を要する。
　④安全対策
　加工施設内では，各種の装置が稼動しており，十分な安全対策が必要である。

発酵と醸造

身体は生身であるが,機械は金属であることを忘れてはならない。
　加工施設内への出入りは,定められた人のみとし,子供を連れての入室には,十分な配慮が必要である。
　各家庭においても,沸騰湯浴による火傷,擂砕機(チョッパー)による外傷(子供の手は細い)等,十分な注意を払い,生活の科学としての味噌造りを家族全員で体験し,心身ともに健全な家庭教育がなされることを醸造メーカーとして切に願う。

2-1-11　三点計量混合

(1)　三点計量[14]

　蒸煮大豆,麹,塩の各仕込み原料は三点計量混合装置(図2-47)[15]に搬送され,計量および混合される。同時に,種水も定量的に供給される。計量混合工程では,微生物汚染,異物混入等[16]が問題となる。特に,計量誤差や混合不均一による食塩濃度の異常と食塩分布の不均一の発生は,異常発酵や変色の原因となる。図2-48に三点計量混合装置のフローを示す。

図2-47　3点計量装置

第2章　醸造工業の機械設備

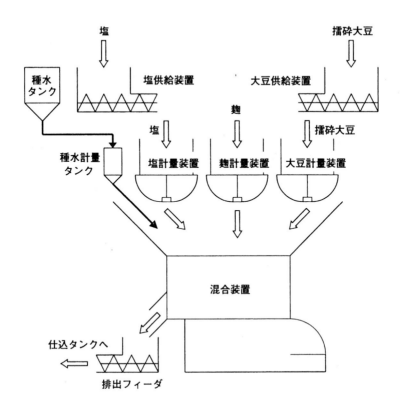

図2-48　三点計量装置のフロー

i. 蒸煮大豆と麹の計量

チョッパーにより擂砕された蒸煮大豆は，大豆供給装置から三点計量混合装置の大豆計量装置に定量投入される。麹は麹計量装置に投入されるが，蒸煮大豆の計量値に対して，設定された比率で計量される。大豆計量装置と麹計量装置は，大豆と麹の重量を測定した後，下部の開閉式排出口から大豆と麹を直接混合装置へ排出する。

付着性の強い擂砕された蒸煮大豆は，計量後から混合されるまでの間に，ベルトコンベアなどの搬送装置がある場合，装置への付着が発生しやすく，計量

237

後の監視不能の誤差となる可能性がある。このため，大豆計量装置から混合装置の間には搬送装置を介入させることなく，計量後の蒸煮大豆が自然落下により混合装置に投入される方式となっている。また，蒸煮大豆および麹が接触する面はテフロン加工とし，仕込み原料の付着を防止している。

ⅱ．塩の計量

塩は塩崩壊機をへて塩供給装置に供給される。塩供給装置には大型供給スクリューと小型供給スクリューが設けられている。大型供給スクリューは，設定上の蒸煮大豆使用量に対して，設定された比率の塩を塩計量装置に供給する。小型供給スクリューは，蒸煮大豆の計量値に対して，設定された比率の塩を塩計量装置に供給する。このように，大型供給スクリューによる塩供給速度を重視した供給方法と，小型供給スクリューによる正確な塩濃度となるような補正供給方法を組み合わせることにより，計量の速度と精度を維持している。塩計量装置内は，蒸煮大豆および麹計量装置と同様にテフロン加工とし，塩の付着を防止している。

ⅲ．種水の計量

添加物等を溶解した種水は，種水タンクから種水計量タンクに供給される。種水計量タンク内で計量された種水は，混合装置に供給される。種水が移動する配管経路は，サニタリフランジを使用し容易に分解洗浄が可能となっている。サニタリフランジ（図2-49[17]）は，工具を使用することなく分解組立てができ，液溜りが発生しない構造となっている。サニタリフランジの構成は，配管に溶接またはねじ込みで接続するヘルール継ぎ手の間にパッキンを挟み込み，クランプバンドで固定する。

（2）混合

各計量装置で計量された仕込み原料は，各計量装置から直接，混合装置（図2-50）内に供給される。十分に混合された仕込み原料は，排出フィーダ（図2-51）をへて仕込み工程に搬送される。フィーダは，スクリュー等の機構で原料を押し出すことができる装置である。混合装置内部もテフロン加工とし，仕込み原料の付着を防止している。

2-1-12 培養装置

（1）菌体添加の意義

味噌・醤油の醸造工程において，酵母，乳酸菌を添加し，微生物の生成物を

図2-49 サニタリフランジ

図2-50 混合装置

図2-51 排出フィーダ

味噌・醤油に付与することは広く行われている。以下に微生物添加の効果を記す。

 i. 味噌・醤油への酵母添加
アルコール等を生成し，芳香を高める。
 ii. 味噌への乳酸菌添加
フレーバーを改善し，さらに大豆臭を消失し，塩馴れ，色の冴えを高める。
 iii. 醤油への乳酸菌添加
諸味中でフレーバー形成に関与する。

(2) 培養装置

ここに解説する培養装置では，塩分濃度10%に調製した培地を，沸騰状態で0.5～1.0時間，保持し殺菌する。したがって，機器メーカーは低コストでの培養装置の製造が可能で，醸造メーカーも購入時の負担が軽減され，また安全な培養管理を容易に実施できる。以下に酵母培養の手順を示す。

 i. 培地調製
生揚醤油13l，食塩 8 kg，グルコース 6.5kg，酵母エキス 0.13kg に加水し100lとし，撹拌を行い溶解させる。
 ii. 煮沸殺菌・冷却

第2章 醸造工業の機械設備

培地調製 → 煮沸殺菌 → 急冷 → 接種 → 培養

※ 各過程で（通気）撹拌，温度制御が必要となる。
　乳酸菌はpH制御も必要となる。

図2-52　酵母・乳酸菌培養

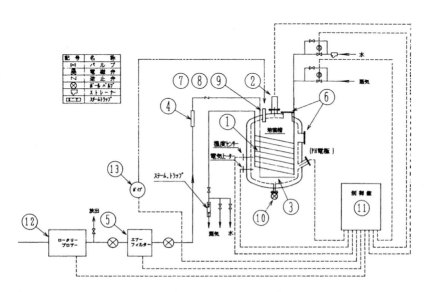

① 加熱冷却用ステンレスコイル　② 撹拌機　③ 通気管　④ エアーフローメーター
⑤ エアーフィルター　⑥ 側面及び上面覗き窓　⑦ 菌接種ノズル　⑧ 排気ノズル
⑨ 薬液注入ノズル　⑩ 液出及びサンプリングノズル　⑪ 温度・pH制御盤
⑫ ロータリーブロア　⑬ 薬液注入ポンプ

図2-53　酵母・乳酸菌培養装置

　培地を培養槽に移し，撹拌機を運転させつつ，加熱用蛇管に蒸気を通し，沸騰開始後は蒸気量を低下し，軽い沸騰を30分〜1時間，保持後，急冷する。
　iii. 接種
　急冷後，培地の酵母菌数　10^6 cell/l を目標とし，菌接種ノズルより培養酵母 10^7 cell/l を1〜2 l 接種する。

iv. 培養

設定温度に調節するため，加温，または冷却しつつ培養する（図2-52）。培養48時間後に，酵母菌数 4×10^8 cell/l に達する。培養終了時に，酵母の培養液は初発時の薄茶色から黄白濁色に変わり，アルコール臭を伴う（図2-53）。

2-1-13 桶

古来より味噌・醤油醸造に桶・樽は欠かせない容器である。語源は古代,筍(ケ)という器の総称語に，苧（オ）がついてオケとなった。構造は今の寄せ木作りの桶ではなく，曲げわっぱで作られ，前者を結桶（ユイオケ），後者を苧筍（オケ）と呼び区別する。

この結桶が日本の文献上に現れるのが約800年前，それ以前にも既に使用されていたと考えられる。基本技術は中国より伝来し，江戸時代にヨーロッパの技術が付加され現在に至った。

1950年以降，プラスチックやその他の石油製品の大量生産により桶・樽の大半は姿を消すが，その当時は大工就労人口に比べ，多くの就労人口を桶樽業界は擁していた。衰退の途を辿り始めた桶樽業界ではあるが，近年，桶・樽の有する『木質の作用』に関し研究され始め，他容器に比べ，桶材の木質には醸造食品分野における優れた作用の存在が徐々に解明されつつある。

以下，桶の材料・材質・構造等について解説する。

（1）　桶の定義

桶・樽は，両者ともに木製円筒形状で下部に底板と称する仕切り板を設け，液を貯留できる。桶と樽の違いは，蓋が取り外し可能なものを桶（図2-54），蓋（通称：鏡板）が取り外し不可能なものを樽と呼ぶ。

（2）　桶材の樹種[18]

国産材の中で，スギは淡白な樹種でアク・木香が少なく，各地方で大量に入手できる材である。江戸時代以前には物流が頻繁でなかったこともあり，各地方のスギが主に多く使用されていたと考えられる。何故なら桶材の多くは割小（ワリゴ）と呼ぶ，割る作業で作られていた。当時，大鋸（オガ）という鋸は存在したが，玉切り・大割りの工程で使用される程度で，多くの作業は割る方法で製材されていた。

奈良県黒滝村・川上村などでは桶・樽材専用の割裂しやすい部類のスギを密生植林することにより，年輪が緻密，色調が良好，各地のスギに比べ材料ロス

第2章 醸造工業の機械設備

図2-54 醤油熟成タンク（浜田市・マルハマ食品）

が抑制された効率的素材へと生育させていた。このことが、江戸時代後期より吉野杉が全国的に有名となり、地場産業振興の主要な産品に育て上げられた理由である。

（3） 桶材の木取り[19]

樹齢100年前後の材を図2-55のAに示すように、側板は厚さ40～45mm、底板は厚さ90～105mmで板目取りし、その部位により、白太（シラタ）、甲付（コウヅキ）、順礼（ジュンレイまたはセヌケ）、赤身（アカミ）の4種に仕分けし、各等級の価格を付す。甲付はスギ特有のハクセン帯を有し、酒造業界で珍重される。なお、ハクセン帯とは分子量の小さいアルコール等の発散を防ぐ木質層をさす。

以前は、製材された板材表面の表情により、無節（ムジ）、上小節（ジョウコ）、小節（コブシ）、節（フシ）の4等級に分かれ、さらに色調・年輪密度の差異等により16等級以上に分類されていた。

しかしながら現在では、製桶業者が製材所に特別発注し、自らが立会い指導のもと、製材している。同様のことが、竹タガの材料となる竹に、また修理材

243

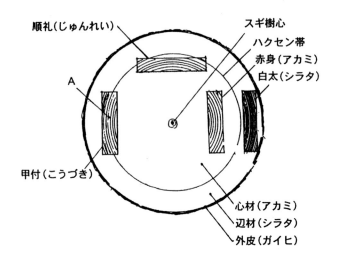

図 2-55 桶材の木取り

料のマキハダ・ガマの穂等にも言える。現代社会においては，桶資材の調達に時間と経費を要する。

(4) 桶の種類

呼称は各地で異なり，近畿では大きい方から大桶（オオケ）（口外直径 2.3m 丸×高さ 1.95m 高），五五細（ゴゴボソ）桶，20 石（ニジュッコク）桶，細桶（ホソオケ），京細（キョウボソ）桶，三尺桶，二つ酛卸（モトロシ）桶，酛卸（モトロシ）桶（800mm 丸×800mm 高），その他，数十種類の小さい桶・樽類がある。

全国的には底板直径の寸法を呼称する場合が多く，大きい方から九尺桶（口外直径 2800mm 丸×2450mm 高）・八尺桶・七尺桶・六尺桶・五尺・三尺桶等がある。また容量に基づき，100 石（ヒャッコク）桶，50 石（ゴジュッコク）桶等と呼ぶ地方も存在する。

(5) 桶の構造（図 2-56）

味噌・醤油・食酢など醸造用木桶としては，100％赤身の無節材が好まれる。

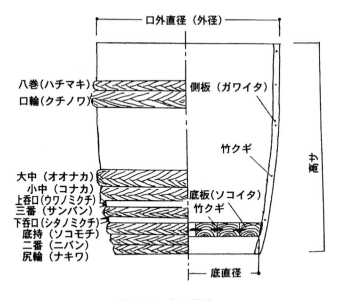

図2-56 桶の構造

30石大桶（6尺桶・容量5,500*l*）の場合，側板約40枚・底板約11枚前後・竹タガ約8筋で構成される。まず側板を円筒形状に組立て，竹タガで締め，底板をたたき込んで構成された極めてシンプルな構造であり，金釘等を一切使用しない。

桶のリサイクルは可能である。解体後，再び組み上げるに当たり，少し小さいサイズの桶に仕上げる『小組直し（コキナオシ）』が，あるいは悪い部分のみ取り替えを行い同一サイズの桶に仕上げる『組み直し』が可能である。

（6） 桶の寿命

桶は使用分野により耐用年数が異なり，味噌では30〜80年，醤油では50〜150年と気の遠くなるようなタイムであり，一人の桶師では付き合いきれず，孫弟子までバトンを引き継ぐことになる。醤油醸造元に現存する大桶の大半は，1950年以前に製作されている。

木材がアリ・虫・腐朽菌に侵されない環境下にあるか，あるいはメインテナンスの有無・設置環境の良否等が，桶の耐用年数を決定する。

木材は酸に強いがアルカリに弱く，100年も使い込めば木質のリグニン・副成分が諸味の成分と置換し，液接面から桶材内部の1cm幅は軟化し，木屑が剥離しやすくなる。しかし，軟化した材木の表面部分を削れば円滑な使用が再び可能となる。

2-1-14 木槽

日本古来の桶に対し，欧米型の桶に木槽が該当する。大正10年前後に，アメリカから木槽の技術が輸入され，その容量は非常に大きい特徴がある。

（1） 木槽の構造（図2-57）[20]

桶と木槽の構造における大きな相違点は，根太（ネダ・リン）という部材の有無である。木槽の側板に対し，根太の高さを基礎面から数cm浮き上る状態に設定するため，内容物重量も含む木槽全体重量を根太材が垂直荷重として受ける一方で，片や側板は木槽の高さに対する水圧のみを受けることで応力分散の構造となる（図2-58）。

底板は根太間で座屈しない厚さがあれば事足り，薄くても根太数を増やせば耐久構造となる。側板も同様で各タガのピッチ間を狭めれば側板を薄くすることが可能である。事実，側板・底板ともに70mmの厚さでありながら，直径5.3m丸×高さ5.3m高の形状，約100kl容量の木槽が現存する。

木槽に比べ日本の桶の場合，過去最も大きい桶は約20kl（120石）であり，主に味噌業界で使用され，側板は約60mm，底板は約130mmの厚さである。桶の側板は基礎面と接しており底板が浮いている状態である。内容量を底板全面で受け，それを側板木口断面に伝える構造である。したがって，底板の座屈と湾曲を防ぐため，内容量の増加に伴い部厚い材料を必要とするが，手仕事での加工につき，人間の持ち上げ可能な部材重量の限界が桶の最大容量となる。

（2） 木槽の容量[20]

木槽は応力分散しており，地震に強い免震構造体である。国内では，直径に限り10.5m丸，高さに限り10m高，容量に限り450lの木槽が現存する。欧米では容量3,000lの木槽も存在する。

近年では建築設備としてビル屋上の上水受水槽，あるいは温泉槽にも使用され，耐震荷重2Gの条件にも安定である。また，耐熱性・断熱性・遮光性・耐酸性等の長所を活かし化学分野でも使用されている。

図2-57　発酵熟成タンク

2-1-15　発酵分野における木質の特性[20]

　醤油・味噌・食酢・清酒を木桶で発酵熟成させると『何故か，円やかな，美味しい醸造物になる』という事実は，結果論として，古くから周知されている。
　木質の構成は，セルロースという細い繊維状の細胞壁が約5割，ヘミセルロースとリグニンが約4割，そして少量の副成分からなる。鉄筋コンクリートに例えるならば，鉄筋の役割がセルロース，鉄筋を所定位置に結束する番線の役割がヘミセルロース，出来上がった配筋を固めるコンクリートの役割がリグニン，型枠離型材・防水材の役割が副成分に該当する。これらの構成は，眼には見え

発酵と醸造

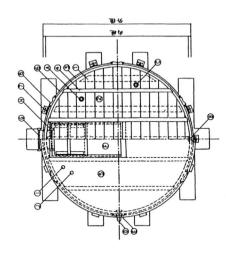

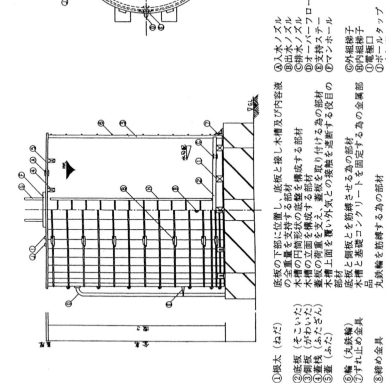

①根太（ねだ）　底板の下部に位置し、底板を支し木槽及び内容液の全重量を支持する部材
②底板（そこいた）　木槽の円筒形状の底盤を構成する部材
③側板（がわいた）　木槽の立面を構成する部材
④蓋板（ふたいた）　蓋板の荷重を支え、蓋板を取り付ける為の部材
⑤蓋棧（ふたざん）　木槽上面を覆い外気との接触を遮断する為の役目の部材
⑥輪（丸鉄輪）　底板と側板とを筋縛させる為の部材
⑦すれ止め金具　木槽と基礎コンクリートを固定する為の金属部品
⑧締め金具　丸鉄輪を筋縛する為の部材

Ⓐ入水ノズル　木槽と入水管とを連結させる金具
Ⓑ出水ノズル　木槽と給水管とを連結させる金具
Ⓒ排水ノズル　木槽と排水管とを連結させる金具
Ⓓオーバーフロー　水が一定水量をオーバーした場合の溢れ水口
Ⓔ支持スチー　パイプのぐらつきを防止
Ⓕマンホール　蓋板の上面に設けられる点検口で内部の清掃等に使用
Ⓖ外組梯子　点検作業員出入りの為に使用する
Ⓗ内組梯子　点検作業員出入りの為に使用する
Ⓘ電板口
Ⓙボールタップ　屋外設置の場合には必要
　水勾配

図 2-58　木槽構造図

ないミクロの世界である。電子顕微鏡で観察すると，木質表面にはセルロース繊維の断面『ミクロフィブリル』の孔が，蜂の巣，あるいは藤壺の如く無数に存在し，個々の孔が微生物にとって居心地のよい居住空間となる。微生物と木質の引き合う電気的な相性により，ミクロフィブリルの孔の中に入り込んだ乳酸菌・酵母が増殖し，発酵ならびに熟成が進行する。

木材には吸発水作用がある。木質内部には，二種の水，自由水と結合水が存在する。自由水は主にセルロース繊維外部に液状で存在し，乾燥・膨潤時に主として移動し，結合水はセルロース繊維細胞内部に蒸気状（水酸基）で存在し，時間経過と電気的変位により移動する。この作用により，外部からの清浄化された空気，水が内容液と接触し，酵母，あるいは塩分・酢酸等の分子の周りに，水分子が付着し質量が増大する。このことが，円やかさ・美味しさに繋がる。同様なことが自然界の湧き水等にも言える。

測定機器の精度が高まり，物質の分子レベルでの解明が進む昨今である。『多孔質表面を持つ木桶で熟成させると，円やかな，美味しい醸造物になる』，このメカニズム解明の日も近い。

2-1-16 桶師の世界

古来より存在する木材質の桶・樽には，他の容器類が有さない作用があり，特に，発酵・熟成の醸造微生物のミクロ世界にその力量が発揮されている。

木材質の桶の使用はリサイクルが可能であり，ゼロエミッションであり，さらに環境ホルモンの懸念もない。さらに，森林資源の活用が地方自治体の活性化を呼び起こし，地域経済の発展にも繋がる。

しかしながら，大桶製作は，非常な長寿命により需要が減退し，技術伝承が途絶えようとしている。大桶製作は，木工分野の宮大工，あるいは指し物師にも不可能である。何故なら，桶完成後は，人間の眼ではわからない小さなキズや欠点すらをも，内容物である液体が如実に結果発表するからである。

桶製作の基本的な考え方は，『SIMPLE IS BEST』の思想である。構造がシンプルであればあるほど原因究明が早く，わかりやすく，対処しやすい訳である。しかしながら，構成される数十本の桶材には，それぞれ異なる木の表情があり，さらに10年・20年後の内部応力の経時変化をも見越しつつ，各部の材を1つの桶に纏めねばならない。短期に習得可能な技術ではない。

コキ直した桶は，再び五十年・百年と気の遠くなるような年月，味噌・醤油・

食酢を醸し続けるエコロジカルな容器と言える。現時点でコキ直した桶を，次に直すのは次世代の桶師であり，したがって生業としての桶師は途絶えかねない現状である。しかしながら，日本各地に息づく幾多の桶に対し，30～100年に一度，メインテナンスの必要性がある。

桶製作には魅力ある技術が秘められているが，生業としては困難な業種と言える。時代の流れと共に桶作りの仕事は減少した。しかし，桶作りの技術と，チームワークの結集を，モノ作りの分野に活かし，さらには未来の構造体に応用し，桶作りの技術を間接的に残し続けたいと考える。

桶師の仕事とは，木の発する表情・情報をより多く，素早く感知し，使用部位に適合した加工を施し，それら各部材を，一つの纏まった桶に仕上げることである。終焉のない熟練の世界と言える。忍耐強さと，研ぎ澄まされた感性が無限に要求されるブラックホールの世界と言える。

2-1-17 タンク

(1) 仕込みタンク

仕込みタンクは従来の木製桶等から，FRP製，そしてステンレス鋼製の採用が多くなっている。ステンレス鋼ではSUS304，SUS316，SUS316L等が使用されるが，SUS316Lの耐食性が優る。ステンレス鋼製タンクの場合，内面仕上げは味噌の付着，洗浄性等を考慮し通常#400程度のバフ研磨が施されるが，平滑で耐食性に優れた表面構造を得るため，電解研磨処理の仕様もある。

タンク形状は角形，または円筒形であるが，角形は発酵熟成室のスペース効率が高く，一方，円筒形は味噌の品温の均一化に優れている。

タンク容量100t前後の大型タンクは定置型で，通常は下部に排出装置を備えている。移動型のタンクは容量1～5tが多く，運搬にはフォークリフト，ハンドリフト等が使用されるが，自動搬送システムを導入する傾向にある。自動搬送は省力化，省スペース化が図れるほか，機械システムにつき人が介在せず衛生管理上も望ましい。

(2) 踏み込み装置と重し

タンクへの仕込み時に，空気の抱き込みを極力抑え均一な発酵を行わせるため，踏み込み装置と重しが使われる。踏み込み装置には振動を与えつつ仕込む，または仕込み面を押さえつつ仕込む等の方式がある。ただし，大型の仕込みタンクでは踏み込みを行わない。

重しにはFRPライニング加工（表面をFRPで被覆）したコンクリート，あるいは合成樹脂製袋に塩水を入れたもの等が使われる。

2-1-18 発酵熟成設備

（1） 発酵熟成室

発酵熟成室は，熟成ステージに適した温度を部屋全体に均一に保持し，発酵熟成させる機能を備える必要がある。室内温度を所定の温度に調節すると同時に，室内の場所による温度差を生じさせない配慮を要する。発酵熟成室の床，壁，天井には断熱材を施し，室内温を調節する加熱・冷却装置を設ける。また，室内温度の均一化には温調空気の吹き出し口・吸引口の分散，そして室内の空気攪拌等を要する。室内上下の温度差を生じやすい立体ラック方式の熟成室では，温度差異に対する対策が必須である。

発酵熟成室の構造は，味噌タンクの平置き方式と立体ラック方式があり，小型タンクでは立体自動ラック方式の採用が増加し，入出庫・搬送・温度のコンピュータによる自動管理が行われる。限られた工場敷地内を立体化することによる空間の有効利用，省力化のほか，発酵管理，入出庫管理が容易であり，また機械制御のため，人の介在による異物混入の危険性の除去等がある。立体自動ラック方式の例を図2-59に示す。

大規模製造設備では，一次発酵・二次発酵に区分し，設備する場合が多い。一次発酵では容量100t前後のタンクが，二次発酵では5t程度のタンクが使われる。なお，発酵熟成室は熟成ステージに合わせ，温度設定の変更が可能である。

（2） 切返し装置

発酵熟成中にタンク部位による熟成の差異を抑制するため切返し（天地返し・掌返し）操作を行う。小型仕込みタンクは，自動反転装置により切返しを行う。

（3） 掘出し装置

仕込みタンクから味噌を排出する操作が掘出しである。定置形タンクで排出口がない場合，バケット式のジブクレーン等を使用するが，味噌に触れる可動の機構があるため，異物の混入防止や洗浄等，衛生管理を十分行う必要がある。移動型タンクではタンク本体を支持し，転倒させる自動反転排出装置を使用できる。図2-60に自動反転排出装置の一例を示す。熟成の完了したタンクは，自走台車で，発酵熟成室より自動反転排出装置まで搬送し，この反転装置では

発酵と醸造

図2-59　立体自動ラック式発酵熟成室

タンクを掘出しホッパーの高さまで持ち上げ(図2-60の状態)反転させ,ホッパーに味噌を投入する。
(4) 味噌の搬送
　味噌はスクリューコンベア,スネークポンプ(モーノポンプ),ロータリーポンプ等で圧送,あるいはベルトコンベアで移送される。コンベア法式では,味噌をベルトでパイプ状に包み込んで搬送するラップコンベアがあり,戻りのベルトも搬送面を内側としてパイプ状に丸め,外部からの異物混入を防止するとともに,戻りベルトに付着する味噌の飛散やリターンローラの汚れがないため,衛生管理・洗浄面で有利である。平ベルトコンベアに代えて,ラップコンベアを導入する工場もあり,図2-61に示す。

2-1-19　調製設備

(1)　調合装置

第2章　醸造工業の機械設備

図2-60　自動反転排出装置

図2-61　ラップコンベア

味噌の品質を均一にするため,調合味噌(合せ味噌)の製造のため,品質検査結果を基に味噌を調合する。調合設備は連続処理装置としてパイプ内に混合を促進するための固定エレメントを装着したスタティックミキサーが使われている。所定の量の味噌を受入れ,混合処理後,排出するバッチ処理(回分処理)では混合槽内で撹拌混合する混合機が使用されている。味噌をなるべく練らないことが望ましい。図2-62にスタティックミキサーの原理図を示す。

(2) 味噌漉し機
漉し網の網目が0.8～1.2mmのチョッパーが使用される。網目が細かくなるほど,また回転数が遅くなるほど「練れ」の原因となる。

(3) 防湧装置
味噌の湧きを防ぐ処理として,アルコール(エタノール)や保存料の添加,および加熱殺菌が行われている。

i. アルコール添加装置
アルコールを均一に混合し,余分なアルコールの飛散を抑える装置が望ましい。スタティックミキサーによるもの,スクリューフィーダ部に噴霧する方式等が使われている。

ii. 加熱殺菌装置
加熱殺菌装置では味噌を所定の温度まで加熱し,所定時間保持した後冷却される。できるだけ均一に加熱され,「練り」が少なく,洗浄しやすいことが望ましい。熱源に温水を使った多管式熱交換器によるものが多く使われている。伝熱管にスタティックミキサーを組み込んだものもある。また味噌に通電することによって,味噌が抵抗体となって自己発熱(ジュール熱)するタイプのジュー

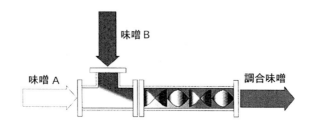

図2-62 スタティックミキサー

ル熱加熱装置が開発されている。このタイプはより均一な加熱ができること，「練り」が少ないこと，洗浄が容易なこと等の特長がある。図2－63にジュール熱加熱装置の外観を示す。

2-1-20 味噌の包装資材

毎日の食卓を飾る食品を包む，包装資材・包装技術の進歩は，食卓にのぼる食品群に豊かさをもたらしてきた。色調・香り等の劣化の速い食品，計量し難い食品，取扱い・持ち運びし難い食品であっても，包装資材と包装技術の進歩に伴い，食品製造業者は包装可能となり，消費者の購入・保存が容易となった。

味噌は，色調の濃化，香りの飛散，半固形物の物性等を有し，取扱い難い調味食品と言える。味噌包材の進歩には，包装対象の物性に適合した優れた資材の開発，そして変化する消費者のニーズに応えた開発の歴史があると言える。日本人の食生活に欠くことのできない味噌は，原料の混合比率・塩濃度・熟成期間・色調・呈味・嗜好が多様であるのみならず，硬度・粘性・付着性等の物性も多種多様であり，個々の味噌製品に適合した幅広い性質を有した包材を必要とする。

味噌の包装形状としては，戦前は樽・竹皮であり，戦後はフィルム袋，ピロー（枕状），スタンディングパウチ，ガゼット，カップ，スパウト付きガゼット等へと移行してきた。以下に，包装資材の材質面等を解説する。

昭和20年代迄，味噌は専門店の店先で計り売りされ，竹皮やセロファン等の

図2-63 ジュール熱加熱装置

包材で小売された時代であり，それが第1期の包材である。

昭和30年代に入り，図2-64に示すセロファンとポリエチレンのコーティング・ラミネートで包装された味噌が専門店で販売され始めたが，味噌の発酵に対する考慮不足により，生残酵母によるガス発酵でゴムまりの如く膨らみ，パッケージが破裂し，店内が味噌だらけとなる等の現象を生じた。昭和32年に，セロファンに防湿性を持たせたニトロセルローズが開発され，味噌を真空包装しボイル殺菌が可能となり，味噌の生残酵母を殺滅させ再発酵が防止された。また，昭和34年に味噌の保存料であるソルビン酸等の開発が進み，現在のパッケージの姿も見えるようになった。材質もセロファンと塩化ビニリデン（Kコート）で二層構成されたラミネートフィルムの防湿性包材，Kコートセロファンが開発され，機械においては自動充填包材機の開発が進行した。

昭和35年頃，味噌専門店は小売店へと衣替えし，市中には大型店舗も現れ始めた。味噌の包装化も全国的に実施され，ほとんどの味噌メーカーが多層構成のラミネートフィルム包材を採用するのもこの頃である。昭和38年～40年に，セロファンを加工したポリプロピレン（PP），ナイロン等のプラスチック樹脂が開発され，図2-65に示すポリプロピレン・セロファン・ポリエチレン（PP・

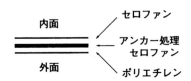

図2-64 セロファン・ポリエチレンのコーティング・ラミネート

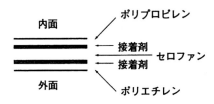

図2-65 ポリプロピレン・セロファン・ポリエチレンのドライ・ラミネート

第2章 醸造工業の機械設備

Z・P）の三層構成の多層ラミネートフィルム，さらにはKコート・ナイロン，またはKコート・エチレン等の二層構成のラミネートフィルムへと進化し，セロファンの軟性がカバーされ，強化された材質によりピンホール問題は解決された。

昭和40年，味噌の包材の開発が，味噌の流通革命に拍車をかけた。地方味噌から脱却し，全国規模での販売活動を行う商業戦略が活発化し，保存に主体を置く包材から，商品アピールのできる新規形状の包材の要望が生まれた。昭和41年～43年，マルコメ（株）がスタンディングパウチ（立つ袋）を採用し，その構成はKコート・ナイロン・ポリエチレンの三層構成のラミネートフィルムであり，それに対向して生まれたのがガゼット袋（角底袋）で，その構成はKコートセロファン・ナイロン・ポリエチレンの三層構成のラミネートフィルムが主流である。なお，スタンディングパウチは商標名ドイパック（考案者ドワイアン氏の名前に因みドイパックと命名）と称され，特許権を有し一般の使用ができないため，国内でガゼット袋が開発され，その優れた性能により，現在ではガゼット袋が味噌用の一般的な包材となっている。

昭和45～50年に，立つ形状の袋から脱却し，使い易さをアピールした味噌容器の開発が進められ，味噌容器が誕生した。

味噌はそもそも桶・樽等の容器に入っていたものである。昭和37年頃に名古屋方面で容器（エンビ製）入り味噌が企画され，量産される動きもあったが数年で衰退した。その原因として，容器の材質と容器上部の空開部に問題点があった。その後，約10年経過し，ポリプロピレン・エバール・ポリプロピレンの三層構成のラミネート容器等の開発で新たな味噌用カップが商品化され注目を浴び，味噌用包材の主力製品となった。

味噌用カップは，消費者の視点に立った使い勝手の良いパッケージとして，味噌包材シェアの60％以上を占める現状である。この味噌用カップの商品化には，多層ラミネート容器，空開部の脱酸素剤，あるいは逆にリップ口（呼吸口）の開発等が大きく関わっている。

現在の味噌用カップは使い勝手が良好で，将来性も豊かである。他方，今後の包装形状として，リーク性を考慮し口部・キャップ機能のスパウト付きパッケージも製品化されている。現在，中京地域の味噌メーカー数社が同タイプを採用し，スパウト付きのガゼットやスタンディングパウチも市場に出始めた。

飽食の時代の現在，包装資材・包装技術を初心に返って考えねばならない。

日本人の食生活に欠くことのできない味噌，その包材に基づく廃棄物をいかにリサイクルするか。ゴミ処理問題を消費者・生産者の双方の立場から考え直し，自然界に優しい環境対策の施された新包材の開発が望まれる。パッケージの省資源化をいかに図るか，自然環境との調和を如何に図るか，掘り出し味噌ならではの美味しさをいかに保持し続けるか等，包装業界の課題はつきない。

引用文献

1) 中野政弘：味噌の醸造技術，p.51，(財)日本醸造協会 (1982)
2) 中野政弘：味噌の醸造技術，p.54，(財)日本醸造協会 (1982)
3) 松山徳広：醸協，87 (3)，201 (1992)
4) 伊藤秀明：味噌の科学と技術，47 (11)，378 (1999)
5) 藤原善也：日本醸造協会誌，88，281 (1993)
6) 田中武夫：信州味噌の歴史，長野県味噌工業協同組合連合会 (1966)
7) 照井堯造，芝崎勲他：醗酵工学，35，105 (1957)
8) 照井堯造，芝崎勲：醗酵工学，38，40 (1960)
9) 中野政弘：味噌の醸造技術，日本醸造協会 (1982)
10) 藤原善也，藤原章夫：特許第3069481号 (2000)
11) 兼歳昌直：建築材料，(株)井上書院 (1992)
12) (財)日本醸造協会：最新酒造講本 (1996)
13) (財)日本醸造協会：清酒醸造技術 (1978)
14) 伊藤秀明：味噌の科学と技術，48 (1)，11 (2000)
15) 荒木和鬼夫：特公，昭63－49982 (1988)
16) (社)中央味噌研究所編：味噌製造のための衛生管理基準，p.61 (1998)
17) 東洋ステンレス工業カタログ：東洋ステンレス(株) (1997)
18) 木材工業ハンドブック，(財)日本木材加工技術協会：丸善株式会社，1973年版
19) 桶・樽 (I) (II) (III)，石村真一：(財)法政大学出版局，1997年版
20) ビル用木槽設計施工の手引き，(財)日本住宅・木材技術センター：同所発行，1994年版

2-2 醤油

2-2-1 醤油醸造における穀類の選別

(1) 原料穀類

醤油の原料穀物は大豆として丸大豆・脱脂大豆，そして小麦がある。

i. 丸大豆

味噌醸造における大豆処理プラントと同一である。

ii. 脱脂大豆

醤油醸造において，脱脂大豆が一般的に使用される。

食用製油メーカーで採油し終えた脱脂大豆は，脂肪含量の少ない醤油醸造に好適な原料である。製油会社における原料大豆の選別は，味噌醸造における大豆処理プラントと同一である。

iii. 小麦

味噌醸造における米・大麦の処理プラントと同一である。

(2) 脱脂大豆の選別

i. 脱脂大豆の選別の目的

醤油の原料である脱脂大豆の選別は，特殊な原料を除き，醤油メーカーでは一般的に行われていない。

醤油醸造に適した脱脂大豆とは，窒素含量の高いことである。そこで，油脂含量の高い種皮を脱脂大豆からさらに除去し，窒素含量を高めるため，国内の製油会社では脱脂大豆中に微量ながら残存する種皮の選別除去を行い，油脂含量が0.5％以下の脱脂大豆を製造している。

ii. 脱脂大豆の選別

真比重選別機（逆選別機）により選別する。機器の概要を図2‐66に示す。なお，スクリーン（網）の形状は石抜機とほぼ同一である。

選別の原理は「比重」で，条件に「揺らす」「煽る」を用いた比重選別機であり，大豆の種皮は浮力を受け，選別される。

スクリーン上には，常に選別層ができ，良品は常時排出される。

不良品である脱脂大豆の種皮は不良品出口に集まり，その量が一定量を超えればオーバーフローし不良品出口より排出される。

本機には原料を一定量で投入を行い，調整箇所はファンの風量とデッキ上の

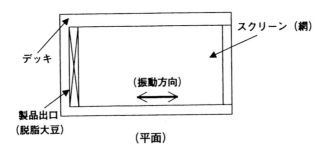

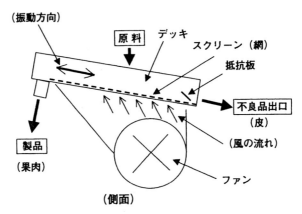

図2-66　真比重選別機

抵抗板の角度である。
　(3)　小麦の選別
　i.　選別の目的
　基本的な考え方は，味噌醸造における選別と同一である。
　ii.　選別機
　小麦原料処理プラントを，以下のフローチャートに示す。なお，各種の選別機は，米・大麦の機種と同一である。

【小麦の選別プラントのフローチャート】

グラビティセパレーター → 粗選機 → 石抜機 → 色彩選別機 →
金属検出器 → 計量機 → 次工程
《付帯設備》 集塵装置　コンプレッサー

2-2-2 小麦の炒熬

　従来の小麦の炒熬では，熱媒体として砂を使用した砂浴式の炒熬方法が，多く利用されていた。熱媒体としての砂は，炒熬小麦から完全に分離することが困難なことから，麹や諸味に混入し，諸味輸送ポンプの寿命を低下させていた。また，砂の補充等のメンテナンスを煩雑にしていた。

　このような，砂の使用により発生する問題を防止するために，熱媒体として砂を使わない，各種の小麦の炒熬装置が開発[1]され使用されている。砂以外の熱媒体としては，加熱蒸気，空気，セラミック粒子などが採用されている。最も一般的な装置は，空気を加熱して使用するタイプの炒熬装置である。

　空気を加熱して使用するタイプの炒熬装置には，小麦を流動層として撹拌するタイプと機械的に撹拌するタイプがある。図2-67に，小麦を流動層として撹拌するタイプのフローを示す。本体の内部には，炒熬円筒を6個搭載した回転する円盤を設けている。炒熬円筒は，円筒容器の下面に開閉する多孔板製の底板を備えている。円盤の下部は，熱風を通風するエリアと通風しないエリアに分割されている。

　無通風エリアの炒熬円筒は，底板を閉めた状態で小麦を受入れ，通風エリアへ回転移動する。通風エリアでは，小麦が熱風と熱交換し炒熬される。炒熬円筒が無通風エリアに戻った時点で，底板を開き炒熬小麦を排出し，底板を閉めた状態で再度小麦を受入れる。

　空気を熱媒体として使用し，機械的に撹拌するタイプの小麦炒熬装置として，スーパーロースター（以後SRと記載）[2]を説明する。SR（図2-68）は，小麦と熱風を撹拌する回転炒熬室とその駆動装置，熱風を発生する燃焼装置，熱風を循環させる送風装置と，制御盤で構成される。

（1） 熱風の循環経路

　図2-69に，熱風の循環経路を示す。バーナの燃焼により発生した熱風は，ファンにより熱風炉から回転炒熬室の後部に設置した金網を通して，炒熬室の

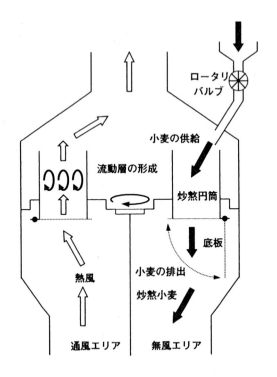

図2-67 流動層を利用する小麦の炒熬装置

内部に導入される。炒熬室の内部で、小麦と熱交換した熱風は、一部が排気され、残りが熱風炉に循環利用される。別の経路として、熱風炉から供給される熱風の一部は、回転炒熬室を外部から加熱した後に、バイパスダクトを経由してファンに吸引される。図示していないが、熱風量はファン回転数と、各所に設置した自動ダンパにより調節することができる。ダンパは熱風が移動する通路であるダクトの内部に設けた風量調節装置である。ダクトの内部に可動式の閉鎖板を設け、閉鎖板の移動により、ダクトの開口部を全閉から全開まで調節することができる。

　炒熬室に導入される熱風の温度は、図2-67の黒色の円形で示す温度センサにより測定し、設定した熱風温度に制御される。

第 2 章　醸造工業の機械設備

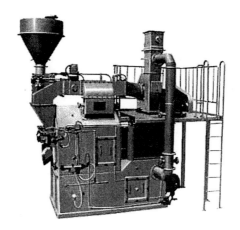

図 2-68　スーパーロースター

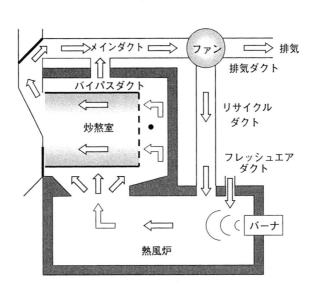

図 2-69　スーパーロースターの熱風循環経路

263

（2） 小麦の移動経路

　図2-70に，小麦の移動経路を示す。小麦は，上部のシュートから炒熬室の内部に，定量供給される。炒熬室の内部には攪拌羽根を設けており，炒熬室とともに回転する。炒熬室に投入された小麦は，攪拌羽根の作用により熱風と混合されながら炒熬される。炒熬中の小麦の一部は，炒熬室の前方に設けたロート状の集麦器を通過し，集麦器に設けた温度センサにより，炒熬温度を測定される。この炒熬温度は熱風の影響も受けるため，小麦の実温度より高い温度を示す傾向にある。

　炒熬時間または炒熬温度のいずれかの条件が設定値に達した時点で，炒熬室の回転数を低下させ，出口ゲートを開き炒熬室内部の小麦を排出する。

（3） 炒熬の条件

　炒熬条件には，原料使用量，熱風温度，炒熬時間がある。図2-71に，熱風温度と炒熬時間を一定として原料使用量を変化させた場合の炒熬小麦品質を示す。図2-72に，炒熬時間とバッチ処理量を一定として熱風温度を変化させた場合の炒熬小麦の品質を示す。図2-73に，原料使用量と熱風温度を一定とし

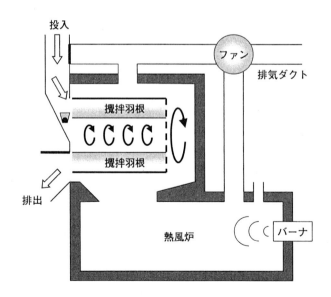

図2-70　スーパーロースターの小麦移動経路

第2章　醸造工業の機械設備

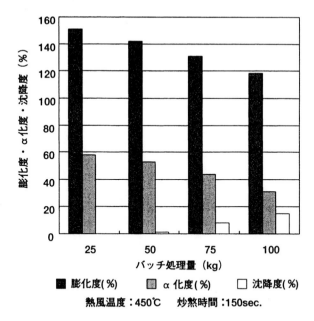

図2-71　熱風温度と炒熬時間を一定としてバッチ処理量を
変化させた場合の炒熬小麦の品質

て炒熬時間を変化させた場合の炒熬小麦の品質を示す。図2-71から図2-73
は，時間1t処理のSRのデータを使用している。

以上の炒熬小麦の品質から，時間1t処理のSRでは，1バッチの原料使用量
を50kg，熱風温度を450℃から500℃，炒熬時間を150秒としている。SRの処
理能力は，時間1t処理から3t処理までの機種がある。

2-2-3　炒熬小麦の冷却

高温で排出される炒熬小麦は，放置すると加熱が進み，品質を損なう恐れが
ある。また，自然発火する危険性もあるため，急速に冷却する必要がある。

炒熬小麦の横型冷却装置のフローを図2-74に示す。基本構造は脱脂加工大
豆の冷却装置と同等であるが，冷却装置のホッパ内での加熱変質を防止するた

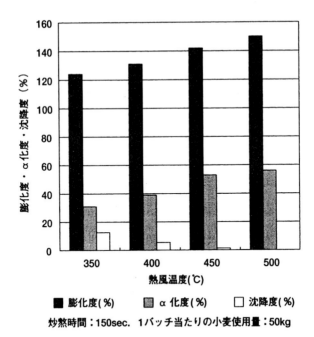

図2-72 炒熬時間とバッチ処理量を一定として熱風温度を変化させた場合の炒熬小麦の品質

め,ホッパ内に堆積した炒熬小麦にも空気が通過する構造となっている。また,炒熬小麦は通気性が良いため,冷却途中の撹拌装置を必要としない。

他の冷却装置として,竪型冷却装置(図2-75)も使用されている。多孔板を使用して外円筒と内円筒の2重構造とし,外円筒と内円筒の間に炒熬小麦を連続的に落下させる。ファンにより内円筒の内側から空気を吸引することにより,炒熬小麦と空気の熱交換を行っている。

2-2-4 割砕

冷却された炒熬小麦は,適度な粉歩合を含む状態に割砕装置により割砕する[3]。割砕装置には図2-76に示すローラ型割砕機[4]と図2-77に示すハンマーミル型割砕機が一般的に使用されている。ハンマーミル型割砕機は,円筒形の

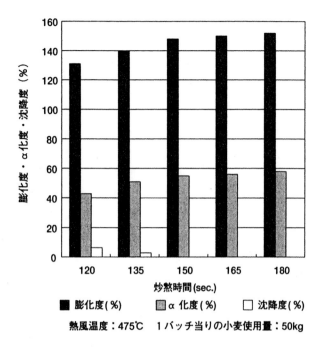

図2-73　炒熬時間の経過に伴う炒熬小麦の品質

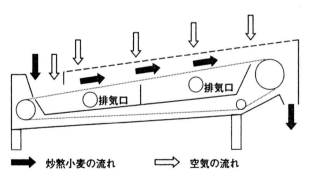

図2-74　横型冷却装置のフロー図

本体ケース内面とケース内部で回転するハンマーにより粉砕した小麦を，本体下部に設けたスクリーンを通して排出する。本体ケース内面と回転するハンマーの間隔，およびスクリーンの穴径により，小麦の粒度分布を調節することができる。大型装置として，製粉用のロール型ミルを使用する場合もある。

2-2-5 大豆の蒸煮・冷却

醤油醸造における大豆蒸煮は長らく留釜(とめがま)方式で行われてきた[5]。大豆を静置釜で蒸煮し，すぐに取り出さず，翌日釜から取り出して使用した。留釜による蒸煮大豆はpHが低いことなどにより，製麹時の雑菌汚染防止を果たすが，同方式は窒素溶解利用率を著しく低下させることが判明し，蒸煮後，ただちに釜

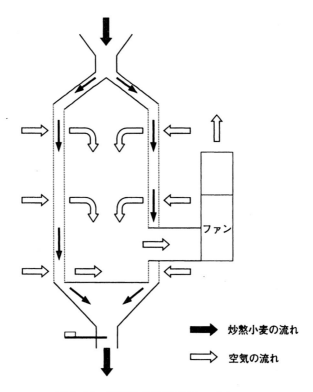

図 2-75 竪型冷却装置のフロー図

第2章　醸造工業の機械設備

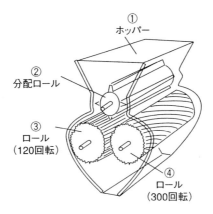

図2-76　ローラ型割砕機

図2-77　ハンマーミル

から取り出す即日盛込み法が提案された。そして、キッコーマン（株）のNK式蒸煮法が1955年に公開され、NK缶が一般的に使用され始めた。NK缶が使用されると同時に冷却方法もジェットコンデンサーによる真空冷却、さらには放冷機が使用され始めた。昭和40年代後半頃から、連続加圧蒸煮装置が開発さ

れ使用され始めた。

(1) NK缶による大豆蒸煮

留釜方式からNK缶による蒸煮に代わり，窒素溶解利用率は60％台から80％へと向上した[5]。NK缶は大豆などをバッチ（回分）加圧蒸煮処理する装置であるが，横型回転式と竪型回転式の2種類がある。

横型回転式は脱脂加工大豆の蒸煮に適し，丸大豆のほか米も蒸煮できる。一方，竪型回転式は丸大豆の蒸煮に適すが，脱脂加工大豆の蒸煮に適さない。

竪型回転式が脱脂加工大豆の蒸煮に適さない理由として，脱脂加工大豆は水分吸収が早く，また塊を形成しやすく，よって散水，蒸煮中にNK缶の回転を要する。横型回転式は回転による原料攪拌が容易な形状であるが，竪型回転式は回転による，均一な原料攪拌に劣る形状である。したがって，醬油醸造では横型回転式が一般的に使用される。

i. 横型回転式NK缶

横型回転式NK缶の構造を図2-25に示す（2-1-6（1）参照）。脱脂加工大豆専用として使用する場合，缶内下部にサナ板（パンチングプレート：多孔板）を取り付けない。丸大豆処理と兼用する場合は，サナ板を取り付ける。

ア．脱脂加工大豆の蒸煮処理

散水処理は脱脂加工大豆をNK缶内に入れ，缶内中心部に配置された散水・蒸気吹込みパイプから散水し，散水ムラを生じさせぬようにNK缶を回転させる。均一に散水するため，脱脂加工大豆をNK缶に投入する直前に総散水量の数割の水を混合スクリューを用い混合し，残りの水をNK缶内で散水する方法もある。脱脂加工大豆は吸水時間が非常に短いため，散水ムラに注意を要する。散水ムラは，窒素溶解利用率の低下とN性の発生につながる。

散水後，NK缶内の圧力を上昇させぬよう散水・蒸気吹込みパイプから蒸気を吹込み，NK缶内の空気をすべて放出する。空気がNK缶内に残存すれば，蒸煮ムラを生じるほか，圧力計の表示値の飽和蒸気圧に対応する蒸煮温度まで原料品温が上昇しないため，蒸煮不足やN性を発生する。排気口から蒸気が勢いよく放出され，しばらくして排気バルブを閉め，所定蒸気圧力まで蒸気を吹き込む。所定蒸気圧力に到達し，その圧力を所定時間保持した後，排気バルブを開け脱圧する。蒸煮中もNK缶を回転する。脱圧後，ジェットコンデンサーや放冷機で冷却する。

蒸煮圧力を高めれば，窒素溶解利用率は向上する[6]。しかしながら，蒸煮圧

力の上昇に伴い，蒸煮時間を短くしなければ過蒸煮による窒素溶解利用率の低下，蒸煮原料の塊化を生ずる。NK缶はバッチ処理であるため，達圧と脱圧に時間を要し，高い蒸煮圧力で処理すれば蒸煮時間が短くなり，適正な蒸煮が困難である。一般的にNK缶は，窒素溶解利用率と蒸煮の操作性の点から0.8～1.5kg/cm^{2}Gで蒸煮され，また蒸煮時間（達圧から脱圧まで）は5～40分である。

散水量は，製麹における大豆と小麦の配合比等により異なるが，一般的には常温の水で原料重量の120～130%である。

イ．丸大豆の蒸煮処理

丸大豆はサナ板付き横型回転式NK缶で蒸煮する。蒸煮の方法は竪型回転式NK缶と同様である。丸大豆の蒸煮時は，NK缶を回転させない。

ii．竪型回転式NK缶

竪型回転式NK缶の構造を図2-78に示す。缶内下部にサナ板を取り付け，浸漬後の水切り，加圧蒸煮前の蒸気の吹抜け，蒸煮中のアメ（丸大豆から溶出される水溶性蛋白質や糖類）の排出を可能としている。

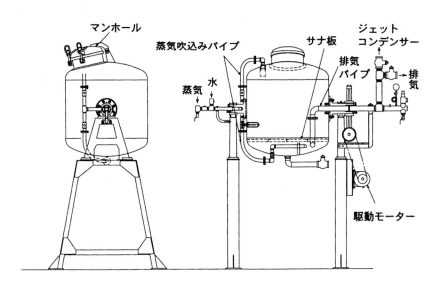

図2-78　竪型回転式NK缶の構造

丸大豆の蒸煮工程として，浸漬をNK缶内で行う。丸大豆の浸漬における重量・容積変化を表2-17に示す。浸漬時間は，浸漬水の温度に依存する。蒸煮大豆の水分を下げる時は，浸漬時間を短縮する。夏場の長時間浸漬では雑菌汚染されるため，浸漬水温の低下，浸漬時間の短縮を行う。浸漬終了後，浸漬水を排出する。

NK缶の上部から蒸気を入れ，NK缶下部のバルブを開放状態とする。しばらくすれば下部のバルブより白濁水が排出され始め，缶内の空気が放出されると下部のバルブから蒸気が勢いよく放出される。数分間，同状態を保持し，缶内の空気を完全に放出後，下部のバルブをアメが排出される程度に緩く閉める。所定蒸煮圧力に到達し所定時間保持後，排気バルブを開き脱圧する。蒸煮中，NK缶を回転させない。

蒸煮条件は，圧力が$0.8 \sim 1.0 \mathrm{kg/cm^2 G}$，時間（達圧から脱圧まで）が$30 \sim 40$分である。蒸煮時間を長めれば蒸煮大豆が軟化し，製麹操作に支障をきたす。

（2） 連続蒸煮装置による大豆蒸煮

醤油醸造における大豆の蒸煮処理は，蒸煮圧力を上げれば窒素溶解利用率が高まる[6]。しかし，蒸煮圧力の上昇に伴い，蒸煮時間を短縮しなければ蛋白質の過変性で利用率が低下し，また蒸煮原料が固まりを形成する。そして，蒸煮時間が短くなるため，NK缶では条件を間違えれば適正な蒸煮ができない部分も発生し，その場合はN性や酢酸を生じやすい。そこで高圧（温）短時間処理を可能とする連続蒸煮装置が開発された[7],[9]。連続蒸煮装置により窒素溶解利用率は90％前後まで向上し，また連続処理ができるため生産性も向上した。連続蒸煮装置は，蒸煮圧力が$7 \mathrm{~kg/cm^2 G}$程度のものも実用化されているが[6]，蒸煮圧力が$2 \mathrm{~kg/cm^2 G}$程度が一般的に普及している。連続蒸煮装置は加圧蒸煮缶の構造により，ネットコンベヤ型（図2-79）とスクリュー型があるが，ネットコンベヤ型が広く普及している。

表2-17 丸大豆の浸漬における重量・容積変化

	重量	容積	見掛比重
浸漬前	1000kg	1400l	0.71
浸漬後	2200kg	3500l	0.63
変化比	2.2倍	2.5倍	—

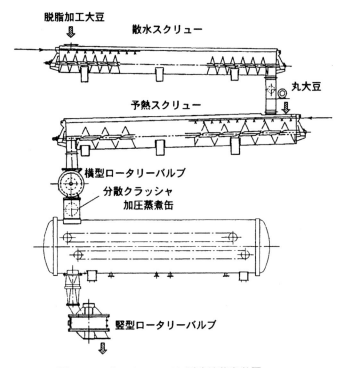

図2-79 ネットコンベヤ型連続蒸煮装置

i. 脱脂加工大豆の蒸煮処理

脱脂加工大豆は吸水時間が短いため散水工程も連続化できる。したがって、原料が散水工程、予熱工程および加圧蒸煮工程をへて蒸煮され冷却工程へと連続的に供給される。散水工程は、一般的にスクリュー方式が用いられ、散水スクリューで所定量の温水（約80℃）が原料に散水され、撹拌移送されながら吸水される。散水スクリューにおける原料の滞留時間は吸水時間から考慮し、2分程度である。吸水された原料は、一般的にスクリュー方式で100℃まで予熱される。散水スクリューと予熱スクリューの間に分散クラッシャーを設ければ、短時間での予熱が可能となる。予熱スクリュー内には蒸気が供給され原料を予熱すると同時に加圧蒸煮缶内で適正な蒸煮を阻害する空気を原料隙間から完全

に追出す[9]。予熱スクリューにおける滞留時間は3分程度とする。空気を含まず100℃まで予熱された原料を,ロータリーバルブによって加圧蒸煮缶内に供給する。ロータリーバルブとは,加圧蒸煮缶内の圧力を維持しながら原料の投入・排出をする装置である。加圧蒸煮缶内で原料が強く圧縮された状態であれば,原料内部は滞留時間内に所定温度に到達しない場合があり,N性や酢酸の発生する原因となる。この防止策として,加圧蒸煮缶に原料投入した直後に脱脂加工大豆を一粒一粒に分散する分散クラッシャーを設ける。加圧蒸煮缶での滞留時間は,$2kg/cm^2 G$で2～3分が適正である。蒸煮原料はロータリーバルブにより排出され,放冷機に供給される。

ii. 丸大豆の蒸煮処理

丸大豆は吸水に時間を要するため,乾物からの連続的な処理が難しい。連続処理の場合,丸大豆を4～8分割するか,または圧扁を行う等により,吸水しやすい状態で連続処理する。一般的には浸漬タンクによるバッチ処理で吸水させ,この浸漬タンクでの操作は竪型回転式NK缶の項で述べた。

水切りされた丸大豆は散水スクリューを通さず,予熱スクリューに直接供給する。予熱スクリューでの滞留時間は3分程度で,粒の中心部まで100℃になる。加圧蒸煮缶での蒸煮条件は$2 kg/cm^2 G$で3～3.5分程度である。

ローターバルブにはローターの回転軸が水平に配置された横型と,垂直に配置された竪型がある。投入用は横型,竪型どちらでも機能的な差異はないが,排出用は,丸大豆では竪型を採用するのが好ましい。何故ならば,横型は原料を勢いよく排出するため,蒸煮された丸大豆が潰れるが,竪型は構造上,原料が排出される前にローター内が脱圧されるため,潰れることはない。

(3) 蒸煮大豆の冷却装置

蒸煮大豆の冷却には,コンベヤ式通風冷却と減圧冷却がある。NK缶で蒸煮する場合,両方法とも用いられる。連続蒸煮装置で蒸煮する場合は,コンベヤ式通風冷却が用いられる。コンベヤ式通風冷却の装置は,放冷機と一般的に呼ばれる。減圧冷却における減圧装置として真空ポンプも可能であるが,排気量の大きいジェットコンデンサーを一般的に用いる。

i. コンベヤ式通風冷却装置(放冷機)

放冷機はコンベヤベルトの種類により,ネット式とスチールベルト式がある。ネット式で用いるネットベルトは,ステンレス線を螺旋状に巻き長手方向に連結されている。一方,スチールベルト式のベルトは0.8mm程度のステンレスコ

イル板をベルト状につなぎ，千鳥状に穴を設け，通風可能となっている。最近は，原料の目詰まりや洗浄性の観点からスチールベルト式の採用が増加している。

放冷機での蒸煮原料の冷却は，製麹における盛込み時の雑菌数に大きく影響する。したがって，放冷機は十分に洗浄・乾燥し，汚染されてない状態が望まれる。また，運転中の汚染要因を可能な限り排除せねばならない。長時間にわたり運転する場合，運転中のコンベヤベルトの自動洗浄を要する。放冷機は，水分の多い原料中に大量の空気を通過させ蒸煮原料を冷却するため，空気中の雑菌が原料に捕捉される。したがって，室内空気を冷却に使用する方式では，室内空気の常時清浄化を要する。

フィルターを通した外気を利用し，蒸煮原料の下方から上向きに通風する方式（アップワードフロー方式）も実用化されている。同方式は，通風する空気に含まれる雑菌数が極めて少なく，下方から上向きに通風するため，冷却効率が改善され，装置が従来式に比べ約1／2とコンパクトになっている（図2-80）。

ii. 減圧冷却装置（ジェットコンデンサー）

NK缶内で蒸煮された原料をジェットコンデンサーで冷却する場合，缶内圧

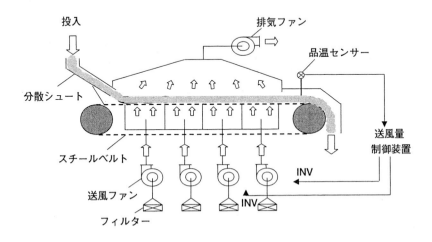

図2-80　アップワードフロー方式の放冷機

力を常圧まで下げ，ジェットコンデンサーを作動させ，缶内圧力を740mmHg（真空度）程度まで下げる。ジェットコンデンサーの作動で，蒸煮大豆の温度は短時間で約80℃に冷却されるが，80℃以下の冷却には時間を要す。所定温度までの低下に40～60分を要す。缶内圧力が低ければ，冷却温度は低くなる。到達缶内圧力を低下させるには，ジェットコンデンサーへ送る水の温度は低いほどよい。ジェットコンデンサーの構造を図2-26（2-1-6（2）参照）に示す。

2-2-6 製麹（脱脂加工大豆，丸大豆）

古来より，醤油の製麹には，麹蓋による静置培養が行われていた。この方法は麹蓋に麹を数cm堆積し，麹室の温湿度調節等で麹の品温を制御する。麹を盛り上げた麹蓋を多数枚用いて製麹するため多くの人手を要し，広い製麹室を必要とする。

1960年頃からは原料を数10cm堆積し，内部通風で品温制御を行う通風式機械製麹装置が採用され始め，省力，省スペース化が図られた。始めに開発されたカステン式は多孔板を多数枚，平面配置し，大きな方形培養床を構成し，培養床の下方から温湿度を調節した空気を通風して品温制御する。通常，自走式の盛込み機兼用排出機，そして手入れ機を備え，培養床の長辺方向に自走可能となっている。同方式では盛込み・手入れ・出麹の各作業の機械化・省力化がなされたが，完全自動化には至らず，各工程で人の介在が必要であった。

1965年頃から，現在の主流である回転円盤式自動製麹装置が採用され始めた。これはカステン式では盛込み・手入れ・出麹の自動化ができないという欠点を改善するため開発された。円形の多孔板の培養床が回転するため，装置内に投入された原料の培養床全面への自動的な均等堆積が可能である。手入れも人の介在を要さず，夜間作業から開放され自動化がなされた。最近はデジタル制御技術の発達により機械的な動きだけでなく品温制御の自動化やコンピュータによる製麹管理も可能となった。

従来，通風式機械製麹の麹堆積高さは20～30cmであったが，最近は60cm程度の高層堆積で製麹可能となり，培養床面積が同一ながら2～3倍量の処理が可能となっている。

（1）高層堆積による製麹

近年，製造原価の低減，労働時間の短縮，休日の増加等の理由から醤油の製

麹装置は大型化し，同時に高層堆積化している。例えば，培養床の直径が12mの回転円盤式自動製麹装置では，60cm高さに盛込めば約元石27tの製麹量となる。

麹堆積20〜30cm高の製麹装置と，約60cm高の高層堆積の製麹装置とで異なる主な点は，
① 培養床および培養床を支える部分が，60cm高さの麹堆積重量に耐え得る強度を有する。
② 床下静圧が300mmAq程度まで上昇するため，その静圧に耐える床下壁面強度を有する。
③ 堆積高40cm以上では，手入れ機はターナー方式が望ましい。
④ 必要風量の送風時に，麹堆積層の通風抵抗が高くなるため最大送風機静圧は300mmAq以上の能力とする。

等である。
一方，高層堆積製麹の注意点は，
① 品温制御が不適切ならば，品温の暴走（異常上昇），不安定を生ずる。
② 盛込み量が多いため既存の原料処理装置では盛込みに長い時間を要する。
③ 盛込み方法が不適切な場合，平面的な品温の不均一性を生ずる。

等である。注意点①は，適切な品温制御が自動で行えるファジィ品温制御方式等のシステムが実用化されている。注意点②は，盛込み量が増加すれども，盛込み時間は2時間程度以内が望ましい。麹菌の発芽時期の差異が，盛込み開始から終了までの時間差となって現れ，さらには麹の品質と品温制御等に影響する。注意点③は，盛込み時間が2時間以内でも，盛込み方法が不適切ならば，高層堆積の場合は品温の不均一性を生じ，麹の品質と品温制御等に影響する。したがって，盛込みは培養床の内外周において種付けの時間差が少なく，割砕小麦の粉歩合の均質的な盛込み方法を選択しなければならない。

（2） 回転円盤式製麹装置

醤油の製麹は，小規模な場合を除き，大型化，省力化，および自動化が容易なため，新規導入時には回転円盤式製麹装置が採用される。回転円盤式製麹装置は，盛込み，手入れ，および出麹等，麹の移動・攪拌の機能を備えた製麹装置本体，そして適正な送風空気を調製する空調装置，さらには制御装置から構成されている。

i. 製麹装置本体

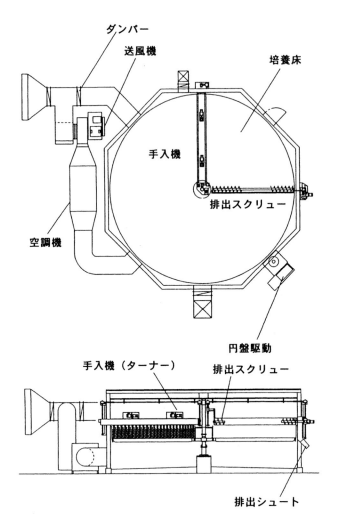

図 2-81　回転円盤式製麹装置

回転円盤式製麴装置の概略図を図 2-81 に示す。醤油用の製麴装置は，大豆と小麦の全量製麴のため味噌・清酒等の製麴装置に比べ，一般的に大きく，さらに麴堆積も高くなる傾向にあり，原料重量・風圧を考慮し，比較的強度が高く設計されている。

省力化の点から，自動洗浄装置を備えた製麴装置も多く，自動洗浄の容易な内部構造が種々工夫され実用化されている。少ない洗浄水と洗浄時間で，サニタリー性の維持が可能となっている。そのポイントは，

① 原料が残留しない構造
② 原料が残留しても洗浄によって容易に除去できる構造
③ シンプルな構造
④ 洗浄水溜りを生じず，乾燥しやすい構造

である。

ア．製麴室

製麴室内面はステンレス材で構成され，床上（培養床より上の空間）は天井や壁面に結露を生じぬよう，天井や壁面内部に加熱源を設け，積極的な保温を要する。床下（培養床より下の空間）の底面は洗浄水が溜らぬよう十分な勾配の確保を要する。図 2-82 に製麴室内部の一例を示す。

イ．培養床

培養床は原料の堆積時に十分な平面度を維持する強度がなければ，培養床面の最下部までの手入れが不可能である。麴下層部に手入れ不能な部分があれば同部分が固く締まり，通風抵抗が増し，適正な風量を確保できず，麴の品質低下を生ずる。出麴に際しても培養床の平面度が高ければ，残留する麴が少なく洗浄の負荷も少ない。また，培養床は多孔板で構成され，原料と直接に接するため多孔板に原料が残留しやすい。培養床は骨組み等の構造がシンプルでなければ，洗浄に時間を要し，自動洗浄では洗浄不十分となる。

①培養床の多孔板

培養床多孔板の通風孔目開き（幅）は原料が床下に落下せぬよう，小さくなる傾向にあり，従来1.5mm 程度であったが最近では 1.2mm 程度の目開きの多孔板も実用化されている。多孔板において，通風孔の目開き（幅）と同様に，開孔率（培養床面積に対する孔面積の割合）も小さくなる傾向にある。目開き，および開孔率は，ある程度小さくなっても製麴には影響を及ぼさない。

②培養床のフレーム

図2-82 製麹室内部の一例

　培養床の多孔板は厚み2 mm程度であり，単体で原料を堆積する強度はないため，多孔板の裏側にフレームを組む。一般的なフレームは培養床中心から放射状に設けられた主フレーム，そして主フレーム間に設けられる補助フレーム，および外周フレームで構成される。なお，フレームは十分な強度を有し，洗浄しやすい構造とする。

　従来，補助フレームは主フレーム間に200×200mm程度の格子状に設けられ，そのため補助フレーム同士が交差する部分が多く，補助フレームの向きも縦横方向となっていた。同構造は自動洗浄に不適当であり，最近は強度を保持したシンプルな構造が，実用化されている。一例を図2-83に示す。

　ウ．盛込み装置

　盛込み装置は，培養床上へ種付けされた原料を適正に堆積させる装置であり，醤油製麹ではベルトコンベヤが一般的に用いられる。

　培養床の外周部に原料を落下させ出麹スクリューを使用し，中心方向に盛込む簡易方式が用いられる場合もあるが，培養床の直径が大きくなれば，内周と

第2章　醸造工業の機械設備

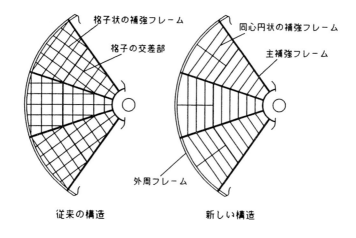

図 2-83　培養床のフレーム構造

外周で種付け時間に差が生じ，また出麹スクリューで原料を中心方向へ移送中に大豆と小麦が比重分離し，内外周で粉歩合が異なり，麹の品質に影響を生ずる。
　したがって，盛込みは培養床の内外周で，種付け時間や粉歩合の均一な盛込み方法を選択せねばならない。同条件に適合する盛込み方法として，培養床上で盛込みベルトコンベヤが往復移動しつつ，多段ドーナツ型に順次に盛込む方式，あるいは盛込みベルトコンベヤが往復移動しつつ培養床全面に薄層で多段に盛込む方式等が実用化されている。
　溜り醤油の玉麹の場合は，盛込み方法が出麹スクリューを使用する方式では玉が潰れるためベルトコンベヤが往復移動しつつ盛込む方法が適する。
　エ．手入れ機
　回転円盤式製麹装置の手入れ機には横軸回転のベンダー方式（図 2-84），そして竪型スクリューが半径方向に多数配置されたターナー方式（図 2-85）がある。醤油用は麹堆積高さが 40cm 程度であればベンダー方式が，それ以上の堆積高さの場合はターナー方式が用いられる。
　ベンダー方式は回転軸が円形培養床の半径方向に伸びており，その回転軸に

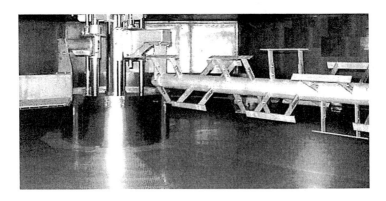

図2-84　ベンダー方式の手入れ機

図2-85　ターナー方式の手入れ機

取付けられた攪拌羽根が培養床の回転とともに麹を少しずつ切込み攪拌する。他方，ターナー方式は培養床の回転とともに半径方向に並んだスクリューが麹を持ち上げるように攪拌する。

手入れ機で麹堆積の最下層部まで確実に手入れするために，前述した如く麹堆積時の培養床の平面度維持が重要である。

オ．出麹装置

培養床の半径方向に設けたスクリューが，培養床の内周から外周方向に麹を移送させ出麹を行うが，同スクリューは製麹時には麹に触れない上部空間に留まる。麹堆積を高さ方向に数段に分け，培養床が1回転する毎にスクリューを順次下げ，出麹を行う。出麹に際しても培養床の高い平面度が要求され，培養床に残る麹量が，洗浄の省力化と洗浄負荷の軽減に繋がる。出麹スクリューの一例を図2-86に示す。

ⅱ．空調装置

図2-86　出麹スクリューの一例

発酵と醸造

　醤油用の空調装置は外気導入方式が用いられ，麹層通過後の高温の空気を外気導入によって一部，あるいは全部を置換し所定温度に低下させ，麹層に通風する。外気を導入すると通風空気の相対湿度が下がるため空調機で加湿し，通風空気の相対湿度を100％付近とする。空調機での加湿は，空調機下部の水タンクの水温を調節し，通風時に空調機内で水をシャワー循環するエアー・ワッシャー型が通風式機械製麹装置の開発当時から用いられてきた。しかし，多量の水が必要であること，微生物の増殖に適温の水を空調機内に溜めて空調機内が雑菌汚染されやすいこと，通風空気を100％近い相対湿度に保持できないことがあり，現在は超微粒子型空調装置が用いられる。超微粒子型は特殊二流体ノズルを用い，コンプレッサー空気により霧吹きの原理で水を$20 \sim 50 \mu$という超微細なミスト（超微粒子）として噴霧し，通風空気を加湿する。超微粒子であるため非常に短時間で，水は空気中に溶け込み，加湿効率が向上し空調機も小型化した。超微粒子型は，極少量の水しか使用しないため空調機内の雑菌汚染はエアー・ワッシャー型に比べ大幅に軽減された。

　醤油の製麹は，清酒・味噌に比較し品温経過が比較的低いため，外気温が高い時季は，外気導入での通風空気の所定温度への設定は困難である。したがって，外気導入口にウォーターコイル（ラジエター式冷却器）を設置し，チラー水を流し，外気を冷却する。なお，麹室洗浄後の乾燥のため，外気導入口に麹室乾燥用のプレートフィンヒーターを設置し，外気を加湿し乾燥用空気を調製する。外気を除塵し，空気中の雑菌数を減少させるため外気導入の吸気口に除塵フィルターの設置が望ましい。

iii. 制御装置

　制御装置は品温，送風温の調節，手入れ機の作動制御等を行う。昨今のデジタル制御技術の発達により，機械制御のみならず麹の品温制御の自動化，そしてコンピュータによる製麹管理も可能となった。

　高層堆積による製麹が一般的になったが，品温制御の自動化は従来のPID制御方式では制御が安定せず，適切な品温経過を設定することはできず，そこでファジィ制御による品温自動制御システム等が開発され実用化されている。ファジィ品温自動制御システムの考え方を図2-87に示す。

　最近は制御盤の上位に工業用パソコンを設け，制御情報の入力，運転状態の監視機能以外に日報の作成や，各種データをデジタル的に記録し，そのデータで製麹や運転状況を解析する場合もある。さらに，他工程のコンピュータ，あ

第2章 醸造工業の機械設備

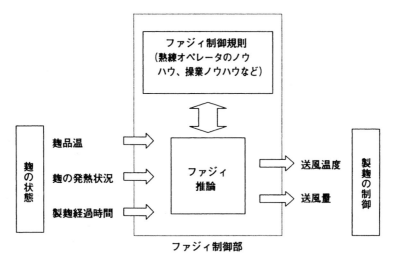

図2-87 ファジィ品温自動制御システムの考え方

るいは生産管理のコンピュータとネットワークで接続する工場もある。一例を図2-88に示す。

2-2-7 飽和塩水の調製・冷却

(1) 飽和塩水の調製

飽和塩水の調製に使用される溶解槽には，溶解方法を異にする各種の溶解槽がある[10]。ここでは，上昇流型溶解槽（図2-89）と水平流型溶解槽[11]（図2-90）を紹介する。

上昇流型溶解槽は，溶解槽に堆積した食塩の下部から水を上昇させ，食塩堆積層を通過する間に飽和食塩水とする。飽和食塩水は，溶解槽の上部から連続的に取り出される。

水平流型溶解槽は，溶解槽に堆積した食塩の下部から水平方向へ水を流し，食塩堆積層を通過する間に飽和食塩水とする。飽和食塩水は，溶解槽の反対方向から連続的に取り出される。

取り出された飽和食塩水はタンクに貯蔵される。仕込み食塩水として使用するには濾過または自然沈降処理を行い，食塩濃度を調整して使用される。

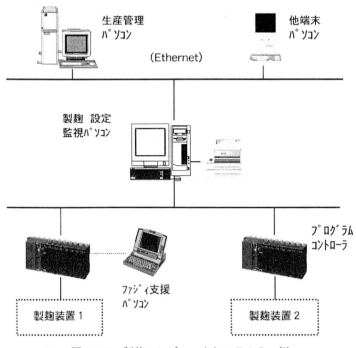

図2-88　製麴コンピュータシステムの一例

（2）塩水の冷却

　塩水の冷却方法は，通常の水の冷却方法と同様である。ただし，塩水と接触する装置の材質に関しては，各種の特殊鋼が使用される。図2-91に塩水の冷却フローを示す。

　チラーユニットにより冷却された冷媒を熱交換装置に供給して，塩水との熱交換を行う。熱交換装置には，蛇管型，プレート型など各種の形状がある。

（3）塩水輸送

i．麴の細分割

　製麴を終了した麴は，塩水と混合されて，発酵タンクに液体輸送される。麴の表面は麴菌の菌糸が覆っているため塩水とのなじみが悪く，発酵タンク内での食塩濃度の不均一による異常発酵が発生する危険性がある。

第2章 醸造工業の機械設備

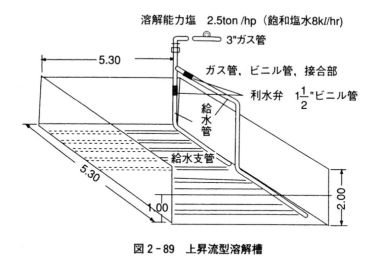

図2-89 上昇流型溶解槽

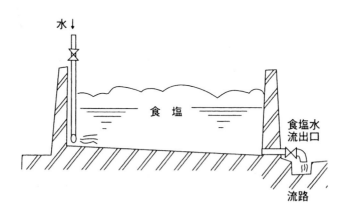

図2-90 水平流型溶解槽

発酵と醸造

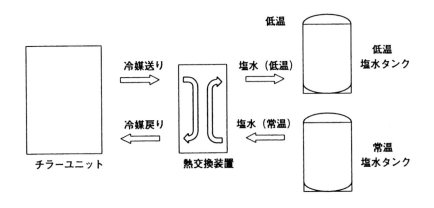

図2-91　塩水の冷却フロー

　麹と塩水との均一混合を目的として使用される装置に，麹細分割装置（図2-92）がある。麹細分割装置は，麹の塊を破砕する通常の麹崩壊機を高性能に改良した装置である。螺旋状に配置したブレードを高速で回転させ，上方から麹を投入して細分割された麹を下方に排出する。この際，麹表面の菌糸はダメージを受けるため塩水との馴染みがよくなり，発酵タンク内での食塩濃度の不均一が発生しなくなる。

　ii. 麹の塩水輸送

　図2-93に，塩水輸送装置を示す。麹と塩水は，混合装置により撹拌混合される。混合装置はスクリューによる搬送機能に加え，撹拌機能を付加した撹拌羽根を組み合わせて構成されている。混合装置から供給される麹と塩水の混合物は，モーノポンプ[12]（スネークポンプ）により発酵タンクまで液体輸送される（図2-94）。モーノポンプは，粘性が高く気泡を含む液体を移送することができるため，麹の塩水輸送に適している。

2-2-8　醤油タンク

　醤油タンクは醤油諸味を発酵させる発酵タンクから出荷や受け入れに関するタンクまで工程に応じてさまざまな性能・機能が要求される。本章では醤油タンクが必要とする性能について概説し，さらに醸造工程順にタンクの種類を列

288

第2章　醸造工業の機械設備

図2-92　麹細分割装置

図2-93　塩水輸送装置

挙し，各タンクに必要な機能を詳説する。
(1) **醤油タンクの性能**
i. 衛生性
　食品タンクとして最も重視すべき性能である。醤油タンクでは醤油の高い塩分等の諸性質によって有用菌の生育に適した状態に保たれているが，液面付近

289

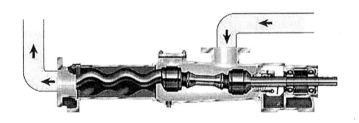

図2-94　モーノポンプ

では雑菌が繁殖しやすく，また発酵タンクの気相部（液が接触していない部分）に当たるタンク肩部分は汚れがこびりついてしまう。したがって，洗浄しやすい形状であり，さらに汚れがすぐ落ちるようタンク表面が平滑であることが要求される[13]。また，付属部品は分解洗浄できる構造が望ましい。

ii. 耐熱性・耐薬品性

火入れ清澄タンクは加熱処理した高温の醬油を受け入れるため，耐熱性が必要である。またタンクの滅菌には蒸気や熱水をかけて行う場合が多い。一方で，非金属など熱に弱い材料は薬品で洗浄・滅菌するので耐薬品性が必要である。タンクの使用に当たっては何℃までの耐熱性があるのか，使用する洗浄・殺菌用の薬品濃度に対する十分な耐性の有無の確認が大切である。

iii. 耐塩性・耐酸性

すべての醬油タンクに共通して必要な性能である。塩類や酸に対して耐性を持たないタンクでは，ただちに著しい性能劣化を起こし壊れてしまう。例えば，酒造用のホーロータンクをそのまま醬油に転用する時には，醬油あるいは塩水の付着によってタンク外側から侵食され，ただちに使用不能となるので注意を要する。

iv. 耐久性

以上の諸性質をクリアした上で，長持ちするという条件はタンク選定における大切な要件である。タンク購入価格と耐久年数の関係は，醬油の製品価格に直接結び付くからである。違う見方をすれば，タンクはいかに優れたものであれ半永久的に使用できるとの認識は誤りである。タンクを長く維持させるには，他の機械設備と同様に各タンクに合った普段の使用方法と管理，そして定期的

な保守が必要であることを忘れてはならない。
(2) 醤油タンクの材質
i. 木桶
　古くは，いずれの工場でも，いずれの工程においても木桶を使用していた。現在でも昔ながらの木桶を大切に伝承し使用している工場も少なくない。しかし使用年数が長くなるにつれ本体である樽木が痩せ，樽木同士を締める竹タガが緩むことが多くなる。現在では木桶の製造や修理のできる技術者が僅かとなってしまい，手持ちの木桶の維持管理が大きな問題となっている。したがって，新規に木桶を導入することは稀である（2-1-16　桶師の世界　参照）。
ii. コンクリート槽
　木桶に比べ，大型化が図りやすいので普及した。しかし，現在ではライニングタンクなどの普及に伴い新たに設置することはなくなった。コンクリート槽は角型に仕切られているため，丸型の桶やタンクより工場敷地を有効に利用できる特長がある。ただし，洗浄性が悪い上に醤油の液性が酸性であるため槽自身の中和が進み，モルタルが剥れ落ちてしまう欠点がある（図2-95）。
iii. ホーロータンク（グラスライニングタンク）
　ホーロータンクは鋼板製の缶体内面にホーローを焼き付けたタンクである。グラスライニングタンクも同様にガラスを焼き付けしている。ホーロータンクとグラスライニングとは焼き付けする材料の成分含量に多少の違いがあるが，

図2-95　コンクリート槽

使い勝手やタンクの性質は類似している。ホーローやグラスライニングは焼き付け温度が高く，化学的安定性が高いため醤油に与える悪影響が少ない特長がある。しかし，高温焼成炉の大きさが限られるためタンクサイズも制限される。また，衝撃により破損しやすい材質のためタンク外面には施工できない。ホーロータンクやグラスライニングタンクの外面は防錆塗料の塗布のみのため，特にタンク外面洗浄を入念に行うべきである。

古来，木桶やコンクリート槽のような開放型の仕込容器では櫂入れ時などに，隣同士の諸味が一部混合し，それが互いに微生物の種を植えることになったり，タンクの粗い内面や蔵の天井などから微生物が持ち込まれるため，特に人為的な微生物の添加は不要であった[14]。

ホーロータンクやグラスライニング表面は大変平滑で，従来に比べて洗浄性が格段に向上したため，その後の主流となる密閉型タンクが登場した。密閉型タンクが主流になると同時期に微生物管理技術が進み，微生物添加が実施されるようになった。

iv. エポキシライニングタンク

鋼板製の缶体に，エポキシ樹脂の塗膜による防錆加工を施したタンクである。塩濃度の高い醤油に対して金属材料は錆びる危険性を有するため，非金属材料によるライニング（コーティングよりも厚い塗膜）を施してある。ホーローやグラスライニングとは異なり，タンク外面にもエポキシ樹脂の施工を施しているため，耐久性がさらに向上した。

エポキシ樹脂は主剤と硬化剤を混合し，三次元の架橋構造を形成した化合物である。接着性，靱性，機械的強度が高く，耐薬品性に優れるという特長がある。ライニングに使われるエポキシ樹脂は缶体から剥れ難く，醤油による樹脂の劣化がないので，他のタンクやコンクリート槽に比べて耐久性に優れている。

タンク本体に使用する鋼板は炭素鋼で，炭素と鉄の合金である[15]。鋼板でタンク缶体を製作し，エポキシライニングを施工する前にブラスト処理を行う。ブラスト処理とは，缶体にグリットと呼ばれる粒子を高速で噴射し，その衝突打撃で鋼板表面の赤錆，黒錆を落とす処理である。また，このブラスト処理によって缶体表面に微細な凹凸を作り，エポキシ樹脂との接着面積を増やすことでその接着性を高める効果がある。鋼板缶体に形成した凹凸はエポキシ樹脂のライニング皮膜の厚みによって吸収され，平滑なライニングタンク表面に仕上がる。

エポキシライニングタンクの出現で，冷・温水が通水できる二重構造のジャケットタンクが初めて開発され，内容物の温度管理が可能となり，以来，品質管理が飛躍的に容易となった。

最近，工業用化学物質と環境ホルモン（外因性内分泌攪乱化学物質）の関係が話題となっている。現在，ホルモン様作用物質として化学物質約70種類が疑わしいとされている[16]。このうち，エポキシ樹脂に関連しビスフェノールAが考えられる。ただし，タンクライニング用エポキシ樹脂にはビスフェノールAは使用されていない。

v. FRPタンク

ガラス繊維に樹脂を含浸させて成形されるタンクである。タンク本体は軽量で小型タンクに適し，一般的に安価なことが特長である。ただし，使用される樹脂の性質上，スチレンモノマー由来の臭いがある。また光の透過性があり，中身の液面が外側からわかる反面，光による醤油品質の劣化に注意を要する。

vi. ステンレスタンク

金属材料で腐食の危険性があるため，ほとんど普及していない。ただし，ライニングタンクと同様にその構造強度が高く，大型化が可能であること，複合材料でないため改造しやすいことが特長である。

ステンレス鋼とは鉄を主成分とし，一般にはこれに11％以上のクロムを含む合金である[17]。さらに，必要に応じてニッケルやその他の元素（モリブデン，銅，ニオブなど）を配合添加し，溶解精錬して製造される。現在使用されているステンレス鋼は，JIS規格鋼種以外も含めると200種類以上にもなる。その主要成分および金属組織の見地から，基本的にはア〜カまでの5タイプに分類される[18]。

ア．マルテンサイト系

13％のクロムを含有し，マルテンサイト組織を有する。焼き入れ硬化性が優れているため，刃物などの耐摩耗製品に多く使用されている。代表鋼種はSUS420J2等である。

イ．フェライト系

18％のクロムを含有しフェライト組織を有する。大幅な熱変化の繰り返しに強く，熱を利用する機器に使用される。代表鋼種はSUS430等である。SUS444はSUS430の耐食性を高めた鋼種で温水タンク，貯水槽に使われ，一部食品機器にも用いられる。

ウ．オーステナイト系

ステンレス鋼の中では最も生産量が多く，用途も多岐にわたっている。食品用タンクとして使用されるのはこの鋼種であり，耐食性が高く，酸に対しても強い。代表鋼種はSUS304，SUS316等である。SUS304はクロム18％，ニッケル8％を含有し，18－8ステンレスとも呼ばれる。SUS316はSUS304の耐食性を高めるため，モリブデンを加えた鋼種である。しかし，醤油ではさらに耐食性の高いSUS316L（SUS316の極低炭素鋼）でも長期の安全性は期待できない。
　エ．オーステナイト・フェライト系（二相系）
　オーステナイトとフェライトが混在した組織を有している。耐酸性，耐孔食性（塩化物環境下でステンレス鋼表面に発生する点錆への耐性），耐応力腐食割れ性（応力によって加速される腐食への耐性）に優れている。貯水槽や原子力発電所の設備に使用されている。代表鋼種はSUS329J4Lである。
　オ．析出硬化系（PHステンレス鋼）
　析出硬化熱処理によってマルテンサイトの組織に金属間化合物を析出させ，強度を高めた鋼種である。オーステナイト系の強度不足，マルテンサイト系の耐食性，および加工性不足を補うために開発された。代表鋼種はSUS630などである。
　カ．スーパーステンレス鋼
　海水に対する耐食性を高めた鋼種で，特に高温条件での耐食性が特長である。他のステンレス鋼に比べてクロム，モリブデン，窒素の含有量が高い。スーパーステンレス鋼は金属元素が多く含まれる鋼種に対する呼称であり，上記の金属組織による分類とは異なる。したがって，二相系，オーステナイト系，フェライト系など各鉄鋼素材メーカー独自の鋼種を出している。最近醤油タンクへの応用試験がなされつつあり，今後の動向が注目される。
（3）タンクの種類と機能
　i．発酵タンク
　諸味タンク，あるいは仕込タンクとも言う。原料を投入し，醤油諸味を発酵熟成させるタンクである。発酵タンクには以下に説明する品温制御機能，空気撹拌機能等が必要であり，また諸味は固形分が多いため，底形状は払い出しが容易なコニカル（コーン状）構造となっている（図2-96）（図2-97）。
　ア．品温制御機能
　品温制御とは，タンク内容物の温度をコントロールすることである。醤油タンクの大型化に伴い，諸味の良好な発酵経過の誘導には，冷水・温水による諸

第2章 醸造工業の機械設備

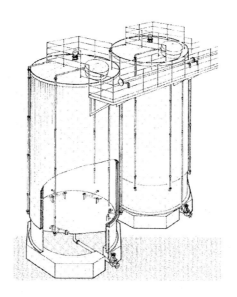

図2-96 発酵タンク断面図

図2-97 屋外発酵タンク

味品温の温度コントロールが不可欠となった。品温制御により,品質の安定化,仕込み時期の違いによる品質の差がなくなり,目標とした品温管理が容易に再現可能となり,高品質な製品の安定的な製造が可能となった。

室温の影響を受けやすい小型タンクにおいては,冬に仕込み,徐々に気温が上昇するのは好都合であるが,夏場の高温条件では麹の酵素による分解が微弱な初期に乳酸菌・酵母が急激に増殖し,良好な諸味とならない場合があり[10],こうした小型タンクにおける季節的影響を減少させるため温度コントロールは重要である。

コンクリート槽では槽の外側に温風を流し,品温制御を行っていたが,冷却ができないことが問題であった。

最近では,品温制御効果が高く,加温・冷却が可能なジャケットタンクが主流である。ジャケットタンクは構造が二重になっており,冷・温水入口配管の弁開閉によって制御される。調節方法は種々あるが,タンク内の温度センサーが諸味の品温を感知し,品温制御盤内の温度調節計からの信号で電動バルブの開閉を制御する方法が現在,主流となっている。温度調節計は設定温度に対し,現在温度の高低でバルブ開閉信号を出力する情報処理計器であり,目標温度を逐次設定する半自動タイプと,発酵期間中の目標温度経過を記憶し制御する全自動プログラマブルタイプがある。ただし,醤油醸造は発酵期間が長く,手動

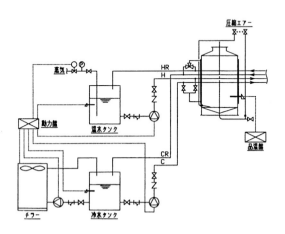

図2-98 醤油発酵タンク品温制御フローの一例

弁による操作でも対応することが可能である（図2-98）。

　イ．タンクの断熱

　ジャケットタンクの加温冷却効果を高める目的で，断熱施工を行う。タンク全体を断熱加工することにより，冷却時の結露防止など加熱源や冷凍機の負荷逓減にもなり，特に屋外タンクにはほとんど断熱施工がなされている。

　ウ．空気撹拌機能

　諸味の発酵にはさまざまな微生物が関与しているが，特に酵母に関しては好気的発酵の促進を要する。また，タンク内の諸味の均一化を図るうえでも空気撹拌は重要である。木桶などの小さな槽では櫂棒による櫂入れで撹拌可能であるが，大きなタンクでは空気圧縮装置（コンプレッサー）を用いて強制的に空気を送り，撹拌する。発酵タンクの側面には空気送り込み用のノズルが数本あり，コンプレッサー，エアドライヤーを通った圧縮空気が定期的に送られる。撹拌回数，撹拌時間はメーカーによりノウハウがあり，タイマー制御方式と手動方式がある。

　エ．脱臭装置

　工場の立地条件によっては発酵時に発生する臭気が周辺環境に好ましくないケースがある。脱臭装置は発酵ガスを回収し，臭気をやわらげて排出する装置である。発酵ガス中には特にアルコール系の揮発物質が多く含まれており，その再利用が可能な装置もある。

　ii．生揚げタンク

　生揚げ貯蔵タンク，生貯蔵タンクとも言われる。諸味圧搾後の生醤油を貯留するタンクである。圧搾機を通過した澱を貯留中に沈降させる役割をもつ。澱は25～30℃であれば4～7日で分離されるが，品質低下を抑えるため15℃以下に冷却し，時間をかけて澱下げを行うケースが多くなってきた[14]。冷却には上部マンホールネックから工業用水や井戸水を掛け流して水の温度と蒸発熱によって品温を下げる（シャワーリング）冷却方式が従来は多かったが，現在ではジャケットタンクによる冷却が主流である。タンクには上出口と下出口があり，上澄みの排出には上出口が使われる。

　iii．火入れ清澄タンク

　加熱火入れ後の醤油を貯留するタンクである。醤油は60～80℃で火入れされるが，その際にまた新たに澱が発生し[14]，その澱を沈降させる役割を有する。タンクには生揚げタンク同様，上出口と下出口がある。

火入れ清澄タンクには加熱されたままの醤油が入れられるため耐熱性が要求される。なお，急冷時は熱負荷が大きく，シャワーリングによる冷却が主流である。冷凍機を介した冷却水の使用には，冷凍機負荷計算を行い，余裕のある冷凍設備の選定が肝要である。

 iv．調合タンク

 火入れ冷却後の醤油をブレンドし，製品化する混合用タンクである。スクリュー式の撹拌機が付いている。

 v．製品タンク

 瓶詰め前のストックタンクである。他の工程のタンクに比べ小型で，撹拌や加熱を行わないことから，比較的広範な材質のタンクで対応可能である。

 vi．サービスタンク

 加工メーカーが醤油を受け入れる際に使用する，受け入れタンクである。タンクローリーで搬送された醤油を受けるため，屋外に設置される。ライニングタンクのような遮光性タンクには液面計を設け，受け入れ量をわかりやすく明示している。液面計には，タンク外側にガラスまたはポリカーボネイト製の管を立て，醤油液面を可視化したもの，圧力計の原理を応用したもの等がある。

2-2-9　ホーロータンク

 大正15年，ナダホーローがドイツより技術輸入し製品化した。昭和25～38年頃には全国で十数社がその生産に携わっていたが，現在は1社のみとなっている。鋼板製のタンクにシリカというガラス粒子を吹き付け，約900°Cで焼成すると，鉄とガラスが極めて良好に溶着する。その後の冷却段階で鋼板との熱膨張の差により，タンク内部ガラス層に圧縮応力を発生させたタンクである。ホーロータンクは鋼板の強靭さと，ガラスの高耐蝕性を有する。

 ホーロータンクは以下の長所を有する。表面の接触角が極端に小さく，滑らかで洗浄が容易である。金属イオンによる汚染がなく，電蝕疲労を生じない。プラスチックのような経年劣化を生じない。その半面，比較的高価であり，取扱い・補修が難しい等の短所も存在する。

 他材質タンクの技術改良による信頼性の向上と価格低下に押され，ホーロータンクの需要が徐々に減少し，近年では精密化学・医療分野・原子力機器等の限定された使用分野となっている。ただし，過去の生産数量が大量で長寿命であるために，未だに多くの醸造会社がホーロータンクを多用している。なお，

環境ホルモンの観点から、プラスチックの溶出問題が注目され、ホーロータンクを新しく導入する傾向もある。

2-2-10　FRPタンク

従来の木桶、ホーロータンクに代わる容器として、味噌、醤油業界ではFRP製タンクが現在広く使用されている。

FRP製タンクの利点として
① 外観が半透明色なので、外から液量の確認ができる。
② 軽くて、強いために、タンクの移動等も簡単にできる。
③ 内表面が滑らかなので、雑菌に汚染されにくい。
④ ステンレス製タンクに比べて価格が安価である。
⑤ 修理や改造が簡単にできる。

タンクの種類としては、大きく分けて単板タンクと断熱タンク（硬質ウレタン注入）に分けることができる。

単板タンクとしては…各種タンク（醤油貯蔵用、味噌醱酵用他）

断熱タンクとしては…諸味醱酵タンク、酢醱酵槽、酵母培養槽、各種温冷蔵タンクなどがある。

(1) 製作方法

ア．タンク本体の成形…離型処理した型上に裁断済みガラス繊維を置き、不飽和ポリエステル樹脂をロール等で含浸させていきながらガラス繊維の中の気泡を脱泡する。

タンクの容量に応じて、この繰り返しを多くして肉厚を厚くする（ハンドレイアップ法）、またはエンドレスのガラス繊維を円周方向に巻きつけていく方法（フィラメントワインディング法）とを併用する。

イ．タンク天井、マンホール、液出入口等の部品を成形後のタンク本体へ取り付ける（取り付ける箇所をサンディングして表面を荒らし、ガラス繊維と樹脂を使用して接着する）。

(2) 主な材料

ア．不飽和ポリエステル樹脂、
　オルソ系…水タンク等に使用する。
　イソ系…温度80℃以下、pH10以下の内容液に使用する。
　ビニールエステル系樹脂…イソ系より温度、酸、アルカリに対して耐食性

が優れている。

イ．ガラス繊維

チョップドストランドマット…ロービングを50ミリに切断して,無方向に均一な厚みに積み重ねてマット状にしたもので,強度の方向性がない。

ロービングクロス…ロービングを織ってクロス状にしたもので強度が著しく強い。

ロービング…ガラス繊維の束を適当な本数引き揃えた,エンドレスのガラス繊維で長さ方向の強度が非常に大きい。

サーフェースマット…強度にはほとんど寄与しないが成型品の表面を平滑にする。

一般的にはマット＋クロス＋マットのようなガラス構成を繰り返し,肉厚を厚くする。

ウ．副資材

硬化剤…不飽和ポリエステル樹脂の常温硬化剤としてナフテン酸コバルトと組み合わせて用いる（0.5～2.0％の範囲内で使用する）。

促進剤…硬化剤と組み合わせて使用する。

硬化遅延剤…夏季に,硬化剤0.5％の添加でも硬化が早い時に0.2～0.5％の範囲で使用する。

空気硬化剤（パラフィンワックス）…ポリエステル樹脂は空気に触れる面が完全に硬化しないので,硬化時にワックスを表面に浮き出させて空気を遮断することで,完全に硬化させることを可能にする。

離型剤…FRP積層作業で型と積層したFRPの食いつきを避けるため型の表面に塗布する。

着色剤…ポリエステル樹脂の着色に使用する。

（3）アフターキュア

完成したタンクは乾燥した部屋の中で加温し,樹脂を完全に硬化させると同時に脱臭も行う。

2-2-11 醤油の圧搾

その昔,中国から伝えられたという醤（ひしお）,その原料も肉から大豆に変り,瓶（かめ）の底にたまった液汁が美味なことから,その醤を布に包んで搾り出した透明の汁が醤油のはじまりである。醤油の工業化は室町時代にはすで

第2章 醸造工業の機械設備

に醤油として売られていたことから同時代に始まったと思われる。醤油を搾るには濾布（filter cloth）を使用し長い時間をかけて搾るが，この方法は現在も変わっていない。圧搾装置（図2-99）も時代とともに進歩しているが，ここに2, 3の方式を記す。

（1） 従来より行われている圧搾方式（1960〜）

【第1日目】濾布への諸味充填作業（舟掛け作業）および自然垂れ

圧搾槽（舟）に67cm×67cmの枠を4列に並べ，1×1mのナイロン製の濾布に諸味10lを充填して包み込み，1列当たり20段積み重ねる。約8kl詰め終わって充填を終了する。この舟掛け作業に1名約5〜6時間を要する。

濾布に充填された諸味は，濾布の内面に濾過膜を形成しながら澄んだ醤油が翌朝まで出てくる。これを自然垂れと言う。

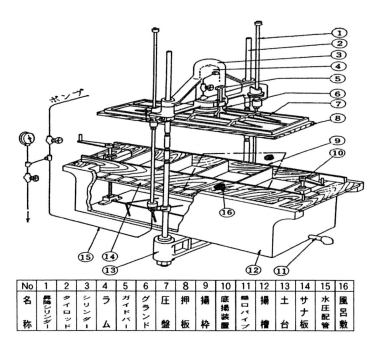

No	1	2	3	4	5	6	7	8	9	10	11	12	13	14	15	16
名称	昇降シリンダー	タイロッド	シリンダー	ラム	ガイドバー	グランド	圧盤	押板	揚枠	底揚装置	窯口パイプ	揚槽	土台	サナ板	水圧配管	風呂敷

図2-99　揚槽用水圧機の外観図

自然垂れで翌朝まで置いた諸味から醤油の約50％が回収される。
【第2日目】水舟圧搾（予圧圧搾）
　朝から圧搾機にかける。最初の1時間は圧搾機の自重だけで搾り，濾布を落ち着かせた後，徐々に5〜6時間かけて$150kg/cm^2$まで加圧する。
　同圧力を保持したまま翌朝まで圧搾する。水舟圧搾の最終面圧は$8\ kg/cm^2$とし，この工程で醤油の約45％が回収される。
【第3日目】押切圧搾
　最終圧搾の工程で，水舟2台分の予圧後の諸味を押切プレスへ1列に高く積み上げる。濾布を1列に積み上げ，曲がらずに圧搾することは至難の技術である。
　徐々に加圧し$150kg/cm^2$の達圧を確認し，翌朝まで圧搾する。
　押切圧搾の最終面圧は$55kg/cm^2$，醤油の回収は5％，水分は約28〜30％となって醤油の圧搾は完了する。
【第4日目】粕出し作業，濾布洗濯および脱水
　以上，一般に行われている醤油圧搾について概要を述べたが，ここに記すように醤油圧搾には非常に時間がかかり，かつ熟練した技術が必要とされる。
　近年，特に大容量化，省力化，取り扱い容易を目標に開発された装置に後述する2機種があり，大手メーカーを始め相当数が稼動している。
　ただし，最新の装置でも上述の基本的な圧搾工程はほとんど変わらない。
（2）　Y-2圧搾装置（図2-100）
　1990年頃までに完成して，国内はもとより海外の醸造工場で最も多く使われている代表的な圧搾装置である。
①1日当たりの諸味処理量24kl，5,000〜6,000kl／年
②自動機器による，諸味充填・濾布折畳
③専用ケージ（鋼板製）を使って圧搾するため，濾布が倒れない（熟練工不要）
④充填完了のケージ（重量12t）の移動にエアーベアリングを採用しているので，軽く移動できる
⑤圧搾場全体が非常に清潔である

第2章 醸造工業の機械設備

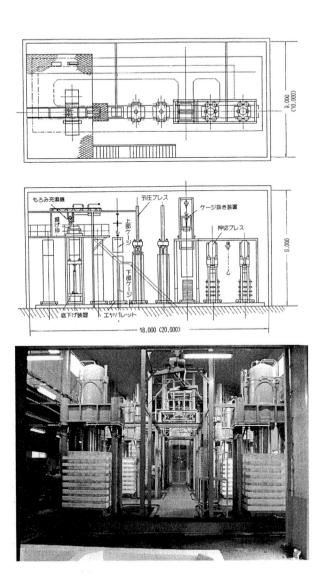

図2-100 Yシリーズ圧搾装置配置図

i. 装置の構成（諸味 24kl 揚げの主要機器）

	機種	数量		機種	数量		機種	数量
1	底下げ装置	1	12	プレス用油圧ユニット	1	23	諸味ストレーナー	1
2	固定揚げ枠	1	13	移動ゲージ（上部）	3	24	諸味ポンプ	1
3	自動諸味充填機	1	14	移動ゲージ（下部）	5	25	諸味圧送タンク	1
4	自動濾布折畳機	1	15	押切ゲージ	2	26	濾布および上蓋	
5	充填・折畳機制御板	1	16	エアーパレット	7	27	テーブルリフター・作業台	1
6	充填機用油圧ユニット	2	17	パレット用コンプレッサー	1	28	4段ロール粕剥ぎ機	1
7	作業架台	1式	18	底板	9	29	粕分離ドラム	1
8	80ton予圧プレス	2	19	上部ケージ吊上装置	1	30	割砕スクリューコンベアー	1
9	予圧プレスバルブ盤	2	20	ケージ抜き装置	1	31	粕クラッシャー	1
10	100ton押切プレス	2	21	エアーパレットガイド	1式	32	濾布洗濯・脱水機	1
11	押切プレスバルブ盤	2	22	諸味加温機	1	33	濾布整列機	1

ii. 充填工程

エアーパレットの上に下部ケージ，上部ケージを接続し，充填用固定揚げ枠にセットする。この時のケージの総高は6.5m，2階充填場では諸味充填に備えて底下げ用の底板をセットし，濾布および上蓋各400枚を定位置に並べ，充填作業を開始する。

濾布はナイロン製1.35×1.35m，上蓋0.8×0.8m，濾布折畳寸法1×1 mであり，諸味充填は1枚当たり30l，濾布拡げ，充填，折畳，上蓋乗せ，1サイクル30秒を要する。1ケージ400枚（12kl）の充填時間は3.5時間で，午前中に充填作業は終了する。午後の作業開始時にケージ移動して，2本目の充填作業を行う（図2-101）。

iii. 予圧工程

自然垂れで翌朝まで留め置かれたケージは，下部ケージのみの状態で予圧プレスにかける。出力80ton，圧搾時間22時間，最終面圧 $70kg/cm^2$ とする。

iv. 押切り工程

予圧プレスのケージ内で圧搾された諸味は，ケージ抜き装置で下部ケージを外し，頑丈な構造の押切りケージを被せ，最終圧搾を行う。

v. 粕剥ぎ濾布処理

第 2 章　醸造工業の機械設備

図 2 - 101

　1 日分の出粕 800 枚を粕剥ぎ機にかけ，粕は粉砕しストックタンクへ，濾布は洗濯，脱水し，翌日の充填に備える。
（3）　長尺濾布圧搾装置
　濾布を使用して醤油もろみの圧搾をしている現在において，長尺濾布圧搾装置は最も進んだ究極とも言える圧搾装置である。最大手の工場では殆ど本装置で操業しているが，一般にはほとんど使われていないのが現状である。
　①大容量の諸味処理
　②諸味充填，予圧時間の短縮
　③省力化
i. 三つ折り，充填，予圧圧搾工程（図 2 - 102）
　ナイロン濾布 幅 3 m ×長さ 2,000m を三つ折り機に通して，先端より筒状に幅 1 m に畳まれた充填ノズルの前後の動きで濾布が繰り出される。
　ケージは幅 1 m ×長さ 3 m，諸味を吹き出しながらノズルが 3 m 端に達すると交互に押え棒で濾布を押え，ノズルは反転して，また 3 m の充填を繰り返す。諸味充填量は 1 枚当たり 90l，650 ターン 58kl を 1 日に 2 回充填する。 1 日の処理量は 116kl，ケージの高さ 8 m であり，諸味ポンプは充填ストロークの 3 m に合わせて前後の片寄りのないよう正確に 90l 充填し，制御を行っている。

図2-102 三つ折り，充填，予圧圧搾工程

予圧プレスの出力は180t，ストローク7.4m，約2時間ほど自然垂れの後に予圧圧搾を開始し，5.5時間で最終面圧6 kg/cm²に達する。予圧完了と同時にケージ下部の扉を開き，粕を取り出し，押切プレスへ移動する。

ii. 押切圧搾工程

予圧プレスからエアーパレットごと引き出されたもろみは押切りプレスに挿入され，23時間圧搾する。押切りプレスの最終面圧70kg/cm²，プレス出力2100t，これにはY-2型のように押切りケージは使えないので圧搾中に曲がり，倒れが起きぬよう万全の制御装置が施されている。

iii. 粕剥ぎ濾布処理工程

押切完了した醤油粕は，エアーパレットとともに濾布処理機に移動し，粕剥ぎされ細かく粉砕，濾布は洗濯，脱水，巻取機に収容する。この濾布処理工程は全自動で運転されている。

(4) **長尺濾布圧搾装置の将来的な展望**

以上，紹介した長尺濾布圧搾装置は超大型で一般的でなく，将来的には若干小型化し，かつケージを使用して圧搾する方式を開発中で，現在のY-2型に代わり次世代の醤油もろみ圧搾装置になると考える。

2-2-12 濾過・火入れ

(1) 濾過

濾過装置には各種の形態[20]があり,生揚濾過と製品濾過に使用されている。従来は,フィルタープレス型濾過機[21](図2-100)とリーフ型濾過機が主に使用されてきた。他に,素焼き円筒や膜フィルタをカートリッジとして使用する濾過機もある。近年では,精密濾過膜(MF膜)や限外濾過膜(UF膜)を使用した膜濾過装置[22]の利用も増加している。

i. フィルタープレス型濾過機

図2-103に示すフィルタープレス型濾過機は,濾板と濾枠の間に濾紙または濾布を挟み,多段に構成する。セライト等の濾過助剤をプレコートして使用する。濾枠に供給された原液はプレコート層を通過して濾過され,濾板から集液管を通り清澄な濾液として排出される。

ii. 膜濾過装置

膜濾過装置に使用される膜の材質には,有機高分子膜と無機系のセラミック膜等がある。一般には,有機系の高分子膜が広く利用されている。膜の種類は,

図2-103 フィルタープレス型濾過装置

微生物程度の固形物を分離する精密濾過（microfiltration：MF）膜，蛋白質程度の大きさを分離する限外濾過（ultrafiltration：UF）膜，イオン程度の大きさを分離する逆浸透（reverse osmosis：RO）膜に大別される。醤油の濾過には，MF膜とUF膜が主に使用される。膜の形状には，膜を巻き込んだ形状のスパイラル型，筒状に形成したチューブラー型，細管状のホローファイバー型，平膜型などがある。

図2-104に示す膜濾過装置は，ホローファイバー型の有機高分子MF膜を使用した装置である。膜濾過装置の濾過方法には，デットエンド型とクロスフロー型がある。デットエンド型は，原液をモジュール内に押し込み濾過された液だけがモジュールから排出される。クロスフロー型は，モジュール内に供給された原液の中で，濾過された濾液と濃縮液に分離されて排出される。濃縮液は原液タンクに供給され再度モジュールに供給される。

（2）火入れ

火入れには，加熱装置，冷却装置，各種タンクが必要である。加熱装置には，2重釜，蛇管式熱交換器，パイプヒーター等が使用される[23]。近年では，熱効率の高いプレート型熱交換装置[24]（図2-105）を採用することが多い。プレー

図2-104　膜濾過装置

第2章　醸造工業の機械設備

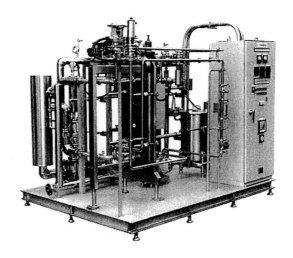

図2-105　プレート型熱交換装置

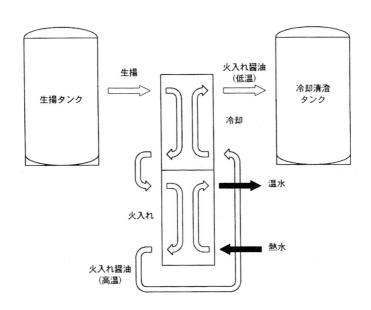

図2-106　プレート型熱交換装置のフロー

ト型熱交換装置の接液部には,耐塩性ステンレスやチタン等の特殊鋼が使用される場合もある。

図2-106に,プレート型熱交換装置における一般的な各液のフローを示す。プレート型熱交換装置に供給された生揚は,火入れされた醤油と熱交換し,生揚の温度を上昇させるとともに,火入れ醤油の温度を低下させる。次に,生揚は温水または熱水と熱交換し,所定の温度まで加熱される。最後に,生揚と熱交換をすることで一部冷却され,冷却装置へと移動する。冷却装置を備えたプレート型熱交換装置では,冷水を使用して瞬時に冷却することもできる。一般的な冷却装置は,清澄タンクの外面を流水で冷却する方法を採用している。

引用文献

1) 武田清悦:特開,昭53－91191 (1978)
2) 伊藤秀明:日本醤油研究所雑誌,25(2),61 (1999)
3) 醤油の醸造技術:(財)日本醸造協会,p.62 (1988)
4) 梅田勇雄:醸協,62(5),467 (1967)
5) 栃倉辰六郎偏,福島男児:醤油の科学と技術,日本醸造協会 (1988)
6) 安田敦,茂木孝也他:調味科学,20,7,20 (1973)
7) 吉備政次郎:連続蒸煮装置について(ヤマサ醤油株式会社) (1957)
8) 原田芳祐,川口進三:特公昭47－26708,特許公報 (1972)
9) 狩山昌弘:日本醸造協会誌,92,11,798 (1997)
10) 醤油醸造の最新の技術と研究:(財)日本醸造協会,p.48 (1972)
11) 醤油の醸造技術:(財)日本醸造協会,p.70 (1988)
12) 兵神装備カタログ:兵神装備(株)
13) 全国醤油工業協同組合連合会:醤油製造工場HACCP手法導入マニュアル,p.50-54 (1999)
14) 栃倉辰六郎編:「醤油の科学と技術」,日本醸造協会,p.142-143,241-242,244-246 (1988)
15) JIS規格 JIS G 0203「鉄鋼用語(製品及び品質)」 日本規格協会 (1984)
16) 矢田美恵子,川口博子,佐々木健:改訂・増補 廃棄物のバイオコンバージョン,地人書館,p.277-282 (2001)
17) ステンレス協会編:ステンレス鋼便覧－第3版－,日刊工業新聞社,p.1338-1342 (1995)

18) 建設省建築研究所，ステンレス協会，ステンレス建築協会：新ステンレス鋼利用技術指針，p. 1-13 （1993）
19) 海老根英雄，廣瀬義成：味噌・醤油入門，（社）日本セルフサービス協会，日本食糧新聞社，p. 191-198 （1994）
20) 醤油の醸造技術：（財）日本醸造協会，p. 271 （1988）
21) 発酵食品機械総合カタログ：全国醸造機器工業組合，p. 116 （1997）
22) 発酵食品機械総合カタログ：全国醸造機器工業組合，p. 258 （1997）
23) 醤油の醸造技術：（財）日本醸造協会，p. 255 （1988）
24) 日阪製作所カタログ：（株）日阪製作所 （1998）

第3章　醸造分析

3-1　仕込み実験

3-1-1　味噌

一般的な辛口味噌の製麴，仕込み，熟成の工程の要点を以下に示す。

(1)　米麴・麦麴の製造

i. 米・麦の処理

搗精（精白）：　原料の精白歩合が高く，蒸し原料の水分が高いほど麴菌の胞子は，早く発芽する。

洗浄：　味噌の色調に影響する。

浸漬：　水分の制御。

水切り

蒸きょう

放冷：　麴菌胞子の発芽，蒸し後の水分に影響する。

ii. 製麴（麴蓋）

麴室内において，麴蓋を用いた手作業の製麴と強制通風による品温調整が容易な機械製麴の2方法がある。

麴菌の生育最適条件は品温36℃前後，関係湿度は95％以上である。

a)　麴室（加温・加湿部屋）内に蒸し原料を引込み，種付け（種麴を撒布）し，保温（毛布・布に包む）する。

b)　種付け後，胞子は蒸米から吸湿し1～2時間で接種された50％以上の胞子の発芽が始まり，3～5時間後には発芽を終了する。

　　8～10時間後からは自らの呼吸熱のために発熱し始め，種付け後15時間頃より発熱が顕著となる。そこで，酸素の供給と炭酸ガスの排除，そして麴品温の低下のため切返しを行う。なお同時点あたりから，麴菌の増殖を肉眼で確認できる。

c)　切返し後，麴を包んだ布から出して麴蓋の中央に盛り，これを麴室内の

棚上に並べ，麹菌の培養を続ける。
d) さらに増殖すると，麹菌の菌糸が絡み合って通気は著しく困難となる。そこでカステラ状に固まった麹を崩壊し，通気を良好とし，新たに麹菌の増殖を促すため，手入れ（第一手入れ：仲仕事）と称し，混合する。その後，再び手入れ（第二手入れ：仕舞仕事）を行う。さらには，麹蓋の積替え（高位が暖，低位が冷）を行う。
e) 製麹温度と各種酵素生産の関係は，アミラーゼ力価は40℃ ≧ 35℃ > 30℃，プロテアーゼ力価は30℃ ≧ 35℃ > 40℃ の順となる。製麹中の品温は，前半は35℃程度，後半の出麹近くには38℃前後の温度経過をとる。
f) 40〜45時間で出麹（麹菌の増殖を終了）とする。出麹は甘みが強い程よい。

iii. 簡易試験法（河村氏法）
簡易器材を用い，短時間で麹の良否を判定可能である。
ア．器具
① 糖化用：300ml容三角フラスコ
② 濾液の受器：200ml容三角フラスコ
③ 濾過用：直径12cm漏斗，濾紙（No. 2）
④ 蔗糖計（ボーリング計）：目盛は0〜30度位で小型のもの（100mlのメスシリンダー内で使用）

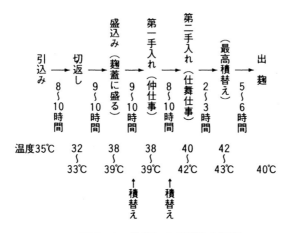

図3-1　麹蓋による製麹の経過

⑤ 濾液量測定：100ml メスシリンダー
⑥ 糖化温度保持用：恒温水槽
⑦ pH 測定：pH メーター
⑧ 濾紙：直径24cm（No. 2）
イ．方法
① 麹をもみほぐして塊をなくし，麹100gを300ml容三角フラスコに入れ，温湯（約70℃）200mlを加え，撹拌し，これを56℃に保った恒温水槽に入れ，途中2〜3回，ガラス棒で撹拌し，正確に1時間糖化させた後，ただちに冷水中で冷却する。
② 糖化液を4つ折りにした濾紙で，正確に1時間，濾過する。
ウ．判定
① 濾紙上に残った残渣を指で潰して，その溶解程度を調べる。これにより米の蒸し，麹の破積込みの良否を判定する。
② 100ml容メスシリンダーで濾液の量を計り液化力とする（通常90〜110ml）。
③ 蔗糖計でメスシリンダー中の濾液の糖濃度を計り，糖化力とする（通常18〜21度）。
④ 濾液のpHは5.7〜6.0を示す。これにより雑菌汚染の有無を判定する。
⑤ 濾液の色，香味を官能審査する（通常，透明感のある淡黄色で甘い香りがする）。濁り，強い酸味は雑菌汚染の有無を示す。
iv. 出麹の保管
出麹を冷却後，食塩（仕込みに使用する食塩全量の1／3量）を混合し塩切り麹とし，冷蔵する。

（2） 大豆の処理
① 洗浄
② 浸漬（原料の約3倍量の水に浸漬する）
③ 蒸熟・煮熟
④ 擂砕

（3） 仕込み
麹，蒸煮大豆，食塩（および適量の種水，発酵に必要な有用微生物）を均一に混合し，熟成容器に詰める。
i. 仕込み配合

a) 食塩量

味噌, 麹歩合, 熟成期間によって異なる。

$$\text{食塩量} = \frac{\text{予定食塩}(\%) \times (\text{蒸煮大豆重量} + \text{麹重量} + \text{種水量})}{100 - \text{予定食塩}(\%)}$$

b) 種水量（種菌の添加）

仕込み水分を調節し，発酵熟成を円滑にすると同時に，製品味噌の固さを調整する。蒸煮大豆・麹の水分，および原料配合によって異なる。種水は仕込み食塩と同濃度の食塩水を使用する。

$$\text{種水量} = \frac{\text{仕込予定水分}(\%) \times (\text{蒸煮大豆重量} + \text{麹重量}) - (100 - \text{予定食塩}(\%)) \times (\text{蒸煮大豆の水分量} + \text{麹の水分量})}{100 - (\text{仕込み予定水分}(\%) + \text{食塩}(\%))}$$

c) 対水食塩濃度（％）

目的の食塩濃度が同一であっても，水分の多少によって微生物の生育や熟成に影響を及ぼす。

ii. 培養微生物（酵母・乳酸菌）

発酵・熟成にあずかる有用菌（種菌）として添加する。

iii. 踏込みと重し

発酵を均一に行うため，間隙のないよう均等に踏込みを行い，嫌気条件とする。踏込み後，表面を平らにならし，ポリエチレンシートで表面を密封する。

さらに，押し蓋で覆い重しを載せる。重しにより液汁（たまり）が滲み出て空気との接触を断つ。重しの重量は仕込み量の2～3割程度である。仕込み終了後，容器の外周が汚れていると，産膜性酵母が発生し香気を損ね，またダニ類の発生の原因となるので，清潔に保つ。

iv. 仕込み温度

温　　醸：30～32℃

天然醸造：20℃ 前後

（4） 熟成（発酵）

麹の酵素による原料成分の加水分解と，耐塩性乳酸菌・酵母による発酵生産物が，味噌らしい色沢，香味を醸成する。

加水分解作用は仕込み後2週間の間に急速に進む。一方，耐塩性微生物は仕込み初期から徐々に活動し，さらに酵素分解物を資化し，発酵は旺盛となり，酵素分解と微生物発酵が同時に並行し，進行する。

3-1-2 醤油

本醸造濃口醤油の一般的な製麹・仕込み・熟成・圧搾・火入れの工程例を以下に示す

(1) 原料および原料処理

i. 大豆，脱脂大豆

ア．大豆

洗浄し，浸漬後，原大豆に対し重量で2.1倍，容量で2.2倍になる。処理後の水分は，製麹法により異なる

イ．脱脂大豆

130%散水（脱脂大豆1 kgに熱水1.3lを添加）する。

ウ．蒸煮

蛋白質を適度に変成させ，窒素利用率を向上させる。

① 無圧蒸煮・加圧蒸煮（定置缶）
② NK式原料処理法（回転煮蒸缶と減圧冷却装置からなる）
③ 高温短時間処理法（連続式蒸煮装置）

ii. 小麦

① 炒熬（しゃごう）

高熱により，狐色（水に浮かしほとんど沈まない）まで炒る。炒熬により，容積45%増となる。

② 割砕

炒熬小麦をローラー式割砕機で処理する。4〜6割れ程度で，粉は20%出る程度とする。

iii. 製麹

麹菌を増殖させ，蛋白分解酵素や糖化酵素を生成させ，仕込み後，塩水中で原料を加水分解させる。仕込み後，高濃度食塩のために麹菌は死滅するが，麹菌諸酵素は酵素作用を発揮する。

窒素利用率を高めるため，蛋白分解酵素力価を増強し，また異味異臭を防ぎ，枯草菌の汚染，そして原料成分の損失を最小限に止める。

① 蒸煮（脱脂）大豆と炒熬割砕小麦を混合し，麹室に引込み，種麹を接種する。この工程を盛込みという。

② 蛋白分解酵素力価は品温25℃下で高くなるが，麹菌の生育最適は品温

33℃である。

　品温28℃で製麹を始め，4時間後には麹菌胞子の発芽はほぼ終了し，その後，呼吸熱で品温は30～35℃に上昇するので盛込み後18時間頃に1番手入れ（混合）を行い，麹菌の生育を促進する。

③　一時降下した品温は呼吸熱によって再度上昇し，数時間後に再び30℃を越すので2番手入れ（混合）を行う。

④　その後は品温25℃を保持し，42～45時間（足掛け3日麹）で出麹とする。出麹は苦みが強い程よい。

iv．製麹法

①　麹蓋製麹法（図3-2参照）

　温度・湿度制御の困難な麹室内での製麹のため，一時的に高温を経過することもやむを得ない。

②　通風機械製麹（図3-3参照）

　温度・湿度制御が容易である。

v．食塩水の調製

ア．小規模仕込み

設定濃度の塩水を，重ボーメ計を用い調製する。塩水の濃度と比重の関係を表3-1に示す

イ．工場規模

食塩は温度による溶解度差が小さいため冷水に溶解可能である。食塩層の下部から，水を上昇させながら溶解し，飽和食塩水として上部から溢流させる。

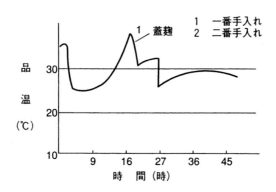

図3-2　蓋麹製麹による品温経過（渋谷）

その飽和食塩水を清澄し，一定濃度に調整する。
 vi. 仕込み
　高濃度の食塩水に，種々の酵素類を生産し出麹となった醤油麹を混和しタンクに仕込む。これを醤油諸味と呼ぶ。諸味では麹の諸酵素が作用し，原料中の

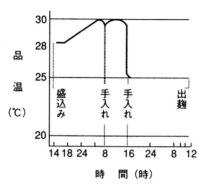

図3-3　機械製麹による品温経過(芳賀)

表3-1　塩水の比重と濃度との関係

15℃におけるBé	比　重	塩化ナトリウム(%)	100m*l* 中の塩化ナトリウム(g)
15	1.1160	15.59	17.40
16	1.1250	16.67	18.77
17	1.1335	17.78	20.15
18	1.1425	18.92	21.62
18.5	1.1471	19.40	22.25
19	1.1516	20.07	23.11
19.5	1.1562	20.63	23.85
20	1.1608	21.18	24.59

　注）ボーメ示度と塩化ナトリウム（%）は一致すべきだが，実際には多少のずれがある。なお，醤油では重量／容量（%）つまり100m*l* 中の塩化ナトリウム（g）をもって（%）という表現を行っている。これは正しい意味での（%）ではないが，慣習上用いている。醤油の分析値で全窒素1%というのもこの表現法によったものである。

蛋白質や澱粉等を加水分解し,アミノ酸や糖類を生成する。加水分解と並行し,高濃度食塩下でも生育する耐塩性乳酸菌・酵母による発酵が起こる。酵素分解と微生物発酵が,醤油特有の香り・味・色を醸成する。

ア.仕込み配合(原料配合)

元石(もとこく)と汲水(くみみず)で表現し,昔の容積立て(石)で物量を示す。例えば,元石10石に対して12石の汲水を用いれば,12水(みず)仕込みと呼ぶ。

大豆・小麦を昔は容積で示し,今日では重量で示す。石を廃してキロリットル(kl)を用い,元キロリットルと称し,実容積とは無関係に各原料の元キロリットルを定めている。

元キロリットルを大豆は720kg,脱脂大豆は600kg,小麦と麩はともに750kgと定める。

例えば,脱脂大豆1,000kg(1.66kl),小麦1,000kg(1.33kl)で合計3 klとなり,塩水3.58klを用いれば,汲水は12水となる。(1.66 + 1.33) × 1.2 = 3.588

イ.塩水の調製

塩水を0℃近くに冷却して仕込めば,諸味の品温が15℃以下となり,諸味のpH異常降下を防ぐ効果がある。なお,麹菌酵素類の最適pHは高いので窒素溶解率が向上する。

(2)醤油の仕込みの一例

Bé 19°塩水で12水仕込みを行う。

　　汲　水:12水。原料体積の1.2倍量の汲水

　　塩濃度:Bé 19° = 23.11(W／V)< 15℃ >

　　　　　　　　　　　　15℃以外では温度補正

　　　　　　　　　　　　温度補正 Bé

　　　　　　　　　　　　= 目標 Bé + (塩水温度 − 15℃)× 0.05

i. 原料元 kl

	重量	元 kl
小　麦	0.5／750kg	0.000666kl
脱脂大豆	0.5／600kg	0.000833kl
		0.001499kl

ii. 汲水量

　　　12水仕込み　　0.001499kl × 1.2 = 0.001798kl
　　　　　　　　　　　　　　　　≒ 1.8 (l)

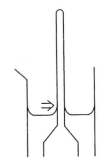

iii. 塩濃度（Bé 19）

① 単純計算では稀薄となる。

　　1.8（*l*）× 0.2311 = 0.41598kg

　　NaCl　0.41598kg を水 1.8（*l*）に溶解すると，Bé 19 以下となる。

② 並塩（純度 95％）を使用する。

　　　100％NaCl　　0.41598kg

　　　95％NaCl　　0.43787kg

③ 並塩 0.43787kg を水 1.6（*l*）に溶解し，徐々に加水し，温度補正 Bé に調整する。

vi. 全量から，1.8（*l*）を汲水として仕込みに使用する。

例えば，

　　並塩 450g ＋ 水 1.6（*l*）≒ 1.75（*l*）（Bé 20°）

→徐々に加水し，温度補正 Bé とすれば，全量 1.82（*l*）となり，そのうち 1.8（*l*）を使用する。

v. 操作編

① ステンレスポットに並塩をとり，水道水を添加し，薬匙で混合溶解する。
② 塩水温度を測定する。
③ 温度補正 Bé を計算する。
④ 重ボーメ計を浮かべて，100m*l* 容メスシリンダーから塩水が溢れない程度の塩水をとる。
⑤ 重ボーメ計を 100m*l* 容メスシリンダーに静かに入れる。
⑥ 重ボーメ計が浮いた段階で，駒を回す要領で，重ボーメ計を回して，押し込む。
⑦ 液面の盛り上り部分の度数を読む。重ボーメ計が，シリンダー内壁に付かない状態で度数を読む。
⑧ 徐々に加水し，温度補正 Bé に調整する。
⑨ 塩ビ製ポットに，醤油麹を加え，種菌を添加し，所定量の塩水を加え，手で攪入れする。
⑩ 諸味の物性を，手で確認する。攪入れ後の手を嘗めると，辛くて苦い。
⑪ ラップで被い，ゴムバンドで締める。

⑫ 低温下に置く。

【重ボーメ計　使用上の注意】
　重ボーメ計は目盛部を持たない。錘の太い部分を持つ（数値部は，細く軽く，折れやすい）。使用後は十分水洗し，水を拭き取りケースに収納する。

vi. 諸味管理と熟成
　塩水が醤油麹に浸透し，諸味状態となるには時間を要する。塩水を吸水させるために櫂入れ（攪拌：圧縮空気）を励行する。十分吸水するまでは毎日櫂入れするが，過ぎれば諸味が粘る。
　櫂入れは，発酵盛りでは毎日，その後は3日に1度，さらに発酵終了時には冬期で2週間に1度，夏期では白黴を抑制する程度の回数とする。
　ア．天然仕込み
　自然環境下での品温経過となるため，微生物の活動は仕込み月で変動し，年間通しての品質一定化は困難である。熟成期間は10カ月から1年間を要す。
　冬－春仕込みの諸味からは良品質の醤油が得られる。仕込み初期の諸味温度が低く，原料の酵素分解と耐塩性乳酸菌の生育が徐々に進行し，その後は諸味品温の上昇とともに耐塩性酵母の生育・発酵が適正に行われる。
　冬－春仕込みに対し，夏仕込みの諸味では，初期から品温が高いため，耐塩性乳酸菌・酵母の生育・発酵が急激に行われ，品質を決定する各成分のバランスが崩れる。
　イ．低温仕込み
　天然仕込みの冬－春仕込みに類似した諸味品温管理を行う。仕込み後の諸味品温を15℃以下とし，15～30日間低温に保つ。その後，25℃付近を目標とし品温を徐々に上昇させると，耐塩性乳酸菌の生育と乳酸発酵が進行し，続いて耐塩性酵母の生育とアルコール発酵が適正に行われる。
　低温仕込みでは，年間を通じ同条件での諸味管理が可能となり，ほぼ同一で良品質の醤油醸造が可能となる。
　ウ．温醸諸味
　冬－春仕込みは約10カ月の熟成期間を要すが，これを短縮するために諸味を適度に加温し，酵素反応の促進，耐塩性微生物の生育・発酵に適する環境を与える速醸法がある。仕込み当初は低温仕込みを行い，その後は28℃とし，6～7カ月で速醸を完了する。

vii．圧搾
圧搾機にて搾汁し，諸味を生醤油と粕とに分離する。
viii．火入れ
生醤油を 80～85℃で 10～15 分間，加熱し，殺菌・酵素類の失活による品質の安定，色・香り・味の調熟，熱凝固性沈殿物（滓(おり)）の除去を行う。
直火釜加熱法，二重釜加熱法，蛇管加熱法，多管式連続火入機，プレートヒーター等がある。
ix．清澄（滓(おり)下げ・滓引き）
上澄み液を製品とする。

3-2 味噌の一般分析

味噌の一般分析の項目として，味噌そのものを分析する水分，測色，pH，酸度Ⅰ・Ⅱ，アルコール，全窒素，全糖があり，片や味噌の熱浸出液，すなわち味噌汁に該当する味噌浸出液を調製し，その可溶性成分を測定することにより定量する食塩，ホルモール窒素，水溶性窒素，直接還元糖がある。

味噌のサンプリングは重要であり，その採取位置により定量値に大きな影響を及ぼし，内部の味噌を分析に供する必要がある。

3-2-1 味噌浸出液による分析（食塩，ホルモール窒素，水溶性窒素，直接還元糖の定量）

味噌浸出液を用い，食塩，ホルモール窒素，水溶性窒素，直接還元糖を定量する。

（1）浸出液の調製

味噌浸出液を調製し，味噌の水溶性成分として食塩，ホルモール窒素，水溶性窒素，直接還元糖を定量する。

（2）操作

① 漉し味噌はそのまま試料とするが，粒味噌は乳鉢で磨り潰し，可溶性成分を溶出しやすい形状とし，試料とする。
② 試料約 10g を 100ml 容ビーカーに精秤する。
③ 熱水 約 60ml を数回に分けてビーカーに入れ，ガラス棒で味噌の塊を潰しつつ溶解する。
④ ビーカー内の試料を 1 分間弱く煮沸する。

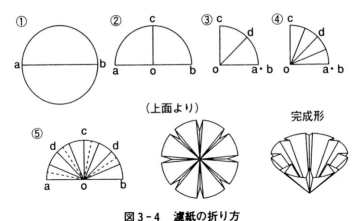

図3-4 濾紙の折り方

⑤ 濾紙を漏斗に深く入れ、蒸留水にて濾紙全面を漏斗に密着させる。
⑥ 250mℓ容メスフラスコ上の漏斗へ、ビーカー内容物の全容を一気に注ぎ、濾過する。
⑦ 最初に入れた濾液がすべて落ち切った後、少量（少量がコツ）の熱水でビーカーを洗浄し、その洗浄液で濾過残渣と濾紙を洗浄濾過する。
⑧ 以後、同様に温蒸留水を加え、濾過残渣と濾紙の洗浄を繰り返す。その後、濾液のCl^-反応＊を行い、Cl^-反応が陰性となれば漏斗をとり、冷却後、標線まで蒸留水で定容し、初めて＊＊混合する。これを浸出液とする。

[濾紙の折り方]（図3-4）
① 濾紙を中心線（a－b）で二つ折り。
② 二つ折り濾紙を垂直線（c－o）で四つ折り。
③ 四つ折り濾紙を（d－o）で八つ折り。
④ 八つ折り濾紙を四つ折りに戻し、cをdに、a・bをdに合わせて折り目

＊ Cl^-反応
漏斗から滴下する濾液2、3滴を50mℓ容ビーカーにとり、少量の蒸留水を加え、5％クロム酸カリウムを数滴、加える。これにN／10硝酸銀を1滴加えて、褐色を呈すれば濾液中の塩素、すなわち可溶性成分がすべて濾液に移行したことになる。
＊＊定容前に撹拌すれば、泡立って標線に合わせられない。

をつける。
⑤ 四つ折り濾紙を二つ折りに戻し，一山間隔（合計八山）で山折りの間に左右から谷折り。

[注意]
中心部（o）を強く押さぬ（破けやすい）。
乾いた状態の濾紙を漏斗に深く入れた後，少量の蒸留水で濾紙と漏斗を密着させる。

3-2-2 浸出液を使っての分析

(1) 塩（モール法）

i. 原理

食塩の定量を，Cl^- の沈殿滴定により行う。クロム酸カリウム K_2CrO_4 の存在下で，食塩水に硝酸銀 $AgNO_3$ 滴下すると，NaCl の塩素 Cl^- と反応し，塩化銀 AgCl（白色）が沈殿する。

$$AgNO_3 + NaCl \rightarrow AgCl + NaNO_3$$
（白色沈殿）

すべての Cl^- が AgCl（白色）として沈殿終了後，$AgNO_3$ は K_2CrO_4 と反応し，クロム酸銀 Ag_2CrO_4（微橙色）が沈殿し，滴定終点を知れる。

$$2AgNO_3 + K_2CrO_4 \rightarrow Ag_2CrO_4 + 2KNO_3$$
（微橙色沈殿）

ii. 試薬

① 2％クロム酸カリウム：2gのクロム酸カリウムを蒸留水に溶かして 100ml とする。
② N／50 硝酸銀：硝酸銀 3.4g を精秤し，蒸留水に溶かして 1 l のメスフラスコに定容する。ただちに褐色瓶に入れて貯蔵する。

N／50 硝酸銀の力価：N／50 塩化カリウム 10ml をとり，2％クロム酸カリウム 1 ml を加え，よく攪拌しながら，N／50 硝酸銀で橙色沈殿を生ずるまで滴定する。滴定量＝t とする。

$$\text{N}/50\,硝酸銀の力価 = \frac{10}{t}$$

③ N／50塩化カリウム：市販特級試薬塩化カリウム 1.4912g を蒸留水に溶かして 1 l のメスフラスコに定容する。

iii. 操作

味噌浸出液 5 ml を 100ml 容の三角フラスコにとり，2%クロム酸カリウム 1 ml を加え，攪拌しながらN／50硝酸銀で微橙色を呈するまで滴定する。赤味噌の如き赤色の浸出液の定量では，終点の判定に留意する。

$$食塩(\%) = t \times F \times 0.00117 \times 稀釈率$$
$$t：N／50硝酸銀の滴定数（m l）$$
$$F：N／50硝酸銀の力価$$

0.00585：化学反応式より N／10 AgNO$_3$ 1 ml に対し，N／10 NaCl 1 ml が反応する。

  1 N NaCl 58.5 g／l
  N／50 NaCl 1.17 g／l（1.17 mg／ml）
      （0.00117 g／ml）

稀釈率は，味噌 100g に換算し，表示する。
 ① 味噌 9.876g で浸出液 250ml を調製し，その 5 ml を供試液とした。
   100／9.876 × 250／5
  （味噌そのもの） （浸出液）
 ② 味噌 10.123g で浸出液 200ml を調製し，その 10ml を供試液とした。
   100／10.123 × 200／10
  （味噌そのもの） （浸出液）

（2）ホルモール窒素

i. 原理

モノアミノ酸は-NH$_2$基と-COOH基とで分子内中和を行い中性であるが，

第3章 醸造分析

これにホルムアルデヒドを作用させるとアミノ酸のアミノ基が破壊され，下式の如く$-N:CH_2$となるため$-COOH$基が遊離し，酸性を呈する。そこで$-COOH$基を，通常のカルボン酸と同様に滴定する。

なお，ホルモール滴定法では，アミノ態窒素とアンモニア窒素が測定されるので，ホルモール窒素と呼ぶ。

① アミノ酸の定量に先立ち，初めに試料中の有機酸を 1／10 N NaOH で中和する。

注）同滴定値は，定量値に含まれず。

$$R-COOH + NaOH \rightarrow R-COONa + H_2O$$

② 中性ホルマリン（微紅色）を添加し，アミノ基を破壊する。

$$\underset{NH_2\ (微紅色)}{R-CH-COOH} + H-CHO \rightarrow \underset{NCH_2}{R-CH-COOH} + H_2O$$

③ 最後にアミノ酸由来のカルボキシル基を 1／10 N NaOH で中和する。

注）ホルモール窒素の算出に用いる滴定値。t ml

$$\underset{NCH_2}{R-CH-COOH} + NaOH \rightarrow \underset{NCH_2}{R-CH-COONa} + H_2O$$

中性ホルマリンの正しい用法として，使用前に微紅色（中性）であることを確認する。

A) ホルムアルデヒドは非常に不安定なため，酸化されやすく，蟻酸を生成しやすい。

$$H-CHO \xrightarrow{O} H-COOH$$

蟻酸を生成し微酸性となったホルマリンは，無色となる。

B) 蟻酸を含んだホルマリンは，1／10 N NaOH にて中和し微紅色とする。

注）フェノール・フタレインの変色点は微紅色である。

$$H-COOH + NaOH \rightarrow H-COONa + H_2O$$
A) 微酸性（無色）　　　　　B) 中性（微紅色）

```
┌─────────────────────────┐  ┌─────────────────────────┐
│  H－CHO　　H－COOH      │  │  H－CHO　　H－COONa     │
│         微酸性          │  │         中性            │
└─────────────────────────┘  └─────────────────────────┘
```

ii. 試薬

① フェノールフタレイン指示薬：フェノールフタレイン0.5gを95％アルコール50mlに溶解する。

② N／10水酸化ナトリウム（滴定用）[注1]：水酸化ナトリウム4gを蒸留水に溶かして1lとする。

　注1）N／10水酸化ナトリウムの力価：特級フタル酸水素カリウム0.5gを精秤し，炭酸駆逐水50mlに溶解する。フェノールフタレインを2～3滴加え，N／10水酸化ナトリウム溶液で滴定する。滴定量＝aとする。

$$N／10水酸化ナトリウムの力価 = \frac{フタル酸水素カリウムのmg}{20.42 \times a}$$

③ 中性ホルマリン：ホルマリン50mlにフェノールフタレイン指示薬を数滴加え，N／10水酸化ナトリウムで淡桃色（pH8.3）となるまで中和し，さらに蒸留水を加え100mlに定容する。

iii. 操作

① 25ml容ホールピペットで味噌浸出液をとり，100ml容三角フラスコに入れ，フェノールフタレイン指示薬を2～3滴加える。

② N／10水酸化ナトリウムで，微紅色（pH8.3）となるまで中和滴定する。
この際，味噌浸出液の色調が，微紅色の判定の支障となるため，同量の浸出液を比較対照として置き，両者を白紙上に並置し滴定する。比較対照より，僅かに微紅色を呈す時点で滴定を終了する（図3-5参照）。

③ ピペッターを用い（直接吸引せず），10ml容ホールピペットで中性ホルマリンをとり，これを添加後，再びN／10水酸化ナトリウム溶液で微紅

色（pH8.3）となるまで滴定する。
中性ホルマリン添加後のN／10水酸化ナトリウムの滴定値を，本滴定値とする。

iv. 計算

本滴定の滴定ml数をaとすれば，味噌のホルモール窒素*は次式によって求まる。

$$\text{ホルモール窒素％} = a \times F \times 0.0014 \times \text{希釈率}$$

a：N／10水酸化ナトリウムの滴定数（ml）
F：N／10水酸化ナトリウムの力価

注）希釈率は味噌Sgを用いて250mlの味噌浸出液を調整し，その25mlを定量に用いたので，味噌100gに換算すると

$$\frac{100}{S} \times \frac{250}{25} \text{となる。}$$

v. フローチャート

100 ml容三角フラスコ（浸出液 10 ml）
　↓　N／10 NaOH（フェノールフタレイン指示薬2滴）
中　和
　↓　中性ホルマリン［微紅色。無色は不可。］　10 ml
　↓　N／10 NaOH　t ml
中　和

ホルモール窒素（％）＝ t × F × 0.0014 × 希釈率

---

*蛋白溶解率，蛋白分解率は，ホルモール窒素のほか，後述の全窒素，水溶性窒素を用いて算出し，熟成の判定を行う。

① 蛋白溶解率
味噌の全窒素に占める水溶性窒素の割合を蛋白溶解率とし，次式から算出する。

$$\text{蛋白溶解率（％）} = \frac{\text{水溶性窒素（％）}}{\text{全窒素（％）}} \times 100$$

② 蛋白分解率
味噌の全窒素に占めるホルモール窒素の割合を蛋白分解率と称し，次式から算出する。

$$\text{蛋白分解率（％）} = \frac{\text{ホルモール窒素（％）}}{\text{全窒素（％）}} \times 100$$

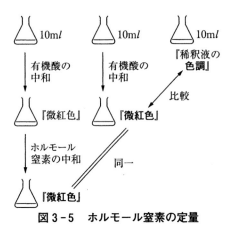

図3-5 ホルモール窒素の定量

豆味噌および長期熟成の赤味噌（pHメーターを使用する）
50 ml容ビーカー（浸出液10 ml＋蒸留水10 ml）
    ↓ N／10NaOH
中和（pH8.3）
    ↓ 中性ホルマリン 10ml（微紅色）
    ↓ N／10NaOH t ml
pH8.3

（3）水溶性窒素

ケルダール法にて行う。

i. 原理

試料に濃硫酸を加え加熱すると，試料中の窒素は硫酸アンモニウム$(NH_4)_2SO_4$として分解液中に残る。炭水化物，脂質等の分解に由来するSO_2, CO_2, CO等が発生する。

    含窒素化合物＋濃H_2SO_4→加熱→
        $(NH_4)_2SO_4 + SO_2\uparrow + CO_2\uparrow + CO\uparrow + H_2O$……①試料の分解

一定量の分解液に過剰量の濃アルカリを加え，水蒸気蒸溜するとアンモニアNH_3が遊離する。

    $(NH_4)_2SO_4 + 2\,NaOH \rightarrow 2\,NH_3 + Na_2SO_4 + 2\,H_2O$
                                      ……②NH_3の遊離

遊離NH_3を濃度既知，過剰量の$N/10\ H_2SO_4$に導くと，硫酸アンモニウム$(NH_4)_2SO_4$になる。

$$2\ NH_3 + H_2SO_4\ (N/10,\ 10ml) \rightarrow (NH_4)_2SO_4\ (+ H_2SO_4)$$

……③ NH_3の捕集

反応③で残$N/10H_2SO_4$を$N/10NaOH$で滴定し，NH_3と反応した$N/10H_2SO_4$量を求める。

$$H_2SO_4\ (③の残余) + 2\ NaOH\ (N/10,\ V_1\ ml)$$
$$\rightarrow Na_2SO_4 + 2\ H_2O$$

……④中和滴定

NH_3捕集した$N/10\ H_2SO_4$量からアンモニア量を換算し，これより窒素量[注2]（$N/10NaOH\ ml$は窒素$1.4mg$に相当）を算出する。

なお，窒素量に蛋白質換算係数を乗ずれば粗蛋白質量が求まる。

ii. 試薬
① 濃硫酸（分解用）：試薬1級95％濃硫酸
② 分解促進剤：硫酸銅と硫酸カリウムを1：9に混合し，乳鉢で磨り潰す。
③ 水酸化ナトリウム溶液（中和用）：30％水酸化ナトリウム
④ $N/10$硫酸（遊離アンモニアの捕集）：95％濃硫酸$2.8ml$を蒸留水で$1l$に定容する。
⑤ $N/10$水酸化ナトリウム溶液（滴定用）
⑥ 混合指示薬：0.1％メチルレッドエタノール溶液と0.1％メチレンブルーエタノール溶液の等量を混合する。

iii. 操作
定量操作は（A）分解（B）蒸留（C）滴定　の順に行う。
ア．試料の分解
ケルダールフラスコに味噌浸出液$50ml$，分解促進剤　約$2g$，濃硫酸　約$20ml$を加え，ドラフト内で直火にて分解を行う。
最初は突沸に注意し，弱熱（〜中熱）で分解し，泡立ちがなくなれば徐々に強く加熱する。
分解に伴い液色は，黒色→黒褐色→茶褐色→黄色と変化し，分解終了時は熱

時は青色，冷却時は無色となる。
  イ．分解液の稀釈
  ① 100ml 容メスフラスコに蒸留水約 50ml をとる。
  ② 漏斗を伝い，分解液を静かに注ぎ，発熱に注意しつつ撹拌する。
  ③ ケルダールフラスコの洗浄液を静かに注ぎ，発熱に注意しつつメスフラスコを撹拌する。
     同操作を3回行う。
  ④ 定容後，冷却し，再び定容し直し撹拌する。

iv．分解液の蒸溜
図3-6にセミミクロケルダール蒸留装置を示す。
図3-7に蒸留の操作手順を示す。初めに注意点として，水蒸気抜きピンチコックFと水蒸気送りピンチコックGを同時に閉じると，栓が飛び，熱湯（H_2SO_4酸性）が噴出し火傷の危険がある。また，中和に際し，高濃度 NaOH を用いるので，角膜・皮膚に触れた場合は，至急の水洗を要する。
  ① ピンチコックFを開き，ピンチコックGを閉じ，蒸気発生用1lフラスコ A（H_2SO_4酸性）を煮沸（両コックG，Fを閉めない）する。

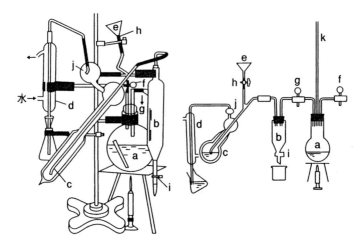

図3-6　セミケルダール蒸留装置

② 冷却器Dに水を流す。
③ ピンチコックFのみ開放で，他のコックは閉じていることを確認する。
　ピンチコックHを開く。次に冷却器の先端を，$N/10 H_2SO_4$ 10ml（グルック指示薬）を採った100ml 三角フラスコの底に浸す。
④ 漏斗Eから分解液10ml，次いで30% NaOH（危険）約10mlを加えた後，僅少量（約2 ml，多いと蒸溜時に発泡）の蒸留水で洗浄する。ピンチコックHを閉じ，ピンチコックGを開く。
⑤ ピンチコックFを閉じ，水蒸気を蒸溜器Cに導入する。
　火力に注意し，弱火から徐々に強める。火力が弱ければ，蒸留中に逆流し，強過ぎれば蒸溜部Cでの突沸が限界を超す。
　水蒸気蒸溜されNH_3が発生すると，球の部分Jに水滴が溜り，流れ始める。これより7〜8分間蒸溜。この現象が判別し難い時は，冷却器Dに水滴が流れてから5〜6分間蒸溜する。
　NH_3捕集の$N/10$ H_2SO_4三角フラスコが熱ければ，冷却水の水量が不足である。
　NH_3捕集の$N/10$ H_2SO_4三角フラスコを下げ，冷却器Dの先端とフラスコ液面を離し，30秒間，蒸溜する（冷却管内の液を落とす）。
　なお，分解液中の遊離NH_3が$N/10$ H_2SO_4 10ml より多いと，赤色から淡緑色に変色する。
⑥ 30秒後，冷却器Dの先端を洗浄するため，少量の蒸留水でNH_3捕集の$N/10$ H_2SO_4三角フラスコ中に洗い込む。これにて蒸溜は終了する。
⑦ 冷却器Dの先端を蒸溜水約30mlに浸す。
　ピンチコックFを開き，ただちにピンチコックGを閉じると，蒸溜器C中の分解液は排液受器Bに，また蒸溜水約80mlは蒸溜器Cへ，さらに排液受器Bに逆流する。
　排液ピンチコックIを開けば，排液される。なお，排出されぬ時は，ピンチコックGを開き再び閉じる。これにて一巡の操作が終了する。

v. NH_3捕集H_2SO_4の滴定〔NH_3と反応した$N/10$ H_2SO_4量を知る〕
【例】NH_3捕集$N/10$ H_2SO_4 10ml 中の中和滴定に$N/10$ NaOH 6 mlを要した。

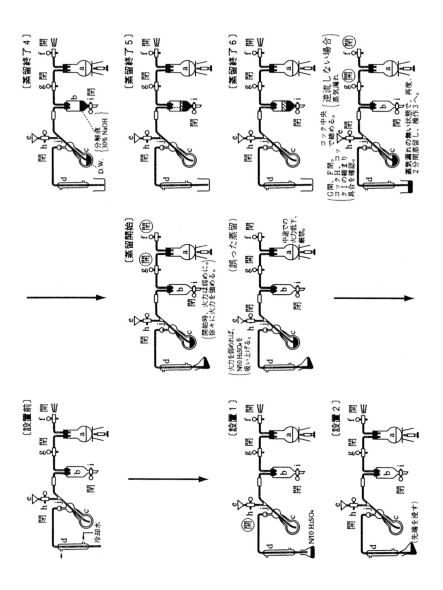

第3章 醸造分析

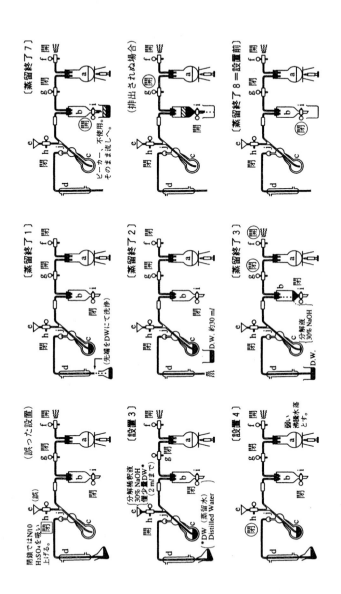

図3-7 ケルダール蒸留装置の操作手順

(注)コックF・Gの一方は必ず開放。○囲み：開閉操作の実施

335

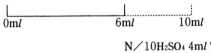

N／10H₂SO₄ 4m*l* * に相当するNH₃が留出。
*1.7(mg)×4(m*l*)=6.8mg

定量値の計算
　N／10H₂SO₄ 10m*l* をN／10NaOHで滴定。

NH₃捕集H₂SO₄をN／10NaOHで滴定。

(V₂−V₁)m*l* に相当するNH₃が留出。

vi. 定量計算

$$\text{水溶性窒素(\%)} = (V_2 - V_1) \times F \times 0.0014 \times \frac{100}{\text{味噌採取量(g)}}$$

$$\times \frac{\text{浸出液の定容量(m}l\text{)}}{\text{分解時の浸出液採取量(m}l\text{)}} \times \frac{\text{分解液の定容量(m}l\text{)}}{\text{蒸留時の分解液採取量(m}l\text{)}}$$

【希釈率の計算式例】

味噌 10.2460g を 250m*l* に定容した浸出液 25m*l* を，硫酸で加熱分解後，同分解液を蒸留水にて 200m*l* に希釈定容し，その 5 m*l* を水蒸気蒸留した。

$$\frac{100}{10.2460} \times \frac{250}{25} \times \frac{200}{5}$$

注2）係数0.0014の算出根拠。

　　0.1N H₂SO₄ m*l* に吸収される窒素は1.4mg(0.0014g)である。(1 g＝1,000mg)
　　H₂SO₄ ＋ 2 NH₃ →(NH₄)₂SO₄
　① 1 N H₂SO₄ 　1 *l* は H₂SO₄ 49.04gを含む。
　　 N／10 H₂SO₄ 　1 *l* は H₂SO₄ 4.904gを含む。
　　 N／10 H₂SO₄ 　1 m*l* は H₂SO₄ 4.904mgを含む。
　② 化学反応式より，硫酸 1 モルはアンモニア 2 モルと反応する。

第3章 醸造分析

$98.08:(2 \times 17.03) = 4.904:x$

$x = 1.703\text{mg}$

0.1N H_2SO_4 1ml はNH$_3$ 1.703mgと反応する。

NH$_3$ 1.7mgは窒素量に直すと$1.7 \times 14 / (14+3) = 1.4$mg

すなわち,0.1N H_2SO_4 1ml は窒素1.4mgと反応する。

vii. フローチャート

ア．分解

エキス分等による突沸を生ずるので注意を要する。

分解フラスコ ｛ 浸出液　　　 25 ml / 分解促進剤　約 1 g / 濃硫酸　　　約 20 ml ｝　→　軽く撹拌　→　直火

イ．定量

a) 稀釈

100 ml メスフラスコに蒸留水約30ml をとった後，ロートを使い分解液を静かに注ぎ，撹拌する（発熱注意）。

分解フラスコの洗液も合わせ撹拌する。3回とも洗いし，その都度，撹拌す

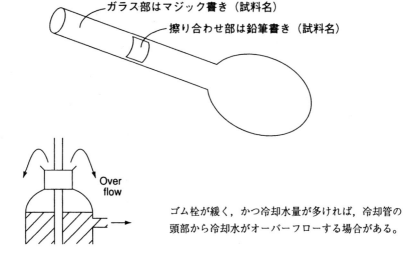

ガラス部はマジック書き（試料名）
擦り合わせ部は鉛筆書き（試料名）

Over flow

ゴム栓が緩く，かつ冷却水量が多ければ，冷却管の頭部から冷却水がオーバーフローする場合がある。

る。定容し，冷却後，再び定容する。
 b) 蒸留
 100 ml △に N／10 H$_2$SO$_4$ 10 ml，グルック指示薬をとり，冷却管の下にセットする。
 稀釈液 10 ml，30% NaOH（危険）約 10 ml，（蒸留水少量）の順に加え，蒸留する（約 15 分）。
 1 l フラスコのどちらか一方のコックを開放する。
 30% NaOH（危険）入りの三角フラスコは持ち上げて，間近かで入れる。蒸留中，火力を弱めると N／10 H$_2$SO$_4$を吸い上げる。蒸溜開始時は弱火とする。NH$_3$捕集用に N／10 H$_2$SO$_4$が熱ければ，冷却不足である。
 c) 滴定
 NH$_3$を捕集した N／10 H$_2$SO$_4$を N／10 NaOH で滴定する。終点は淡緑色である。t$_1$ ml。
 蒸留後，約 100ml を越えれば，200ml 容三角フラスコに移して滴定する。
 別に N／10 H$_2$SO$_4$ 10ml にグルック指示薬を加え，N／10 NaOH で滴定する。滴定値から定量計算する。

(4) 直接還元糖（フェーリング・レーマン・シュール法）

味噌の還元糖の定量では，フェーリング・レーマン・シュール法を用いる。糖と共存する物質は本法の結果を左右しないので，蛋白質等を含有する試料の定量にも適する。
 i. 原理
 試料の糖溶液を余剰のフェーリング溶液で処理した後，消費されずに残った銅を硫酸とヨウ化カリウムの存在下で，チオ硫酸ナトリウム溶液をもって逆滴定する。
 糖の還元基によるフェーリング溶液（A・Bの混合溶液）の還元性を利用する。
 還元糖液をフェーリング溶液と加熱すると，還元糖量に応じ水酸化第二銅 Cu(OH)$_2$ （Cu^{2+}青色）が還元され，酸化第一銅 Cu$_2$O （Cu$^+$赤色）が沈殿する。なお，糖の種類により還元力は異なり，生成される Cu$_2$O 量は異なる。

$$2\,Cu(OH)_2 + R\text{-}CHO \rightarrow Cu_2O + 2\,H_2O + R\text{-}COOH$$

還元糖にりより還元されず残存した Cu(OH)$_2$ が，硫酸酸性下において硫酸銅 CuSO$_4$ を生成する。

第3章 醸造分析

$$残存\ Cu(OH)_2 + H_2SO_4 \rightarrow CuSO_4 + 2\ H_2O$$

ここで沃化カリウム KI を添加すると $CuSO_4$ と反応し，沃素 I_2 が遊離する。

$$2\ CuSO_4 + 4\ KI \rightarrow 2\ CuI + 2\ K_2SO_4 + I_2$$

遊離した I_2 をチオ硫酸ナトリウム $Na_2S_2O_3$ で速やかに滴定する。

$$I_2 + 2\ Na_2S_2O_3 \rightarrow 2\ NaI + Na_2S_4O_6$$

なお，始発点の $Cu(OH)_2$ 量と生成 I_2 量より，空試験値は 27 ml 前後となる。

ii. 試薬
ア．分解・中和
① 25％塩酸：濃塩酸（38％）65ml を蒸留水にて 100ml に定容する。
② 10％NaOH：水酸化ナトリウム 10g を蒸留水にて 100ml に定容する。
イ．滴定（フェーリング・レーマン・シュール法）
① フェーリングA液：硫酸銅（$CuSO_4 \cdot 5H_2O$・特級）34.639g を蒸留水にて 500ml に定容する。
② フェーリングB液：酒石酸カリウムナトリウム 173g および水酸化ナトリウム 51.6g を蒸留水にて 500ml に定容する。
③ 25％硫酸：濃硫酸（96％）25g（13.6ml）に蒸留水にて 100ml に定容する。
④ 30％ヨウ化カリウム：ヨウ化カリウム 30g を蒸留水に溶解し，100ml に定容する。
⑤ 1％可溶性澱粉：可溶性澱粉 1g に蒸留水 100ml を加え，軽く沸騰させて透明とし溶解後，食塩 10g を加え冷却する。
⑥ N／10チオ硫酸ナトリウム：チオ硫酸ナトリウム五水和物（$Na_2S_2O_4 \cdot 5H_2O$）25g を蒸留水に溶解し，1l とする。または，チオ硫酸ナトリウム無水和物（$Na_2S_2O_4$）15.927g を蒸留水に溶解し，1l とする。
　N／10チオ硫酸ナトリウムの力価標定は，以下による。
　500ml 容三角フラスコに N／5重クロム酸カリウム溶液 10ml をホール

ピペットでとり，濃硫酸 10ml をメスピペットで加えた後，アルミホイルで三角フラスコの口を封じ，1時間，置く。次いで，蒸留水 70ml を加え，8％ヨウ化カリウム 4.5ml を添加して，1％澱粉を指示薬として N／10 チオ硫酸ナトリウムで滴定する。滴定 ml を a とすれば，力価は次式によって求められる。

$$F = \frac{N／5 重クロム酸カリウム \times 10}{N／10 チオ硫酸ナトリウム \times a} = \frac{0.2 \times 10}{0.1 \times a}$$

iii. 操作

① 200ml 容三角フラスコにホールピペットで浸出液 10ml をとる。次いで，ホールピペットでフェーリングA液 10ml を，メスピペットでフェーリングB液 10ml を加え，さらに蒸留水 20ml を加え，撹拌しアスベスト上で加熱し，正確に2分間，煮沸する。

② 煮沸後，三角フラスコを急冷する。この時，上澄液が銅イオンによる青色を残さぬ時は糖分が過多であるから，試料溶液を希釈し，再び定量する。

③ 冷却後，メスピペットで 25％硫酸 10ml，ホールピペットで 30％ヨウ化カリウム溶液 10ml を加え，ただちに N／10 チオ硫酸ナトリウム溶液で滴定する。初期は黄褐色であるが，次第に淡色となる。黄色が僅かに残る頃，1％澱粉を加え，紫色が白色となる時点を滴定終点とする。これを本滴定とする。

④ 別に，試料の代わりに蒸留水 10ml を用い，同じ方法で N／10 チオ硫酸ナトリウム溶液の滴定値を求め，これを空滴定とする。

iv. 計算

$(b - a) \times F = X$ml

a： 本滴定の ml
b： 空滴定の ml
F： N／10 チオ硫酸ナトリウムの力価

フェーリング・レーマン・シュール表（表3-2）から Xml に相当する糖量 Ymg を求める。

表3-2　フェーリング・レーマン・シュール表（N. Schoorl 表）

ml [1]	mg [2]	ml	mg	ml	mg	ml	mg	ml	mg
1.0	3.20	5.5	17.55	10.0	32.30	14.5	47.55	19.0	63.30	23.5	80.55
.1	3.51	.6	17.88	.1	32.64	.6	47.90	.1	63.66	.6	80.96
.2	3.82	.7	18.21	.2	32.98	.7	48.25	.2	64.02	.7	81.37
.3	4.13	.8	18.54	.3	33.32	.8	48.60	.3	64.38	.8	81.78
.4	4.44	.9	18.87	.4	33.66	.9	48.95	.4	64.74	.9	82.19
.5	4.75	6.0	19.20	.5	34.00	15.0	49.30	.5	65.10	24.0	82.60
.6	5.06	.1	19.52	.6	34.34	.1	49.65	.6	65.46	.1	83.00
.7	5.37	.2	19.84	.7	34.68	.2	50.00	.7	65.82	.2	83.40
.8	5.68	.3	20.16	.8	35.02	.3	50.35	.8	66.18	.3	83.80
.9	5.99	.4	20.48	.9	35.36	.4	50.70	.9	66.54	.4	84.20
2.0	6.30	.5	20.80	11.0	35.70	.5	51.05	20.0	66.90	.5	84.60
.1	6.61	.6	21.12	.1	36.03	.6	51.40	.1	67.28	.6	85.00
.2	6.92	.7	21.44	.2	36.36	.7	51.75	.2	67.66	.7	85.40
.3	7.23	.8	21.76	.3	36.69	.8	52.10	.3	68.04	.8	85.80
.4	7.54	.9	22.08	.4	37.02	.9	52.45	.4	68.42	.9	86.20
.5	7.85	7.0	20.40	.5	37.35	16.0	52.80	.5	68.80	25.0	86.60
.6	8.16	.1	22.72	.6	37.68	.1	53.15	.6	69.18	.1	87.01
.7	8.47	.2	23.04	.7	38.01	.2	53.50	.7	69.56	.2	87.42
.8	8.78	.3	23.36	.8	38.34	.3	53.85	.8	69.94	.3	87.83
.9	9.09	.4	23.68	.9	38.67	.4	54.20	.9	70.32	.4	88.24
3.0	9.40	.5	24.00	12.0	39.00	.5	54.55	21.0	70.70	.5	88.65
.1	9.72	.6	24.32	.1	39.34	.6	54.90	.1	71.08	.6	89.06
.2	10.04	.7	24.64	.2	39.68	.7	55.25	.2	71.46	.7	89.47
.3	10.36	.8	24.96	.3	40.02	.8	55.60	.3	71.84	.8	89.88
.4	10.68	.9	25.28	.4	40.36	.9	55.95	.4	72.22	.9	90.29
.5	11.00	8.0	25.60	.5	40.70	17.0	56.30	.5	72.60	26.0	90.70
.6	11.32	.1	25.93	.6	41.04	.1	56.65	.6	72.98	.1	91.11
.7	11.64	.2	26.26	.7	41.38	.2	57.00	.7	73.36	.2	91.52
.8	11.98	.3	26.59	.8	41.72	.3	57.35	.8	73.74	.3	91.93
.9	12.28	.4	26.92	.9	42.06	.4	57.70	.9	74.12	.4	92.34
4.0	12.60	.5	27.25	13.0	42.40	.5	58.05	22.0	74.50	.5	92.75
.1	12.93	.9	27.58	.4	42.74	.9	59.40	.4	74.90	.9	93.16
.2	13.26	.8	27.91	.3	43.00	.8	58.75	.3	75.30	.8	93.57
.3	13.56	.7	28.24	.2	43.42	.7	59.10	.2	75.70	.7	93.98
.4	13.92	.6	28.57	.1	43.76	.6	59.45	.1	76.10	.6	94.39
.5	14.25	9.0	28.90	.5	44.10	18.0	59.80	.5	76.50	27.0	94.80
.6	14.58	.1	29.24	.6	44.44	.1	60.15	.6	76.90		
.7	14.91	.2	29.58	.7	44.78	.2	60.50	.7	77.30		
.8	15.24	.3	29.92	.8	45.12	.3	60.85	.8	77.70		
.9	15.57	.4	30.26	.9	45.46	.4	61.20	.9	78.10		
5.0	15.90	.5	30.60	14.0	45.80	.5	61.55	23.0	78.50		
.1	16.23	.6	30.94	.1	46.15	.6	61.90	.1	78.91		
.2	16.56	.7	31.28	.2	46.50	.7	62.25	.2	79.32		
.3	16.89	.8	31.62	.3	46.85	.8	62.60	.3	79.73		
.4	17.22	.9	31.96	.4	47.20	.9	62.95	.4	80.14		

1) 0.1Nチオ硫酸ナトリウム溶液　2) ブドウ糖

$$\text{直接還元糖\%} = Y(mg) \times \frac{1}{1000} \times \frac{100}{s} \times \frac{\text{浸出液の定容量}}{\text{浸出液}(ml)}$$

s：味噌浸出液に使用した味噌（g）

v. フローチャート

a) 操作

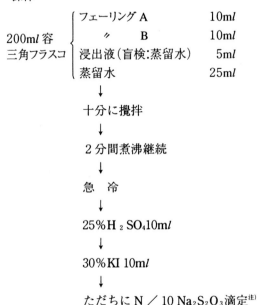

注) 滴定に伴う変色。
（茶→淡い黄→濃化→コーヒー牛乳の色（紫）→乳白色（牛乳）
　　　　　↑
　　　澱粉指示薬　　　　　　　　　　　　　　　　　　　）

b) 計算

$(B - M) \times F = Xml$

Xml に相当する糖量 Ymg（フェーリング・レーマン・シュール法）

直糖（%）＝ Ymg／1000 ×稀釈率

3-2-3 味噌そのものによる分析（水分，測色，pH，酸度Ⅰ・Ⅱ，アルコール，全窒素，全糖の定量）

味噌そのものを試料とし，水分，測色，pH，滴定酸度Ⅰ・Ⅱ，アルコール，全窒素，全糖を定量する。

（1）水分（真空乾燥法）

i. 器具
① 恒温真空乾燥器
② フィルム袋：フィルムの厚さ0.04mmの低圧法ポリエチレン製で，大きさは8×13cmの袋
③ デシケーター：中皿の径21～23cmのデシケーターに乾燥した青色シリカゲルを入れて用いる。

ii. 操作
事前に秤量したフィルム袋（W_0 g）に，味噌約2gを採取し，袋の口を3回折り返し，精秤（W_1 g）する。丸い棒をローラーとし，袋の外側から試料を圧延し，均一に薄く延ばす。

袋の口を開き，事前に60℃に調節した真空乾燥機に入れ，減圧下で17～20時間，真空乾燥する。乾燥終了後，常圧に戻し，デシケーター中で20分放冷後，秤量（W_2 g）する。

iii. 計算
乾燥前後の重量差より次式によって水分%を求める。

$$水分\% = \frac{W_1 - W_2}{W_1 - W_0} \times 100$$

W_0： 恒量になったフィルム袋重量
W_1： 乾燥前の重量
W_2： 乾燥後の重量

（2）測色（Y%　x, y）

味噌の表面色はCIE表色法で表し，Y（%）は明度，x, yは色相と純度を表し，一般的にはxは赤みの冴え，yは黄色みの冴えを表す。明度Y（%）の数値は高ければ明るく，x, yの値は高ければ冴えがある。測色の原理は，醤油の

項で詳述する。

操作としては，色差計を用い，味噌の表面色を測定する。

（3）水素イオン濃度（pH）

味噌の水素イオン濃度を pH メーターにて測定する。

i. 試薬

pH 標準液：フタル酸塩標準液 pH 4.01（25℃），中性リン酸塩標準液 pH 6.86（25℃）を用いる。

ii. 操作

① 試料の測定に先立ち，pH メーターを2種の pH 標準液を用い調整する。
② 試料を乳鉢で磨砕後，ガラス電極を直接挿入し測定する。

（4）酸度Ⅰ・Ⅱ

i. 原理

以前は醸造物の酸度を特定の酸に換算し，総酸％で表していたが，醤油や味噌等の醸造物は乳酸をはじめ，発酵によって生成した各種の有機酸を含有しているので，これをある特定の酸で表示することは不合理である。そこで，「基準味噌分析法」，「基準しょうゆ分析法」ではＮ／10 水酸化ナトリウムの ml 数で表すように決めており，結果は酸度Ⅰと酸度Ⅱで表示する。

酸度Ⅰは試料 10g を中和して pH7.0 とするのに必要な Ｎ／10 水酸化ナトリウムの ml 数で，酸度Ⅱはさらに中和して pH7.0 から pH8.3 に到達するまでに要する Ｎ／10 水酸化ナトリウムの ml 数で表示する。両者ともに単位 ml を付さない。

酸度Ⅰには，乳酸，酢酸，コハク酸，その他の有機酸，アミノ酸の一部（酸性アミノ酸），リン，酸塩の一部が，酸度Ⅱにはアミノ酸（中性および塩基性），ペプチドの有する残存塩基，リン酸塩の一部などが含まれる。

ii. 試薬

Ｎ／10 水酸化ナトリウム

iii. 操作

① 試料を乳鉢で磨砕する。
② 試料 10g を 100 ml 容ビーカーに秤量し，煮沸して炭酸ガスを除去した蒸留水 40 ml を加え，ガラス棒でよく撹拌，溶解させ，塊があれば潰す。
③ 試料溶液をマグネチックスターラーで撹拌させつつ，Ｎ／10 水酸化ナトリウムで滴定（t_2 ml）する。pH メーターを用いて滴定の始点から pH7.0

までの滴定値（t_1 ml）を酸度I，pH7.0～8.3の滴定値（t_2 ml）を酸度II として示し，単位mlを付さず表示する。

iv. 計算

酸度 I ＝ t_1 × F
酸度II ＝ t_2 × F
滴定酸度＝　酸度I＋酸度II

v. フローチャート

200ml容ビーカー
　↓　醤油　　　　　10ml
　↓　CO_2駆逐水　40ml
　↓　N／10 NaOH（酸度I）
pH7.0
　↓　N／10 NaOH（酸度II）
pH8.3

（5） アルコール（酸化法）

本法は微量（2.5％以下）のアルコールを定量するのに適する酸化法による。

i. 酸化法の原理

強酸性下での，重クロム酸カリウムを酸化剤とする滴定法である。
（酸性下での酸化反応：$K_2Cr_2O_7 \rightarrow K_2O + Cr_2O_3 + 3O$）

アルコールに過剰量の$K_2Cr_2O_7$を添加しアルコールを酸化後，残存した$K_2Cr_2O_7$量からアルコールと反応した$K_2Cr_2O_7$量を求め，さらにこれから試料中のアルコール量を求める。

① アルコールに$K_2Cr_2O_7$と濃硫酸を添加し，酸化反応を起こす（緑褐色）。
$3C_2H_5OH + 2K_2Cr_2O_7 + 8H_2SO_4$
$\rightarrow 2K_2SO_4 + 2Cr_2(SO_4)_3 + 3CH_3COOH + 11H_2O$

② 反応終了後，ヨウ化カリウムKIを添加すると，残存$K_2Cr_2O_7$はKIを酸化分解し沃素I_2を遊離する。

$$K_2Cr_2O_7 + 7H_2SO_4 + 6KI$$
$$\rightarrow Cr_2(SO_4)_3 + K_2SO_4 + 7H_2O + 3I_2$$

③ 遊離I_2をチオ硫酸ナトリウムでただちに滴定する。

澱粉指示薬を添加し,沃素－澱粉反応で終点(青紫色が消え,淡青色)を知る。

$$2Na_2S_2O_3 + I_2 \rightarrow Na_2S_4O_6 + 2NaI$$

沃素－澱粉反応：澱粉の稀薄溶液に沃素液(I_2-KI)を添加すると,沃素－澱粉複合体を形成し,青紫色を呈す。

EtOH	反応液の色
少	赤褐色
↓	褐色
	緑褐色
↓	
	緑色
↓	
多	青色(要稀釈)

ii. 試薬

① N／5重クロム酸カリウム：重クロム酸カリウム($K_2Cr_2O_7$)9.807gを精秤し,蒸留水に溶解し1lに定容する。
② 濃硫酸：化学用純濃硫酸を使用する。
③ 8％ヨウ化カリウム：ヨウ化カリウム(KI)80gを蒸留水に溶解し1lとする。光線により分解し,ヨウ素を分離するので褐色瓶に貯える。
④ 1％澱粉：可溶性澱粉1gに蒸留水100mlを加え,アスベスト上で透明になるまで煮沸溶解する。
⑤ N／10チオ硫酸ナトリウム：チオ硫酸ナトリウム五水和物($Na_2S_2O_4 \cdot 5H_2O$)25gを蒸留水に溶解し,1lに定容する。またはチオ硫酸ナトリウム無水和物($Na_2S_2O_4$)15.927gを蒸留水に溶解し,1lに定容する。溶液は褐色瓶に貯える。

チオ硫酸ナトリウム溶液の力価を,下記により標定する。

N／5重クロム酸カリウム溶液10mlをホールピペットでとり,500ml容三角フラスコに入れる。濃硫酸10mlをメスピペットで加えた後,アルミホイルで三角フラスコの口を閉じ,十分に冷却する。冷却後,蒸留水70mlを加え,8％ヨウ化カリウム溶液4.5mlを添加して,1％澱粉溶液を指示薬としてN／10チオ硫酸ナトリウム溶液で滴定する。滴定mlをaとすれば,力価は次式によって求められる。

$$F = \frac{N／5重クロム酸カリウム \times 10}{N／10チオ硫酸ナトリウム \times a} = \frac{0.2 \times 10}{0.1 \times a}$$

iii. 操作
ア．蒸留
味噌 10g を精秤し，50ml 容ビーカーに入れる。これを蒸留水 20ml を加えながら洗液もすべて水蒸気蒸留用の丸底フラスコに入れ，さらに炭酸カルシウム約 1 g を加え，水蒸気蒸留を行う。

受器として 100ml 容メスフラスコを用い，約 70ml の蒸留液を受け，蒸留を終了し，100ml に定容する。これを，酸化法の定量用の蒸留液とする。

丸底フラスコ $\begin{cases} 試料 & 10\,\text{m}l \\ CaCO_3 & 約 1\,\text{g} \\ 蒸留水 & 約 10\,\text{m}l \end{cases}$ $\begin{pmatrix} 小匙 \\ 2杯 \end{pmatrix}$ ⟶ 水蒸気蒸留

⟶ 100 ml メスフラスコ（留液 70 ml 以上を採取し，蒸留水で 100 ml に定容）

イ．酸化法による定量
① 500ml 容三角フラスコに蒸留液 10ml をホールピペットでとり，さらにホールピペットで N／5 重クロム酸カリウム 10ml，メスピペットで濃硫酸 10ml を加え，アルミホイルで蓋をし，1時間放置する。混合時に，反応した液体が青色を示す場合は，蒸留液の採取量を低下し，操作し直す。
② 1時間放置後，蒸留水 70ml を加え，8％ヨウ化カリウムを正確に 6.5ml 添加し，ただちに N／10 チオ硫酸ナトリウム溶液で滴定する。ただちに滴定するのは，8％ヨウ化カリウム添加後，残余の重クロム酸カリウムによって酸化分解された遊離したヨウ素を飛散させないためである。
③ 滴定が終点に近づき，淡褐橙色となれば 1％澱粉を約 0.5 ml 加え，ヨウ素澱粉反応の紫色が消失するまで滴定し，淡青色となれば終点とする。

iv. 計算

試料 100ml 中のアルコール（g）　（W／V％）

$$= \left(0.2\text{N K}_2\text{Cr}_2\text{O}_7\,(\text{m}l) \times F - \frac{0.1\text{N Na}_2\text{S}_2\text{O}_3\,(\text{m}l)}{2} \times F \right)$$

$$\times\ 0.0023 \times \frac{100}{(蒸留時の試料採取量)} \times \frac{(蒸留液の定容量)}{(酸化法での蒸留液採取量)}$$

発酵と醸造

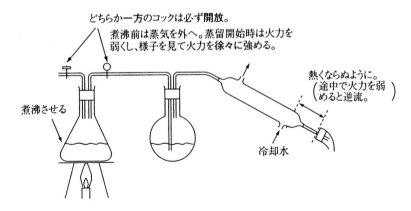

図3-8 水蒸気蒸留の操作

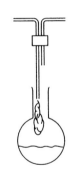

図3-9 水蒸気蒸留の終了操作
〔丸底フラスコの除去〕蒸留終了後,蒸気を流した状態で丸底フラスコをはずす。

　Windisch氏アルコール表で容重百分率（W／V%）を容量百分率（V／V%）に換算することができる。

稀釈率の例

  例1）味噌20gを蒸留し,その蒸留液を100mlに定容した。この蒸留液5 mlを酸化法に供した。

  2）味噌10gを蒸留し,その蒸留液を200mlに定容した。同蒸留液10mlを酸化法に供した。

  3）味噌25gを蒸留し,その蒸留液を200mlに定容した。同蒸留液5 mlを酸化法に供したところ,過剰量のアルコールが存在し,$K_2Cr_2O_7$が残存しなかった。そこで,同蒸留液20mlを250ml 容メスフラス

第3章　醸造分析

コにとり，蒸留水にて定容後，同稀釈液5m*l* を酸化法に供した。
さらに，容重百分率（W／V%）を容量百分率（V／V%）に換算する。

v. フローチャート

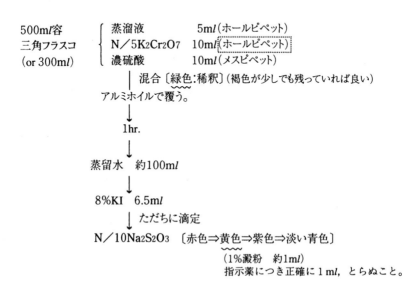

（6）全窒素（ケルダール法）
水溶性窒素に準じて行う。
i. 操作

無窒素紙に味噌　約2gを精秤し，ケルダールフラスコに入れ，分解し，分解液を100m*l* に希釈定容後，蒸留を行い，アンモニアを捕集したN／10硫酸を，N／10水酸化ナトリウムで滴定する。

ii. 計算

$$全窒素\% = (V_2 - V_1) \times f \times 0.0014 \times \frac{100}{味噌採取量} \times \frac{分解液の定容量}{分解液採取量}$$

V_1：本滴定のm*l* 数
V_2：空滴定のm*l* 数

(7) 全糖（フェーリング・レーマン・シュール法）

多糖類・オリゴ糖はフェーリング溶液に対し還元性を示さない。

多糖類・オリゴ糖を希塩酸で加水分解し単糖とすれば，フェーリング溶液に対し還元性を示し，直接還元糖として定量可能となる。

そこで試料を塩酸分解し，その塩酸分解液を蒸留水で希釈定容し，直糖に準じて定量する。

$$(C_6H_{10}O_5)n + nH_2O \rightarrow n(C_6H_{12}O_6)$$

i. 試薬（分解・中和）
① 5％塩酸：濃塩酸（36％）9.4ml を蒸留水にて 100ml に定容する。
② 10％NaOH：水酸化ナトリウム 10g を蒸留水にて 100ml に定容する。

ii. 操作（分解）
① 試料を乳鉢で磨砕する。
② 10ml 容ビーカーに味噌5gを精秤する。
③ 蒸留水70ml を数回に分けて加え，ガラス棒で味噌を溶解し，200ml 容三角フラスコに移す。
④ 洗液もすべてビーカーに移し，ピペッターを用い，メスピペットで25％塩酸10ml を加える。
⑤ 三角フラスコにゴム栓付きガラス管（冷却管）を装着し，沸騰湯浴中で3時間加水分解する。分解中，三角フラスコを時折，撹拌し試料を十分に加水分解する。なお，健康を考慮し，換気下で同操作を行う。
⑥ 分解終了後，200ml 容ビーカーに移し，マグネチックスターラーで撹拌しつつ，10％水酸化ナトリウムでpH5.0～6.0に中和し，250ml 容メスフラスコに濾紙濾過し，また三角フラスコ，ビーカーの洗液も加え，濾過，定容し，味噌の塩酸加水分解液，すなわち全糖定量用の試料とする。

iii. フローチャート
ア．加水分解

第3章 醸造分析

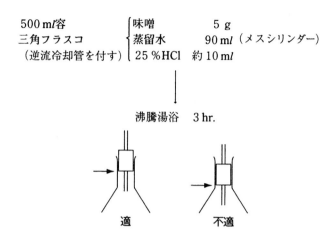

逆流冷却管のゴム栓と，三角フラスコの口径が適することを，事前に確認する。

イ．定量

直接還元糖の定量に準じ，フェーリング・レーマン・シュール法で定量する。

iv. 計算

$$(b - a) \times f = X\text{m}l$$

ここで，フェーリング・レーマン・シュール表から Xml に相当する糖量 Ymg を求める。

$$全糖\% = Y (\text{mg}) \times \frac{1}{1000} \times \frac{100}{塩酸分解に用いた味噌 (\text{g})} \times \frac{分解希釈液の定容量 (\text{m}l)}{分解希釈液の採取量 (\text{m}l)}$$

3-3 醤油の分析

当然のことながら，味噌とは異なり，醤油は液状であるため，味噌浸出液という概念は存在しない。

3-3-1 色（色度と測色）

(1) 方法

i. 醤油比色用標準液セット（財団法人　日本醤油研究所）を冷暗所に保存し，

使用前に室温に戻し用いる。製造後1年間有効である。
　セットに付属する同質同径の試験管に試料を入れ，白色光源下で標準色と比色し，色度を求める。
ii. 測色計，あるいは分光光度計による測色
① 　測色計（色差計）を用い，測色する。
② 　分光光度計を用い，各測定波長の吸光度を測定し，分光分布図を描き，明度Y（％）を算出し，CIE色度図の色座標（x, y）より主波長，刺激純度を読み取る。
（2）　測色の原理
i. 色の概念
ア．光の色と物体の色の関係
　太陽の光，照明光に照らされる事により，肉眼は物体の色を始めて感ずる。光のない場所に色は存在しない。
イ．光の色とは
a）太陽の光の色は，何処にあるのか
　雨上がりの空には水滴の層が漂う。水滴により光が屈折し，屈折率の違いで光が分かれ（分光）て空に七色（赤・橙・黄・緑・青・藍・すみれ）の虹がかかる（図3-10）。
　光の三原色（赤・緑・青紫）を混合すると，白色光になる。ただし，色料の三原色（赤・青・黄）を混合すると暗くなる（図3-11）。
b）分光とは
　光がプリズムを通過すると，波長の異なりに従い，プリズムを出る方向が異

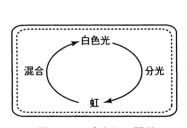

図3-10　光と虹の関係

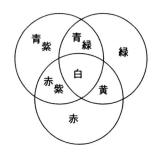

図3-11　光の三原色（加色混合）

第3章　醸造分析

なるので，これらを1つの面に受けると，波長の順に配列される。すなわち，波長により屈折率が異なり，波長が色を決定することがわかる（図3-12）。
　c）電子スペクトル中の可視光の範囲
　種々の波長スペクトルを図3-13に示す。
　太陽が放射する電子スペクトルのうち，肉眼に感ずる波長範囲は380〜780nmであり，肉眼はこの領域の各波長を異なった色として感ずる。この範囲

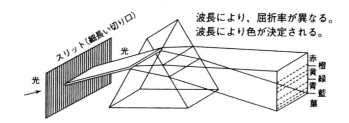

図3-12　プリズムによる光の分光（原田政哲）

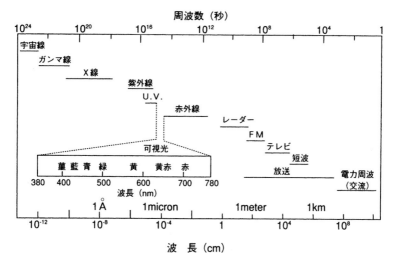

図3-13　可視光の範囲（Mckinley, R. W.）

外の波長の光線は, 肉眼に感じられない。

　眼に最も明るく感ずる電子スペクトルの波長は555nmで, この感度を1として他の波長ごとの明るさの感度を, この1に対する比として比視感度曲線を図3-14に示す。緑の交通安全の意味合いを理解できる。

　d) 再び「光とは」

　太陽・電球等の光は各種の各種の異なる波長の合成物である。光の特性は分光組成（各波長の放射量）によって定まる。各波長の放射量を示すのが分光分布である。

　ウ. 物体からの光の色

　a) 物質に光が当たると, ある波長は吸収され, ある波長は物体を突き抜け,

波長と色

波長(nm)	色
700～610	赤
610～590	黄赤
590～570	黄
570～500	緑
500～450	青
450～400	紫

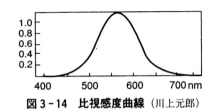

図3-14　比視感度曲線（川上元郎）

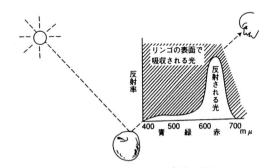

スペクトルの波長別の反射光が眼にキャッチされ, 色が感じられる

図3-15　色の理由（原田政哲）

ある波長は反射される。反射光の波長が，色を決定する。

物体はある種の光を特に多く透過，または吸収する性質を備えており，それぞれ分光透過率，分光吸収率と言う。

b）リンゴは何故，赤く見えるのか。何故，青く見えるのか。

リンゴの表面は650nm付近の波長を多く反射し，その他の波長は反射が少ないため，赤く見える。波長450～500nmの反射が多いと，青リンゴである（図3-15）。

c）分光反射率曲線

代表的な色の分光反射率曲線を，図3-16に示す。

赤は長波長側の成分を多く反射し，青は短波長側の成分を多く反射する。

白・灰・黒の無彩色は各波長の反射率が等しいが，それぞれの反射量は異なる。白は全波長成分をほぼ反射し，黒はどの波長成分もほとんど反射しない。白は光の吸収率が少ない（反射率が高い）ため涼しく感じ［夏の白シャツ＝冷涼感］，逆に黒は光の吸収率が高い（反射率が低い）ため暖かく感ずる［黒の衣服＝暖気］。

d）色刺激

光源からの光は物体に当たり，物体から反射され，肉眼に色刺激を体験させる。色刺激は照明光の分光分布と物体の分光反射率の積で与えられる（図3-17）。

エ．色の分類

色とは，肉眼に入る放射の分光組成の差により，性質の差が認められる視知覚の様相である。

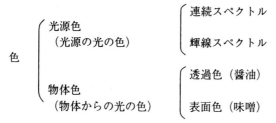

ii．色の三属性（色視知覚の三属性）　　HVC

ア．三属性

色感覚は色刺激によってもたらされる。色刺激の物理的な特性は主波長，輝度，刺激純度で与えられ，それぞれ色合い，明るさ，彩やかさの感覚とほぼ対

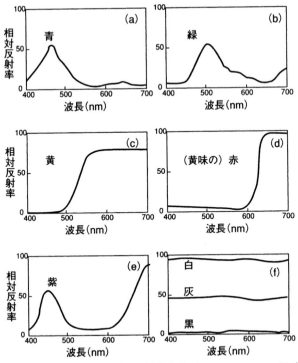

図3-16 各種物体の分光反射率曲線 (Hurvich, L. M., 1981)

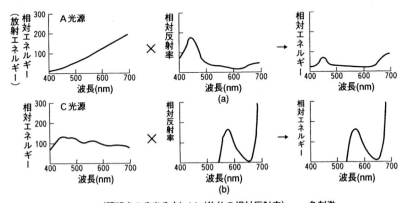

(照明光の分光分布) × (物体の相対反射率) → 色刺激

図3-17 色刺激の相対エネルギー分布 (Hurich, L. M., 1981)

応する。物体色の場合は色相，明度，彩度と対応する。
　a）色相（Hue）
　色合いの相違を示す。（赤み，黄み，青み・・・・）。一定の主要な波長成分により，色が定性的に区分される。色相は，単一刺激の波長，すなわち主波長（nm）とほぼ対応する。
　b）明度（Value of color）
　明暗の度合いを示す。物体表面の反射率の高低により決定される。
　c）彩度（Chroma）
　色の鮮やかさの度合，すなわち色の飽和度を示す。例えば，レモンと梨では前者が彩やかな黄色を示す。
　明度の無彩色からの隔たりを数値化して示し，数値が高いほど冴えた色となる。彩度は刺激純度にほぼ対応する。
　イ．色の種類
　色には，無彩色と有彩色がある。
　　　無彩色：明度という属性のみ所有する。色立体では，縦軸に相当する。
　　　　　（白・灰・黒）
　　　有彩色：色相・明度・彩度の三属性を持つ色の総称である。
　例えば，無彩色として以下を例示する。
　　　雪の色：　　　　　明るい
　　　コンクリートの色：中位　　　色み，あざやかさを有さない。
　　　炭の色：　　　　　暗い
　ウ．色立体
　色の三属性によって，組織される三次元空間にすべての色は整理配列される（図3-18～3-20）。色立体の縦軸で明度を，平面で色相と彩度を表す。
　エ．色の表示
　混色系と顕色系がある（表3-3）。
　iii．CIE色表示のXYZ表色系
　国際照明委員会（Commission Internationale de l'Eclairage）による。
　ア．三刺激値　X, Y, Z
　光によって得られる視神経の興奮と同じ興奮が得られるような基準になる刺激値（すなわち刺激の元：原刺激）を決めその感度割合で色を表示する。基準になる刺激値を三種のスペクトル刺激値XYZと呼ぶ。三刺激値XYZの混合に

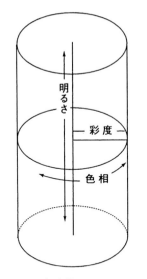

図3-18 色立体 (日本色彩学会)

図3-19 色相環

色相の循環移行性：赤・黄・緑・青・紫となり，またもとの赤に戻る性質。

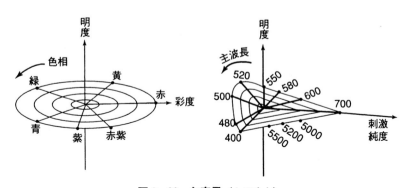

図3-20 色表示 (上田武人)

よりすべての色が表示される（図3-21）。

　光源の分光分布と，物体の分光反射率又は分光透過率を乗じて色刺激が決定される。三刺激値XYZの全体に占める割合を $X = X／(X+Y+Z)$, $Y = Y／(X+Y+Z)$, $Z = Z／(X+Y+Z)$ で表し x, y により色度（色相およ

第3章 醸造分析

表3-3 混色系と顕色系の特徴（日置隆一）

	混 色 系	顕 色 系
色の区分	心理物理色	知覚色
区分の基準	心理物理的概念	心理的概念
基礎	色感覚	色知覚
表示の手段	光の色の混色による。	物体標準(すなわち色票)による。
表示の対象	光源色 物体色(透過色・表面色)	― 物体色の表面色のみ表示可能。
精度	色を詳細に指定。	色をおおまかに指定
代表例	CIE表色系	Munsell表色系 Ostwald表色系 Color Harmony Manual (CHM)表色系 CIN表色系
表示方法	三刺激値X,Y,Zによる。 (Ⅰ)光源色 　　測光量と色度座標 　　Y,X,y (Ⅱ)物体色 　　視感反射率と色度座標。 　　Y(%),x,y	明度と知覚感度による。 Munsell表色系では色相,明度, 彩度。H,V,C。
表示の手続き	刺激関数を心理物理量 に換算。	色票との視感等色による。
空間座標系	刺激値空間を構成する 座標系。	知覚色空間を構成する座標系。

び彩度)を，Yにより反射，または透過特性を示す。

　明度Y(%)は値が高いほど明るい。例えば，色の明るい白味噌は明度Y(%)が30%，色の暗い豆味噌は明度Y(%)は5%である(図3-22)。

　イ．色度図

　xを横軸yを縦軸にとり，二次元にすべての色を表した図が，色度図で図3-23に示す。

　色度図の馬蹄形部の彎曲部分の波長目盛の入った曲線がスペクトル軌跡で眼

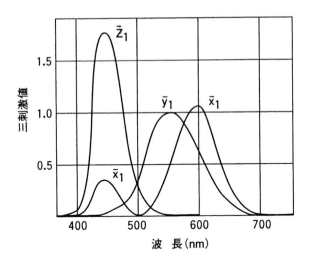

図3-21 XYZ表色素系の等色曲線（上田武人）

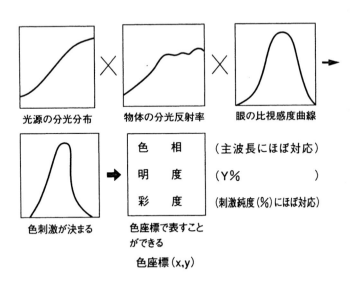

図3-22 色刺激の変容過程（千々岩英彰）

に感ずる波長範囲380～780nmを表し,スペクトルの色をその波長(nm)で示す。したがって単色光の色度は馬蹄形の曲線状に存在する。

底辺の直線部分,すなわち,スペクトル曲線の両端を結ぶ直線を純紫軌跡という。〇印($x = 0.3101$, $y = 0.3163$)は白色光(青空を含む昼光)を示し,三刺激値XYZを同量ずつ混合したものである。この位置に,白から黒への無彩色軸が垂直に立つ。

ウ. 色度図の意味

すべての色はスペクトル軌跡のなか,すなわち馬蹄形部内に収まり中心付近

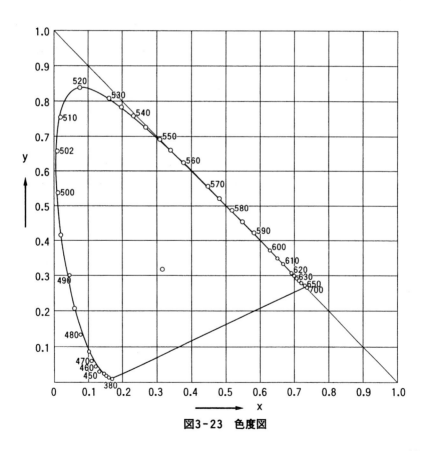

図3-23 色度図

が白で，各色とも周辺に近づくほど彩やかとなる（図3‑24）。

$Z = 1 - (x + y)$ のため，以下の関係が生ずる。

　　　xが大きくなると，赤味が増し
　　　yが大きくなると，緑味が増し
　　　zが小さくなると，黄味が増す。

エ．色度図より主波長，刺激純度を読む。

例えば図3‑25の色度図において，色座標F（x, y）の主波長（nm）を求め

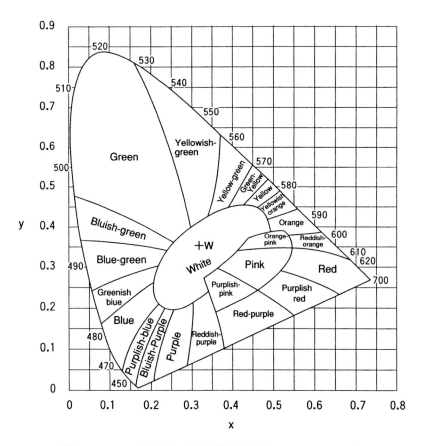

図3‑24　XYZ表色系の色度図と色区分（Evans, R. M., 1948）

るには，Fと白色光Wを結ぶ線がスペクトル軌跡と交差する点(S)の波長(nm)を読む。刺激純度(図3-26)は，線分FWと線分SWの比を求め100倍しパーセントで表示する。

$$刺激純度（\%） = FW／SW × 100$$

色度図は白色光Wを0％とする20％間隔の等刺激純度線と，主要な主波長線で構成されている（図3-26）。

iv. 色の測定

視感比色，あるいは光電比色で測定する。

色 ┬ 視感比色　　　　　　　　　　　　　肉眼により，色票，あるいは標準色と見比べる。
　 └ 光電比色 ┬ 刺激値直読法：　測色計により直読する。
　　　　　　　└ 分光測色法： ┬ 分光光度計：プリズム，屈折格子で光を分光する。
　　　　　　　　　　　　　　 └ 光電比色計：フィルターで光を選択する。

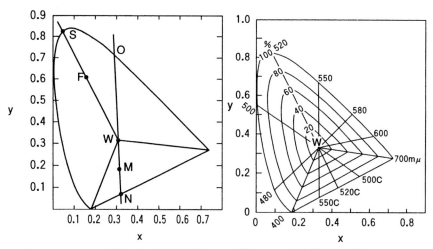

図3-25　CIE色度図上での主波長と純度を求めるための図（千々岩英彰）

図3-26　主波長の刺激純度（上田武人）

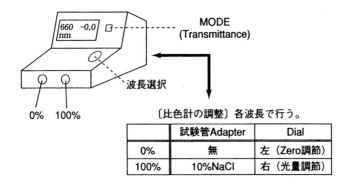

ア. 醤油の測色

方眼紙（A 4 判），30cm 定規，電卓を用意する。

a) 比色計を用いての測色

醤油 10m*l* を 100m*l* 容メスフラスコにとり，10%NaCl で定容する。

　10% NaCl を比色管にとり，波長 660nm にて透過率 100％に調整後，稀釈試料の透過率を求め，660nm で透過率 50％以下ならば，醤油の色が濃いので 20 倍稀釈する。

　以下 630，600，570，540，510，480，450，420nm における各測定波長で，その都度 10%NaCl の透過率を 100％に調整後，稀釈試料の透過率を求める。

① 各波長の透過率より分光分布図を描く（図 3 - 27）。

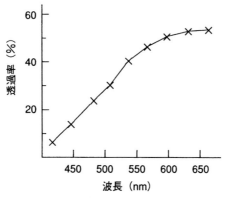

図 3 - 27　標準照明に対する選択座標

第3章 醸造分析

② 標準照明に対する選択座標(10座標:№2, 5, 8, 11, 14, 17, 20, 23, 29)（表3-4）の透過率を分光分布図より求めた後，Y（%），x, yを算出（10倍稀釈しているので，Y%は1／10倍。10座標係数の0.1000とは異なる）。

明度Y（%）：刺激値Yとは異なる。〔合計値×0.1000×10／100〕

x, yの算出には，10／100倍しないX, Y, Zを用いる（図3-28）。

$$x = \frac{X}{X + Y + Z}$$

$$y = \frac{Y}{X + Y + Z}$$

③ IE色度図の色座標（x, y）より主波長（nm），刺激純度（%）を読む（図3-28の右図）。

3-3-2 無塩可溶性固形分

糖用屈折計の示度から，食塩分の数値を差し引いて求める。

　　　糖用屈折計（%）－食塩（%）＝無塩可溶性固形分

同値は，蒸発残分（純エキス分は蒸発残分より食塩量を差し引いた値）からの算出値とは必ずしも一致しない。

選択十座標

選択十座標＼刺激値	X		Y		Z	
	測定波長(nm)	透過率(%)	測定波長(nm)	透過率(%)	測定波長(nm)	透過率(%)
2	435.5	◯	489.4	◯	422.2	◯
5	461.2	◯	515.1	◯	432.0	◯
8	・	・	・	・	・	・
11	・	・	・	・	・	・
14	・	・	・	・	・	・
17	・	・	・	・	・	・
20	・	・	・	・	・	・
23	・	・	・	・	・	・
26	・	・	・	・	・	・
29	・	・	・	・	・	・
合 計		◯		◯		◯
×10座標係数		X0.09804		X0.1000		X0.11812

└ 求めようとするX、Y、Zの値（小数点以下2桁）

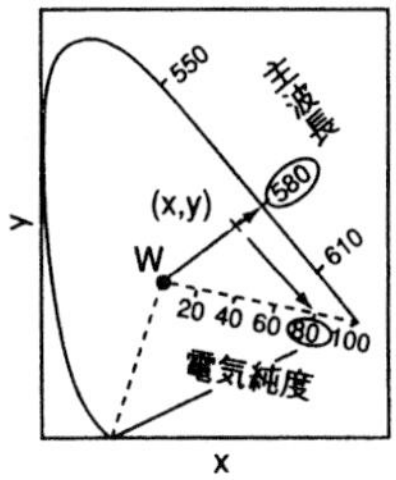

図3-28　X, Y, Z, x, yの算出

表3-4　標準照明に対する選択

座標 No	(X)nm	(Y)nm	(Z)nm
1	424.4	465.9	414.1
·2	435.5	489.4	422.2
3	443.9	500.4	426.3
4	452.1	508.7	429.4
·5	461.2	515.1	432.0
6	474.0	520.6	434.3
7	531.0	525.4	436.5
·8	544.3	529.8	438.6
9	552.4	533.9	440.6
10	558.7	537.7	442.5
·11	564.0	541.4	444.4
12	568.9	544.9	446.3
13	573.2	548.4	448.2
·14	577.3	551.8	450.1
15	581.2	555.1	452.1
16	585.0	558.5	454.0
·17	588.7	561.9	455.9
18	592.4	565.3	457.9
19	596.0	568.9	459.9
·20	599.6	572.5	462.0
21	603.2	576.4	464.1
22	607.0	580.5	466.3
·23	610.8	584.8	468.7
24	615.0	589.6	471.4
25	619.0	594.8	474.3
·26	624.0	600.8	477.7
27	629.6	607.7	481.8
28	638.4	616.1	487.2
·29	646.2	627.3	495.2
30	662.1	647.4	511.2
30座標係数	0.03265	0.03333	0.03937
10座標係数·印	0.09804	0.1000	0.11812

基準しょうゆ分析法（第二版），日本醬油技術会（1966）

第3章　醸造分析

（1）　器具および装置
① 糖用屈折計
② 1 l ポリビーカー（マグネチック・スターラー）
③ 温度計
④ スポイト，または1 ml メスピペット

（2）　操作
1 l のポリビーカーに水約700ml を入れ，冬ならば微温湯とし，夏ならば氷片を入れて，撹拌しつつ（マグネチック・スターラー），温度計を用いて水温を20℃に保持する。

この水中に屈折計の蓋板を開いた状態で，しかもプリズム部のみが没するように屈折計を浸す。なお，鏡筒部まで没すると，水が内部に浸入し故障するので注意を要する。10分間，保持し，屈折計のプリズム部の温度を20℃とする。

屈折計の蓋板，およびプリズム部を正確に20℃に設定後，浸漬水より取り出し，速やかにガーゼ等の柔らかい布で水分を拭き取り，スポイトで試料2～3滴を屈折計のプリズム面に載せ，蓋板をして測定する（図3-29）。

【注解】
1）　屈折計の使用説明書にある温度補正表は，糖液のw／w％の補正値であって，醤油の無塩可溶性固形分の補正値には適さないので，屈折計を20℃に温度調整して測定する。

　なお，試料の品温は，20℃を大きく離れている場合，室温程度とし測定する。

2）　20℃の温度調整の浸漬水や洗浄水の拭き取りは，十分注意して行う。

　検体量が2～3滴と少量であるため，残液の拭き取りが不完全であると，影響が大である。1試料ごとにプリズム面，蓋板部，蝶番部を洗浄し，粗拭き用，乾いた仕上げ拭き用の2枚の拭き布で十分に拭き取る。

（3）　屈折計の原理
i. 光の屈折（図3-30）
コップに水を入れ，箸を挿入すると，箸の先は曲がって見える。
コップに濃厚な砂糖水を入れると，箸の先はさらに曲がって見える。
溶けている溶質の濃度の上昇に伴い，光の屈折率も比例的に上昇する。
ii. 屈折計の原理（図3-31）
非常に大きな屈折率を有すプリズムを内臓。

発酵と醸造

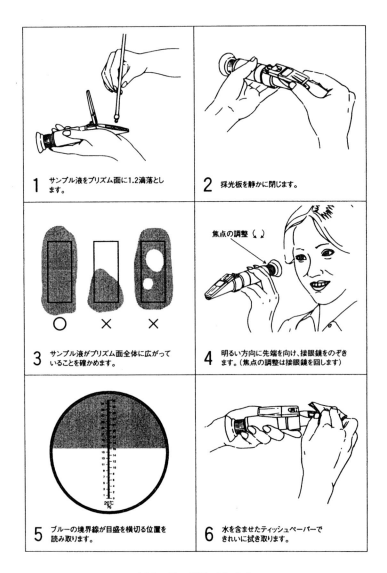

図 3-29 測定のしかた

第3章 醸造分析

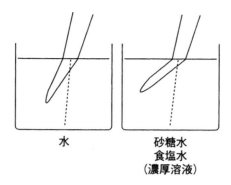

図3-30 溶液中での光の屈折

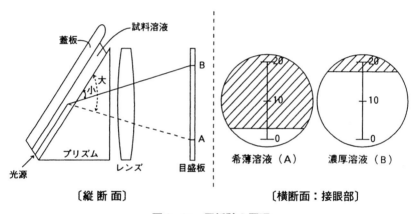

図3-31 屈折計の原理

　　希薄溶液（A）：プリズム間の屈折率が大きいため，大きく屈折。
　　濃厚溶液（B）：プリズム間の屈折率が小さいため，小さく屈折。

3-3-3 重ボーメ度

　比重とは，最大密度の時の水（4℃において0.999972g／　あるいは1g／ml）と，その水と同体積の物質の重さとの比で，無名数で表す。醤油は，比重の補助計算単位の1つである重ボーメ度浮秤の読みによってその濃度の概略を

知り，これを俗にボーメ比重（Baume degree：Bé）と呼ぶ。
（1） 器具
① ボーメ度浮秤[注3]：15℃の純水（比重1.0000）は，ボーメ 0.0 である。1／10度の目盛のある 0～10°，10～20°，20～30°の一般規格品3本を備える。なお，15～27°（1／10目盛）の特別規格品を使用すると便利である。

比重	重ボーメ度
1.0000	0.0（純水 15℃）
1.0007	0.1
1.0014	0.2
・	・
・	・
・	・
1.0733	10.0（10%NaCl）
・	・
・	・
・	・

② シリンダー：浮秤の胴径より10mm以上の内径であり，浮秤を浮かべた時，液面がシリンダー上線から10mm以上，離れること。
③ 温度計
（2） 操作
測定室に試料および測定に要する器具を1時間以上置き，温度を調整する。
シリンダーを傾けて，試料を内壁に添って気泡が立たないように静かに注ぎ込む。シリンダーを立てて暫くおき，気泡や異物等が浮き上がるようであればこれを濾紙片，ガラス棒などを利用して取り除き，温度計の上端部を持ち，試料を静かに撹拌後，温度計を全没（水銀柱の上端まで温度計を漬ける）し，検体の温度を測定する。
次に浮秤の上部の目盛のないところを持ち，静かに試料の中に入れ，シリンダーの内壁に接していない状態で浮いていることを確認後，浮秤の頂部を軽く押して2目盛程，液中に沈めて上下させる。これにより，浮秤とシリンダー内壁の液面と接する部位が検体液と馴染み，液の表面の状態を測定しやすい。なお，不必要なほど沈ませると，付着液の重量がかさみ，測定誤差を招く原因となる。

浮秤の上下動が安定したならば，メニスカスの上縁において細部目盛を読みとる。

上→ の指す位置を，境の液面の盛り上がった位置に御願いします。

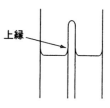

浮秤を取り出し，再び前と同様に液温を測定する。前後の温度差が 0.5℃ を越えるようであれば，検体温度を更に安定させた後，測定を繰り返す。

(3) 計算

$$Bé = a + (t - 15) \times 0.05 \text{注4)}$$

a……t℃ における重ボーメ度の読み

注3）使用するボーメ浮秤は比重が水よりも大きな液（醤油・塩水・砂糖水など）の比重を測定するためのもので，俗にボーメ計という。これは 15℃ における純水の示す浮点を 0 度とし，10％の食塩水の示す浮点を 10 度とし，この間を 10 等分したものである。

4）ボーメは液温 15℃ で測定するが，液温が 1℃ 異なるごとに 0.05 ボーメ度差を生ずる。液温が 15℃ よりも高い場合にはその差を加え，液温が 15℃ よりも低い場合にはその差を減じ，補正する。

3-3-4　食塩

味噌の分析の食塩の項に準ずる。操作は次の手順で行う。

醤油 5 ml を蒸留水で 250ml に定容し，その 5 ml を 50ml 容蒸発皿にとり，これに 2％クロム酸カリウムを 1 ml 加え，ガラス棒で掻き混ぜながら，N／50 硝酸銀で微橙色を呈するまで滴定する。

食塩（％）＝ $t \times F \times 0.00117 \times$ 稀釈率 $\times$ 補正係数

稀釈率：醤油 100ml に換算する。次に稀釈液の採取量を考慮する。

例 1）醤油 10ml を 250ml に稀釈し，その 5 ml を供試液とした。

2）醤油 20ml を 200ml に稀釈し，その 10ml を供試液とした。

補正係数：醤油の赤色で滴定終点（微橙色）に誤差を生ずる。

誤差を淡口で 1％，濃口で 2％ とし，補正係数をそれぞれ 0.99, 0.98 とする。

3-3-5　水素イオン指数（pH）

味噌の分析のpHの項に準ずる。

試料を小ビーカーに適量をとり，マグネチック・スターラーにて，掻き混ぜながら電極部が浸かる状態で測定する。

3-3-6 滴定酸度（酸度Ⅰ・酸度Ⅱ）

酸度Ⅰ・酸度Ⅱとして，単位を付さず表示する。両者を合わせ，滴定酸度とする。

　酸度Ⅰ：pH 7.0 迄の中和に要する 1／10 N NaOH の滴定値。主として有機酸・酸性アミノ酸

　酸度Ⅱ：pH 7.0 から pH 8.3（1.3の間）迄の中和に要する滴定値。主として中性・塩基性アミノ酸

（1）操作

醤油10mlをホールピペットでとり，100mlビーカーに入れ，これにメスシリンダーで水40mlを量りこみ，pHメーターにかける。マグネチック・スターラーで撹拌しつつ，N／10水酸化ナトリウムで中和滴定し，pH7.0で第一段階の滴定を終える。これに要したN／10水酸化ナトリウムの液量（t_1 ml）より酸度Ⅰを求める。

さらに続けて滴定し，pH7.0から8.3までさらに要した。N／10水酸化ナトリウム溶液の液量（t_2 ml）より酸度Ⅱを求める。

両者の合計を酸度滴定とする。

（2）計算

　　　酸度Ⅰ＝t_1×F
　　　酸度Ⅱ＝t_2×F
　　　滴定酸度＝酸度Ⅰ＋酸度Ⅱ
　　　F……N／10水酸化ナトリウム溶液のファクター

3-3-7 緩衝能

昭和38年の醤油のJAS制定開始の時点から，この規格が，醤油の品質をとらえる1つの因子として取り入れられたが，昭和45年の改正の時点で，この規格は取り下げられた。

（1）理論

醤油の有機酸は塩基に対する緩衝作用を，塩基性アミノ酸は有機酸に対する

緩衝作用を示す。

1／10 N NaOH 6 ml による pH 移動値を緩衝能とする。移動値が低い場合，緩衝能が強いと言える。通常，濃口醤油では 0.8〜0.9，淡口醤油では 1.2〜1.5 である。

---

pH を維持する作用。すなわち，酸・塩基を添加し，pH が変化しない溶液は緩衝能を有する。

（例）CH_3COONa　　（例）CH_3COOH
弱酸と**強塩基**の塩を，**弱酸**に溶解した溶液には緩衝作用がある。
　（解離度が高い）　　（解離度が低い）

強酸の添加時に，弱酸を生ずるため，pH 低下が小幅である。
CH_3COONa ＋ HCl → CH_3COOH ＋ NaCl
　中性　　　　強酸　　　　弱酸　　　　中性
強塩基の添加時に，弱酸が減少するのみで，pH 上昇が小幅である。
CH_3COOH ＋ NaOH → CH_3COONa ＋ H_2O
　弱酸　　　　強塩基　　　中性　　　　中性

（2）操作

醤油 10ml をホールピペットでとり，これを 30ml 容ビーカーに入れ，pH 値（A）を測定する。これに正しく 6 ml に相当する量（ファクターにより換算する）の N／10 水酸化ナトリウムを 10ml 容メスピペットを用いて添加後，pH 値（B）を測定する。

（3）計算

緩衝能＝B－A

ただし，この場合の許容誤差は 0.1 とする。

3-3-8　アルコール

味噌の分析のアルコールの項に準ずる。

醤油 10ml を水蒸気蒸留し，得た蒸留液を 100ml に定容し，その蒸留液 5 ml を酸化法に供し，アルコール（％）を算出する。

3-3-9 ホルモール窒素

味噌の分析のホルモール窒素の項に準ずる。

(1) 操作

試料5 ml をホールピペットでとり，250ml メスフラスコに入れ，蒸留水を加えて定容する。希釈液25ml をホールピペットでとり，100ml ビーカーに入れ，これをpHメーターによりN／10水酸化ナトリウムを加えてpH8.3に調整する。

これに中性ホルマリン20ml を加えるとpHは酸性を示すので，N／10水酸化ナトリウムを改めて滴加してpH8.3まで中和滴定する（t ml）。

(2) 計算

$$ホルモール窒素 = t \times 0.0014 \times F \times 100 / 5 \times 250 / 25$$

F……N／10水酸化ナトリウムのファクター

3-3-10 全窒素

味噌の分析の全窒素の項に準ずる。

醤油5 ml を硫酸で加熱分解し，分解液を蒸留水で希釈，定容後，その分解希釈液をケルダール蒸留し，発生したアンモニアを捕集後，捕集アンモニアをN／10水酸化ナトリウムで滴定し，醤油中の窒素量を算出する。

3-3-11 直接還元糖

ベルトラン法で定量する。

(1) 原理

糖の還元基によるフェーリング溶液（A・Bの混合溶液）の還元性を利用する。

還元糖液をフェーリング溶液と加熱すると，還元糖量に応じ水酸化第二銅 $Cu(OH)_2$ （Cu^{2+} 青色）が還元され，酸化第一銅 Cu_2O （Cu^+ 赤色）が沈殿する。なお，糖の種類により還元力は異なり，生成される Cu_2O 量は異なる。

$$2\,Cu(OH)_2 + R\text{-}CHO \rightarrow Cu_2O + 2\,H_2O + R\text{-}COOH$$

生成されたCu_2Oを硫酸第二鉄$Fe_2(SO_4)_3$の酸性溶液に溶解させると，Cu_2Oは酸化されて硫酸銅$CuSO_4$(Cu^{2+}青色)となり，$Fe_2(SO_4)_3$(Fe^{3+})は硫酸第一鉄$FeSO_4$(Fe^{2+})に還元される。

$$Cu_2O + Fe_2(SO_4)_3 + H_2SO_4 \rightarrow 2\,CuSO_4 + 2\,FeSO_4 + H_2O$$

生成された$FeSO_4$を過マンガン酸カリウム$KMnO_4$で酸化滴定すれば，糖により還元沈殿した銅重量が算出される。ベルトラン糖類定量表より，銅重量から還元糖重量を求める。

$$10\,FeSO_4 + 2\,KMnO_4 + 8\,H_2SO_4$$
$$\rightarrow 5\,Fe_2(SO_4)_3 + 2\,MnSO_4 + K_2SO_4 + 8\,H_2O$$

(2) 試薬

① 硫酸銅溶液（A液）：結晶硫酸銅 $CuSO_4 \cdot 5H_2O$ 40gを蒸留水に溶解し1 lに定容する。

② 酒石酸カリウムナトリウム溶液（B液）：酒石酸カリウムナトリウム（ロッセル塩）
$C_4H_4O_6KNa \cdot 4H_2O$ 200g, 水酸化ナトリウム 150gを蒸留水に溶解し1 lに定容する。

③ 硫酸第二溶液（C液）：硫酸第二鉄 $Fe_2(SO_4)_3 \cdot nH_2O$ 50g, 濃硫酸200gを蒸留水に溶解し，1lに定容する。

④ 過マンガン酸カリウム $KMnO_4$ 5gを蒸留水に溶解し，1lに定容する。2～3日放置後，ガラスフィルターで濾過して褐色瓶に貯える。

過マンガン酸カリウムの力価測定：300ml容ビーカーに，シュウ酸$(COOH)_2 \cdot 2H_2O$を約100mg正秤し，蒸留水100ml，濃硫酸2mlを加え，60～80℃に加温後，微赤色を呈するまで過マンガン酸カリウムで滴定する。過マンガン酸カリウム1mlに相当する銅量は次式によって算出する。

$$\frac{秤量したシュウ酸の重量(mg) \times 1.008}{過マンガン酸カリウムの滴定値(ml)}$$

過マンガン酸カリウムは，硫酸酸性でシュウ酸を定量的に酸化する。

$$5\,C_2H_2O_4 + 2\,KMnO_4 + 3\,H_2SO_4$$
$$\rightarrow 10CO_2 + 2\,MnSO_4 + K_2SO_4 + 8\,H_2O$$

反応式の如く，過マンガン酸カリウム1分子はシュウ酸2.5分子に相当する。シュウ酸（分子量126.07）1分子は，2Cu（原子量63.54）に等しく，秤取したシュウ酸に $1.008\left(\dfrac{63.54 \times 2}{126.07}\right)$ を乗ずれば，微赤色となるまで滴定した $KMnO_4$ に相当する銅量となり，これを滴定数で除せば $KMnO_4$ 1 ml に相当する Cu（mg）が算出される。$KMnO_4$ 1 ml は Cu 10mg に相当する。

（3）操作

醤油10mlを250mlメスフラスコにとり，蒸留水で定容する。

200ml容三角フラスコに，20ml容ホールピペットで醤油の希釈液，ベルトランA液・B液をとり，混合する。アスベスト上で3分間内で沸騰するように加熱し，沸騰開始後，火力を弱め，弱く煮沸を続ける。この時点で，液色は青色を残さねばならない。青色が残存しない場合，還元糖量が多過ぎるため，糖液の再希釈を行う。

正確に3分間煮沸後，流水中に浸し，急冷後，上澄液をガラス濾過器で吸引濾過する。なお，200ml容三角フラスコに，沈殿物（亜酸化銅）を可能な限り残す状態で，吸引濾過する。

上澄液をほぼ濾過後，200ml容三角フラスコに少量の蒸留水を静かに注ぎ，沈殿物を軽く洗い，沈殿物が底に到達後（数十秒），洗液をガラス濾過器に静かに注ぐ。この操作を数回繰り返す。

亜酸化銅は空気に触れると酸化されるので，酸化を防ぐため三角フラスコ，およびガラス濾過器のフィルターは常時，水に浸す。

洗浄終了した最後に，沈殿物の残る200ml容三角フラスコの透明な蒸留水を静かに傾斜させ，除去後，ただちにベルトランC液を加え，撹拌し，200ml容三角フラスコ内の亜酸化銅を溶解させる。

吸引瓶内の濾過液を除去し，蒸留水で吸引瓶内を洗浄後，ガラス濾過器を再び設置し，ガラス濾過器のフィルター上にベルトランC液を注ぎ，ポリースマン棒で撹拌し，亜酸化銅を溶解後，初めて吸引する。この操作を数回繰り返す。

第3章 醸造分析

表3-5 ベルトラン糖類定量表

糖類	各糖類に相当する銅重量 (mg)					糖類	各糖類に相当する銅重量 (mg)				
mg	転化糖	ブドウ糖	ガラクトース	麦芽糖	乳糖	mg	転化糖	ブドウ糖	ガラクトース	麦芽糖	乳糖
10	20.6	20.4	19.3	11.2	14.4	56	105.7	105.8	101.5	61.4	76.2
11	22.6	22.4	21.2	12.3	15.8	57	107.4	107.6	103.2	62.5	77.5
12	24.6	24.3	23.0	13.4	17.2	58	109.2	109.3	104.9	63.5	78.8
13	26.5	26.3	24.9	14.5	18.6	59	110.9	111.1	106.6	64.5	80.1
14	28.5	28.3	26.7	15.6	20.0	60	112.6	112.8	108.3	65.7	81.4
15	30.5	30.2	28.6	16.7	21.4	61	114.3	114.5	110.0	66.8	82.7
16	32.5	32.2	30.5	17.8	22.8	62	115.9	116.2	111.6	67.9	83.9
17	34.5	34.2	32.3	18.9	24.2	63	117.6	117.9	113.3	68.9	85.2
18	36.4	36.2	34.2	20.0	25.6	64	119.2	119.6	115.0	70.0	86.5
19	38.4	38.1	36.0	21.1	27.0	65	120.9	121.3	116.6	71.1	87.7
20	40.4	40.1	37.9	22.2	28.4	66	122.6	123.0	118.3	72.2	89.9
21	42.3	42.0	39.7	23.3	29.8	67	124.2	124.7	120.0	73.3	90.3
22	44.2	43.9	41.6	24.4	31.1	68	125.9	126.4	121.7	74.3	91.6
23	46.1	45.8	43.4	25.5	32.5	69	127.5	128.1	123.3	75.4	92.8
24	48.0	47.7	45.2	26.6	33.9	70	129.2	129.8	125.0	76.5	94.1
25	49.8	49.6	47.0	27.7	35.2	71	130.8	131.4	126.6	77.6	95.4
26	51.7	51.5	48.9	28.9	36.6	72	132.4	133.1	128.3	78.6	96.7
27	53.6	53.4	50.7	30.0	38.0	73	134.0	134.7	130.0	79.7	98.0
28	55.5	55.3	52.5	31.1	39.4	74	135.6	136.3	131.5	80.8	99.1
29	57.4	57.2	54.4	32.2	40.7	75	137.2	137.9	133.1	81.8	100.4
30	59.3	59.1	56.2	33.3	42.1	76	138.9	139.6	134.8	82.9	101.7
31	61.1	60.9	58.0	34.4	43.4	77	140.5	141.2	136.4	84.0	102.9
32	63.0	62.8	59.7	35.5	44.8	78	142.1	142.8	138.0	85.1	104.2
33	64.8	64.6	61.5	36.5	46.1	79	143.7	144.5	139.7	86.2	105.4
34	66.7	65.5	63.3	37.6	47.4	80	145.3	146.1	141.3	87.2	106.7
35	68.5	68.3	65.0	38.7	48.7	81	146.9	147.7	142.9	88.3	107.9
36	70.3	70.1	66.8	39.8	50.1	82	148.5	149.3	144.6	89.4	109.2
37	72.2	72.0	68.6	40.9	51.4	83	150.0	150.9	146.2	90.4	110.4
38	74.0	73.8	70.4	41.9	52.7	84	151.6	152.5	147.8	91.5	111.7
39	75.9	75.7	72.1	43.0	54.1	85	153.2	154.0	149.4	92.6	112.9
40	77.7	77.5	73.9	44.1	55.4	86	154.8	155.6	151.1	93.7	114.1
41	79.5	79.3	75.6	45.2	56.7	87	156.4	157.2	152.7	94.8	115.4
42	81.2	81.1	77.4	46.3	58.0	88	157.9	158.8	154.3	95.8	116.6
43	83.0	82.9	79.1	47.4	59.3	89	159.5	160.4	156.0	96.9	117.9
44	84.8	84.7	80.8	48.5	60.6	90	161.1	162.0	157.6	98.0	119.1
45	86.5	86.4	82.5	49.5	61.9	91	162.6	163.6	159.2	99.0	120.3
46	88.3	88.2	84.3	50.6	63.3	92	164.2	165.2	160.8	100.1	121.6
47	90.1	90.0	86.0	51.7	64.6	93	165.7	166.7	162.4	101.1	122.8
48	91.9	91.8	87.7	52.8	65.9	94	167.3	168.3	164.0	102.2	124.0
49	93.6	93.6	89.5	53.9	67.2	95	168.8	169.9	165.6	103.2	125.2
50	95.4	95.4	91.2	55.0	68.5	96	170.3	171.5	167.2	104.2	126.5
51	97.1	97.1	92.9	56.1	69.8	97	171.9	173.1	168.8	105.3	127.7
52	98.8	98.9	94.6	57.1	71.1	98	173.4	174.6	170.4	106.3	128.9
53	100.6	100.6	96.3	58.2	72.4	99	175.0	176.2	172.0	107.4	130.2
54	102.2	102.3	98.0	59.3	73.7	100	176.5	177.8	173.6	108.4	131.4
55	104.0	104.1	99.7	60.3	74.9						

沈殿物をC液で溶解させた200mℓ容三角フラスコに，吸引瓶内の溶解液を合わせ，ベルトランD液（過マンガン酸カリウム溶液）で滴定する。緑黄色から微赤紫色となった時点で，滴定を終了する。なお，微赤紫色は時間経過に伴い，退色し緑黄色を呈すが，30秒間，微赤紫色ならば終点とする。

（4）計算

希釈試料20mℓ中の亜酸化銅量は，

  銅（mg）＝ V × F
  V：KMnO₄ 溶液の滴定数（mℓ）
  F：KMnO₄ 溶液の力価

次に，ベルトラン糖類定量表（表3-5）から，銅量に対応する還元糖量(mg)を求める。銅量に対応する還元糖量は，比例計算により算出する。

還元糖量に希釈倍率を乗じ，醤油の還元糖量を算出する。

  還元糖(%)＝(糖量(mg)／1000)×(100／醤油採取量)
       ×(希釈液の定用量／希釈液の採取量)

（5）フローチャート

①操作

醤油10mℓを蒸留水で250mℓに定容。

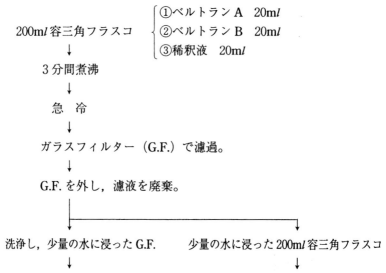

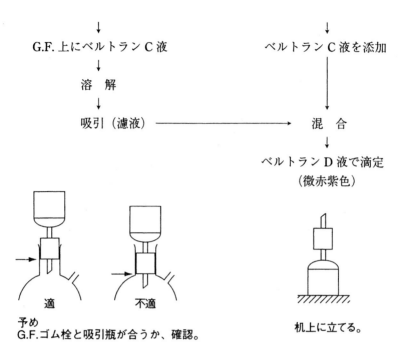

② 試薬
　　　ベルトラン A 液：$CuSO_4$ ┐ $Cu(OH)_2$ [使用直前に両液を混合]
　　　ベルトラン B 液：NaOH, 酒石酸カリウムナトリウム ┘ （ピペット混用の絶対回避）
　　　ベルトラン C 液：H_2SO_4, $Fe_2(SO_4)_3$
　　　ベルトラン D 液：$KMnO_4$

③ 定量値の算出

a) 還元糖により還元沈殿した銅重量を算出する。

$$銅重量(mg) = t \times F (KMnO_4 \quad 1\,ml に相当する銅重量：10.0000mg)$$
$$(t：titration\ value)$$

b) ベルトラン糖類定量表より，銅重量に相当する目的の還元糖重量を求める。

c) 還元糖重量に稀釈倍率を乗ずる。

【注意事項】
　　G.F. は机上に立てる。（回転し，台上から落下し，破損する。）
　　耐圧管を吸引瓶からはずす。（台上から落下し，破損する。）

3-3-12 全糖（ベルトラン法）

醤油に含まれる多糖類・オリゴ糖を希塩酸で加水分解し，すべての糖質を還元糖とする。味噌の分析，全糖の加水分解の項に準ずる。

加水分解後，直接還元糖のベルトラン法の項に準ずる。

操作（塩酸分解）は次の手順で行う。

醤油 10ml を 2.5%塩酸 100ml とともに，沸騰湯浴中で 3 時間，加水分解する。塩酸分解液を蒸留水にて，250ml に希釈定容し，直接還元糖を定量する。

3-3-13 市販試薬の濃度

醸造分析に高頻度で使用される市販試薬の濃度を，表 3-6 に示す。

表 3-6

	比重	%	g／100ml	モル濃度	規定度
濃 塩 酸	1.190	37.0	44	12.0	12.0
濃 硝 酸	1.420	70.0	99	16.0	16.0
濃 硫 酸	1.840	96.2	177	18.0	36.0
氷 酢 酸	1.060	98.0	104	17.3	17.3
強アンモニア水	0.900	28.0	25	15.0	15.0
純エチルアルコール	0.796	99.0	99.5V%	17.1	－

参 考 文 献

本書の執筆に際し，次の書籍・学会誌を引用した。
　文献の引用を本文中に明記すべきところ，一括して書籍名・誌名を示すに留めた。
　引用させて頂いた原著者に，甚大なる謝意を表します。

伊藤明徳著：日本醸造協会誌（豆味噌），日本醸造協会（1999）
今井誠一ら著：味噌技術読本，新潟県味噌技術会（1990）
海老根英雄ら著：味噌・醤油入門，日本食糧新聞社（1981）
太田静行著：食品加工の知識，幸書房（1980）
川野一之著：日本醸造協会誌（白甘味噌），日本醸造協会（1999）
岸野洋著：日本醸造協会誌（江戸甘味噌），日本醸造協会（1999）
久米　堯　著：日本醸造協会誌（麦味噌），日本醸造協会（1999）
渋谷芳一著：しょうゆ造りの実際，地人書館（1969）
しょうゆ試験法編集委員会編：しょうゆ試験法，日本醤油研究所（1985）
全国醸造機器工業組合編：発酵食品機械総合カタログ，全国醸造機器工業組合（1997）
全国味噌技術会編：基準味噌分析法（改定），全国味噌技術会（1968）
全国味噌技術会編：みそ技術ハンドブック，全国味噌技術会（1995）
全国味噌技術会編：みそ製造技能士検定問題集，全国味噌技術会（1980）
栃倉辰六郎編著：醤油の科学と技術，日本醸造協会（1982）
中野政弘著：発酵食品，（株）光琳（1968）
中野政弘編著：味噌の醸造技術，日本醸造協会（1990）
日本食品工業学会編：食品分析法，（株）光琳（1982）
日本醸機用品協会編：醸造機器用品総合カタログ，日本醸機用品協会（1996）
日本醸造協会編：醸造物の成分，日本醸造協会（1999）
日本醸造協会編：清酒醸造技術，日本醸造協会（1979）

農文協編：転作全書－ダイズ・アズキ，農文協（2001）
農文協編：転作全書－ムギ，農文協（2001）
福場博保・小林彰夫編著：調味料・香辛料の事典，朝倉書店（1991）
村上英也編著：麹学，日本醸造協会（1986）
渡辺篤二ら著：大豆食品，（株）光琳（1970）

編著者略歴

東 (ひがし)　和男 (かずお)

- 1979年　東京農業大学大学院農芸化学専攻博士後期課程中退
- 1979年　東京農業大学醸造学科助手
- 1985年　東京農業大学醸造学科講師

発酵と醸造

味噌と醤油
―― 製造管理と分析

定価はカバーに表示

2015年5月15日　初版第1刷
2017年6月25日　　　第3刷

編著者　東　　和　男
発行者　朝　倉　誠　造
発行所　株式会社　朝　倉　書　店

東京都新宿区新小川町6-29
郵便番号　162-8707
電　話　03(3260)0141
FAX　03(3260)0180
http://www.asakura.co.jp

〈検印省略〉

© 2015〈無断複写・転載を禁ず〉

ISBN 978-4-254-43119-3　C 3061

JCOPY　<(社)出版者著作権管理機構 委託出版物>

本書の無断複写は著作権法上での例外を除き禁じられています．複写される場合は，そのつど事前に，(社)出版者著作権管理機構 (電話 03-3513-6969, FAX 03-3513-6979, e-mail:info@jcopy.or.jp) の許諾を得てください．

前岩手大 小野伴忠・宮城大 下山田真・東北大 村本光二編
食物と健康の科学シリーズ
大豆の機能と科学
43542-9 C3361　　A 5 判 224頁 本体4300円

高タンパク・高栄養で「畑の肉」として知られる大豆を生物学, 栄養学, 健康機能, 食品加工といったさまざまな面から解説。〔内容〕マメ科植物と大豆の起源種／大豆のタンパク質／大豆食品の種類／大豆タンパク製品の種類と製造法／他

酢酸菌研究会編
食物と健康の科学シリーズ
酢の機能と科学
43543-6 C3361　　A 5 判 200頁 本体4000円

古来より身近な酸味調味料「酢」について, 醸造学, 栄養学, 健康機能, 食品加工などのさまざまな面から解説。〔内容〕酢の人文学・社会学／香気成分・呈味成分・着色成分／酢醸造の一般技術・酢酸菌の生態・分類／アスコルビン酸製造／他

前宇都宮大 前田安彦・東京家政大 宮尾茂雄編
食物と健康の科学シリーズ
漬物の機能と科学
43545-0 C3361　　A 5 判 180頁 本体3600円

古代から人類とともにあった発酵食品「漬物」について, 歴史, 栄養学, 健康機能などさまざまな側面から解説。〔内容〕漬物の歴史／漬物用資材／漬物の健康科学／野菜の風味主体の漬物(新漬)／調味料の風味主体の漬物(古漬)／他

前日清製粉 長尾精一著
食物と健康の科学シリーズ
小麦の機能と科学
43547-4 C3361　　A 5 判 192頁 本体3600円

人類にとって最も重要な穀物である小麦について, 様々な角度から解説。〔内容〕小麦とその活用の歴史／植物としての小麦／小麦粒主要成分の科学／製粉の方法と工程／小麦粉と製粉製品／品質評価／生地の性状と機能／小麦粉の加工／他

前東農大 吉澤　淑編
シリーズ〈食品の科学〉
酒の科学
43037-0 C3061　　A 5 判 228頁 本体4500円

酒の特徴や成分・生化学などの最新情報。〔内容〕酒の文化史／酒造／酒の成分, 酒質の評価, 食品衛生／清酒／ビール／ワイン／ウイスキー／ブランデー／焼酎, アルコール／スピリッツ／みりん／リキュール／その他(発泡酒, 中国酒, 他)

千葉県水産総合研 滝口明秀・前近畿大 川﨑賢一編
食物と健康の科学シリーズ
干物の機能と科学
43548-1 C3361　　A 5 判 200頁 本体3500円

水産食品を保存する最古の方法の一つであり, わが国で古くから食べられてきた「干物」について, 歴史, 栄養学, 健康機能などさまざまな側面から解説。〔内容〕干物の歴史／干物の原料／干物の栄養学／干物の乾燥法／干物の貯蔵／干物各論／他

日本伝統食品研究会編
日本の伝統食品事典
43099-8 C3577　　A 5 判 648頁 本体19000円

わが国の長い歴史のなかで育まれてきた伝統的な食品について, その由来と産地, また製造原理や製法, 製品の特徴などを, 科学的視点から解説。〔内容〕総論／農産：穀類(うどん, そばなど), 豆類(豆腐, 納豆など), 野菜類(漬物), 茶類, 酒類, 調味料類(味噌, 醬油, 食酢など)／水産：乾製品(干物), 塩蔵品(明太子, 数の子など), 調味加工品(つくだ煮), 練り製品(かまぼこ, ちくわ), くん製品, 水産発酵食品(水産漬物, 塩辛など), 節類(カツオ節など), 海藻製品(寒天など)

吉澤　淑・石川雄章・蓼沼　誠・長澤道太郎・永見憲三編
醸造・発酵食品の事典（普及版）
43109-4 C3561　　A 5 判 616頁 本体16000円

醸造・醸造物・発酵食品について, 基礎から実用面までを総合的に解説。〔内容〕総論(醸造の歴史, 微生物, 醸造の生化学, 成分, 官能評価, 酔いの科学と生理作用, 食品衛生法等の規制, 環境保全)／各論(〈酒類〉清酒, ビール, ワイン, ブランデー, ウイスキー, スピリッツ, 焼酎, リキュール, 中国酒, 韓国・朝鮮の酒とその他の日本酒, 〈発酵調味料〉醬油, 味噌, 食酢, みりんおよびみりん風調味料, 魚醬油, 〈発酵食品〉豆・野菜発酵食品, 畜産発酵食品, 水産発酵食品)

上記価格（税別）は 2016 年 2 月現在